Meßgeräte und Schaltungen für

Wechselstrom-Leistungsmessungen

Von

Werner Skirl

Oberingenieur

Mit 215 Abbildungen

Springer-Verlag Berlin Heidelberg GmbH

1920

ISBN 978-3-662-23297-2 ISBN 978-3-662-25330-4 (eBook)
DOI 10.1007/978-3-662-25330-4
Softcover reprint of the hardcover 1st edition 1920

Vorwort.

Das vorliegende Buch ist für den ausführenden Ingenieur geschrieben, es wird aber auch dem Studierenden beim Einarbeiten in die Meßkunde gute Dienste leisten. Die Behandlungsweise der einzelnen Meßschaltungen ist unmittelbar auf die Anforderungen der Praxis zugeschnitten. Der ausführende Ingenieur will nicht ausführliche theoretische Abhandlungen lesen und sich die besonderen Meßschaltungen aus allgemeinen Gesichtspunkten heraus selbst entwickeln, sondern er wünscht alles, was er zur Ausführung der Messung und Auswertung der Meßergebnisse wissen muß, in möglichst kurzer und klarer Weise fertig vorzufinden. Aus diesem Grunde sind neben den einzelnen Meßschaltungen stets alle erforderlichen Formeln und sonstigen Hinweise angegeben.

Bei der Besprechung der verschiedenen Meßmethoden ist den Meßschaltungen für Hochspannung mit Strom- und Spannungswandlern ein besonders breiter Raum gewährt, da über diese indirekten Messungen in der Literatur wenig Material vorhanden ist und hierbei so viele neue Gesichtspunkte hinzukommen, daß eine ausführliche Behandlung gerechtfertigt ist. Die Vorteile, die sich aus der Benutzung von Stromwandlern bei Hochspannungsmessungen ergeben, ließen es wünschenswert erscheinen, die Stromwandler auch bei Niederspannungsmessungen allgemein zu verwenden. Dies führte zu den halb indirekten Messungen, bei denen die Stromwandler in ähnlicher Weise wie die Nebenschlüsse bei Gleichstrominstrumenten lediglich als Meßbereichwähler dienen. Gerade diese letztgenannte Methode ist noch recht wenig bekannt, verdiente aber in der Praxis allgemein angewandt zu werden. Besonderes Interesse wird auch der Abschnitt über Wechselstrom-Eichschaltungen finden.

Im ersten Teile des Buches sind auch die für die Leistungsmessungen erforderlichen Meßgeräte beschrieben. Hierbei war ebenfalls der Gesichtspunkt maßgebend, daß den ausführenden Ingenieur das Innere der Meßinstrumente nur insoweit interessiert, als sich hieraus für die sachgemäße Benutzung der Meßinstrumente besondere Vorschriften ergeben. Als Anhang ist dem Buch noch ein Abschnitt über Präzisionsinstrumente für Gleichstrom beigefügt. Dieser wird sehr vielen Lesern willkommen sein, da bei den Messungen an Wechselstrom-Maschinen auch Gleichstrom-Messungen vorzunehmen sind und die Gleichstrom-Instrumente zur Kontrolle und Nacheichung der Wechselstrominstrumente benutzt werden. Da das vorliegende Buch aus einer Reihe von Technischen Anweisungen entstanden ist, die der Verfasser für die Firma Siemens & Halske geschrieben hat, sind in dem Buch nur Erzeugnisse dieser Firma beschrieben. Hierin kann jedoch kaum ein wesentlicher Nachteil erblickt werden, da der Stoff so behandelt ist, daß er, abgesehen von konstruktiven Besonderheiten der einzelnen Instrumente, allgemeine Gültigkeit hat. Das Buch ist aus der Praxis entstanden und für die Praxis bestimmt, es möge daher auch seinen Weg in die Praxis finden.

Charlottenburg, Januar 1920.

Werner Skirl.

Inhalt.

I. Teil. Meßgeräte.

II. Teil. Meßschaltungen.

Seite

Anhang.

I. Teil.

Meßgeräte.

A. Allgemeine Betrachtungen über die mit Zeigerinstrumenten erreichbare Meßgenauigkeit.

Die mit einem Zeigerinstrument erreichbare Meßgenauigkeit hängt nicht nur von den elektrischen, sondern in sehr hohem Grade auch von den mechanischen Eigenschaften des Meßsystems ab. Da im allgemeinen die Bedingungen für die elektrische und die mechanische Güte einander widersprechen, kann die Verbesserung der elektrischen Eigenschaften nur auf Kosten der mechanischen Eigenschaften erfolgen und umgekehrt. Man wird daher bei der Ausführung eines Instruments stets einen mittleren Weg gehen müssen, der verschieden liegen muß, je nachdem ob ein Instrument mit hoher Meßgenauigkeit, also hoher elektrischer Güte, oder ein Instrument mit geringerer Meßgenauigkeit gefordert wird. Die elektrische Güte eines Instruments ist von vornherein durch die Type des Instruments festgelegt. Sie hängt im wesentlichen von der inneren Schaltung und ihren elektrischen Widerständen ab und ist im allgemeinen unveränderlich, solange das Instrument nicht beschädigt ist. Die mechanischen Eigenschaften des Instruments ändern sich dagegen im Gebrauch dauernd. Sie hängen nicht nur von der Art des Instruments, sondern auch wesentlich von der Behandlung durch den Benutzer ab. Da für die mechanischen Eigenschaften bei allen Instrumenttypen die gleichen Gesichtspunkte gelten, soll im folgenden zunächst nur auf diese näher eingegangen und die Besprechung der elektrischen Eigenschaften auf das Notwendigste beschränkt werden. Eine eingehende Besprechung der elektrischen Eigenschaften soll erst später an Hand der Innenschaltung bei den einzelnen Instrumenttypen erfolgen.

a) Mechanische Fehler des beweglichen Systems.

Die Sicherheit der Einstellung eines beweglichen Meßsystems hängt in erster Linie von dem Quotienten

Drehmoment durch Systemgewicht

ab. Je größer das Drehmoment und je kleiner das Systemgewicht ist, desto sicherer wird sich das Meßsystem unter sonst gleichen Verhältnissen einstellen. Die Größe des Drehmoments hängt von den elektrischen Daten des Instruments, also von der zur Verfügung stehenden Energie ab. Es wird bei einem Präzisionsinstrument, das nur einen kleinen Energieverbrauch aufweisen soll, wesentlich kleiner sein müssen, als bei einem Betriebsinstrument, bei dem eine größere Energiemenge zur Verfügung steht. Die Größe des Systemgewichts hängt im wesentlichen von der Art des Meßsystems und seiner Ausführung ab. Man wird das Gewicht so klein wählen, wie es die mechanische Festigkeit des Systems zuläßt, um auf diese Weise bei der für das Meßsystem zur Verfügung stehenden Energie die größtmögliche Einstellsicherheit zu erreichen. Der Wert des Quotienten Drehmoment durch Systemgewicht, den man allgemein als den mechanischen Gütefaktor des Meßsystems bezeichnet, liegt bei Präzisionsinstrumenten zwischen 0,05 und etwa 0,15, bei Schalttafelinstrumenten etwas höher, etwa bei 0,2 bis 0,4. Da in dem Gütefaktor die übrigen mechanischen Verhältnisse des Meßsystems nicht berücksichtigt sind, kann der Gütefaktor nur bei vollkommen gleichartig gebauten Instrumenten für die mechanische Güte des Instruments maßgebend sein. Bei der Beurteilung verschieden gebauter Instrumente muß stets noch die Art und Ausführung der Lagerung berücksichtigt werden.

Die Art der Lagerung der Systemachse ist für die Reibungsverhältnisse von einschneidender Bedeutung. Bei senkrechter Lagerung der Systemachse ergibt sich die kleinste Lagerreibung, daher führt man die Präzisionsinstrumente fast ausschließlich mit senkrechter Systemachse aus. Bei wagerechter Systemachse lassen sich ähnlich günstige Reibungsverhältnisse nicht erzielen, daher kann eine wagerechte Systemachse nur für weniger genaue Betriebsinstrumente in Frage kommen. Die Lagerung selbst wird meistenteils so ausgeführt, daß an dem beweglichen System polierte Stahlspitzen angebracht sind, die in geschliffenen Edelsteinen laufen. Die Lagerspitzen und Lagersteine müssen mit denkbar größter Vorsicht bearbeitet werden, da selbst geringe, nur unter dem Vergrößerungsglas wahrnehmbare Beschädigungen der Spitzen oder Steine sehr leicht eine unzulässige Vergrößerung der Reibungsfehler zur

Folge haben. Die Beseitigung derartiger, etwa durch derbe Stöße auf dem Transport oder grobe Behandlung verursachten Reibungsfehler ist in den meisten Fällen recht kostspielig, da außer den eigentlichen Instandsetzungskosten für die Erneuerung der Spitzen und Steine noch erhebliche Kosten für die erforderliche Neuabgleichung des Systems entstehen. Die Größe der Reibungsfehler an einem fertigen Instrument mißt man durch den Skalenbogen in Millimetern, um die der Zeigerausschlag infolge der Reibung von dem richtigen Wert des Ausschlags abweicht. Sagt man z. B., ein Instrument hat 1 mm Reibung, so heißt dies, der Zeigerausschlag weicht infolge der Reibung um ein Millimeter vom richtigen Wert ab. Man kann sich bei Niederspannungsmessungen von dem Reibungsfehler unabhängig machen, indem man beim Ablesen leicht auf das Instrument klopft.

Außer den Reibungsfehlern sind bei der Beurteilung eines Instrumentes noch die etwaigen Fehler der mechanischen Auswägung zu berücksichtigen. Das bewegliche System eines Meßinstruments muß derart ausgewogen sein, daß der Schwerpunkt des Systems auf die Systemachse fällt. Der auf Null stehende Zeiger muß dann in allen Lagen des Instruments auf Null stehen bleiben. Bei den Präzisionsinstrumenten mit senkrechter Systemachse sind etwaige kleine Auswägungsfehler belanglos, sofern die Systemachse genau senkrecht steht, also das Instrument auf einer wagerechten Tischfläche aufgestellt ist. Bei etwaiger Neigung des Instruments dagegen können durch die Auswägungsfehler recht wohl Meßfehler verursacht werden, zumal da hierbei die Auswägung noch durch einseitiges Durchhängen der Systemfedern gestört werden kann. Um Meßfehler zu vermeiden, empfiehlt es sich daher, Präzisionsinstrumente nur in annähernd wagerechter Lage zu benutzen. Bei den Betriebsinstrumenten mit geringerer Meßgenauigkeit sind kleine Auswägungsfehler von geringerer Bedeutung, zumal da die hierdurch entstehenden Meßfehler durch die Nullpunkteinstellvorrichtung praktisch behoben werden können.

b) Skalenfehler.

Außer den vorher genannten mechanischen Fehlern des beweglichen Meßsystems sind noch die etwaigen Skalenfehler zu berücksichtigen. Zunächst entstehen durch die Ungenauigkeit der zur Eichung benutzten Normalinstrumente, sowie durch fehlerhaftes Ablesen schon bei der Eichung des Instruments kleine Fehler, die durch sorgfältige Arbeit und genaue Kontrolle der Normalinstrumente wohl sehr herabgesetzt, aber niemals ganz vermieden werden können. Bei der Eichung wird die Skala an 10 bis 15 Punkten durch direktes Vergleichen mit dem Normalinstrument empirisch aufgenommen. Die weitere Unterteilung der Skala erfolgt willkürlich; meist wird das zwischen zwei aufgenommenen Punkten liegende Intervall proportional unterteilt. Schon bei der Aufzeichnung der bei der Eichung aufgenommenen Punkte können Zeichenfehler entstehen. Weiterhin sind aber auch bei der Unterteilung der zwischen diesen Punkten liegenden Zwischenräume Zeichenfehler nicht zu vermeiden. Hierzu kommt noch, daß die proportionale Unterteilung der zwischen zwei aufgenommenen Punkten liegenden Abschnitte gar nicht in jedem Falle dem Skalencharakter entspricht. Die erreichbare Ablesegenauigkeit eines Instruments hängt einmal von der Art der Teilung der Skala, zum andern aber von der Ausführung des Zeigers ab. Am günstigsten ist eine gleichmäßig geteilte Skala, da man hierbei mit großer Sicherheit die zwischen den einzelnen Teilstrichen liegenden Werte abschätzen kann. Bei Präzisionsinstrumenten unterteilt man die Skala so, daß der Wert eines Skalenteiles nicht mehr als etwa 1 bis 1,5 mm beträgt. Der Zeiger wird hierbei als Schneidenzeiger ausgeführt. Zur Vermeidung der durch Parallaxe entstehenden Fehler erhält die Skala eine Spiegelunterlage. Man liest dann so ab, daß das Spiegelbild des Zeigers vom Zeiger verdeckt wird. Bei einer derartig ausgeführten Skala kann ein geübter Beobachter mit ziemlicher Sicherheit noch Zehntel eines Skalenteiles ablesen oder schätzen. Es ist wohl selbstverständlich, daß es zwecklos wäre, die auf diese Weise erzielte Ablesegenauigkeit größer zu machen als die durch Reibungs- und Auswägungsverhältnisse bedingte Einstellgenauigkeit des Zeigers. Es wäre daher widersinnig, etwa ein Betriebsinstrument mit horizontaler Systemachse und Fahnenzeiger durch einen Skalenspiegel verbessern zu wollen.

c) Gesamtfehler.

Die gesamten Meßfehler eines Zeigerinstruments werden meistens in Prozenten des Skalenendwertes angegeben. Die Angabe in Prozenten des Sollwertes, die vielleicht auf den ersten Blick praktischer erscheint, gibt zu Schwierigkeiten Anlaß, da die prozentualen Fehler an verschiedenen Stellen der Skala verschieden groß sind. Beträgt z. B. der größte Fehler eines Präzisionsinstruments 0,1 % des Skalenendwertes, so entspricht dies unter Voraussetzung einer 100-teiligen Skala einer Fehlergrenze von 0,1 Teilstrich, die über den ganzen Meßbereich konstant ist. Bei vollem Zeigerausschlag beträgt dann der prozentuale Meßfehler 0,1 % des Sollwertes, beim halben Ausschlag dagegen 0,2 % und bei 10 Teilstrichen sogar 1 % des Sollwertes. Die Fehler in Prozenten des Sollwertes werden demnach um so größer, je kleiner der Zeigerausschlag wird. Aus diesem Grunde schreibt die Physikalisch-Technische Reichsanstalt auch vor, daß für genaue Messungen stets nur die letzten $^2/_3$ der Skala benutzt werden sollen. Die erreichbare Meßgenauigkeit beträgt bei Präzisionsinstrumenten etwa 0,1 bis 0,15 %, bei Betriebsinstrumenten etwa 1 bis 2 % des Skalenendwertes.

d) Korrektionstabellen.

Die an einem fertigen Präzisionsinstrument etwa noch nachweisbaren Skalenfehler werden durch Anbringen von Korrekturen nach Möglichkeit verbessert. Diese Korrekturen, die allerdings nur für besonders genaue Messungen in Frage kommen, werden von 10 zu 10 Teilstrichen aufgenommen und, in einer Korrektionstabelle zusammengestellt, dem Instrument beigegeben. Für die Zwischenwerte kann man sinngemäß interpolieren. Beim Anbringen der Korrekturen ist das Folgende zu beachten:

Um aus der **Ablesung des Instruments** den richtigen Wert zu erhalten, sind die in der Korrektionstabelle angegebenen Werte je nach ihrem Vorzeichen zu den abgelesenen Werten zu addieren bzw. von ihnen zu subtrahieren. Vorausgesetzt ist hierbei, daß der Zeiger des stromlosen Instruments genau auf Null zeigt. Ist dies nicht der Fall, so ist der Zeiger vorher mit der Nullpunkteinstellvorrichtung richtig auf Null einzustellen.

Beispiel:

Hat man an einem Instrument genau 50,1 Skalenteile abgelesen und steht in der Korrektionstabelle bei Skalenteil 50 eine Korrektur von — 0,1, so ist der richtige Wert 50,0.

Bei der **Einstellung des Instruments** auf einen bestimmten Strom- oder Spannungswert sind die in der Korrektionstabelle angegebenen bzw. interpolierten Korrekturwerte mit entgegengesetztem Vorzeichen anzubringen.

Beispiel:

Ein Instrument soll zwecks Vergleiches mit einem anderen Instrument auf einen bestimmten Stromwert eingestellt werden, der unter Berücksichtigung der Instrumentkonstante einem Ausschlag von genau

50,0 Skalenteilen entspricht. In der Korrektionstabelle steht bei Skalenteil 50 eine Korrektur — 0,1. Da die Korrektur in diesem Falle mit entgegengesetztem Vorzeichen anzubringen ist, muß das Instrument auf 50,1 Skalenteile eingestellt werden.

Nach den Vorschriften der Physikalisch-Technischen Reichsanstalt dürfen die Instrumentangaben bei Präzisionsinstrumenten I. Klasse nicht mehr als $^1/_3$ Skalenteil von den richtigen Werten abweichen. Demgemäß dürfen die in der Korrektionstabelle auftretenden Korrekturwerte auch nicht größer als $\pm$ 0,3 Skalenteile sein. Man wird in der Fabrikation diese Grenze vielleicht noch etwas enger stecken, um noch ein gewisses Spiel zu haben. Es hat aber keinen Wert, etwa die Genauigkeit so weit treiben zu wollen, daß man auf eine Korrektionstabelle vollkommen verzichten kann. Wenn man auch die Korrektionstabelle nur in seltenen Fällen bei besonders genauen Messungen benutzt, so wird diese doch stets bei etwaigen Nacheichungen des Instruments einen Anhaltspunkt über kleine Veränderungen geben. Korrekturen werden immer erforderlich sein, denn absolut richtig zeigende Instrumente gibt es nicht.

B. Tragbare Laboratoriums-Instrumente.

1. Allgemeines.

a) Anwendungsgebiet der Laboratoriumstype.

Die Instrumente der Laboratoriumstype sind in erster Linie für wissenschaftliche Messungen im Laboratorium sowie für Spezialmessungen unter besonders schwierigen Betriebsverhältnissen bestimmt, z. B. für Messungen mit außergewöhnlich kleinen Leistungsfaktoren (Zählerprüfungen) oder Messungen, bei denen eine erhebliche Gleichstromkomponente und daher eine zur Nullachse unsymmetrische Wechselstromkurve zu erwarten ist. Um bei diesen Messungen alle Fehlerquellen nach Möglichkeit auszuschließen, sind die Instrumente für direkte Einschaltung in den Stromkreis ohne Verwendung von Meßwandlern eingerichtet. Die Strommeßbereiche der Instrumente gehen von 0,5 Amp. herauf bis zu 400 Amp. Für die direkte Spannungsmessung gibt es praktisch keine obere Grenze, da sämtliche Instrumente dieser Type mit Hochspannungsausrüstung versehen sind. Bei den normalen Ausführungen sind Widerstände für Spannungen bis 6000 Volt vorgesehen. Die Angaben der Instrumente sind für einen Frequenzbereich von 5 bis 80 Perioden in der Sekunde zuverlässig.

Bei Hochfrequenz bis herauf zu etwa 1000 Perioden in der Sekunde ist für Leistungsmessungen eine Sonderausführung der Laboratoriumstype mit besonderen außenliegenden Vorschaltwiderständen zu benutzen. Für Strom- und Spannungsmessungen verwendet man bei diesen hohen Frequenzen zweckmäßig Hitzdraht-Instrumente.

b) Meßprinzip.

Die Instrumente der Laboratoriumstype sind nach dem Prinzip des Elektrodynamometers gebaut, sie beruhen also auf der mechanischen Kraftwirkung, die zwei stromdurchflossene Spulen aufeinander ausüben. Die eine dieser beiden Spulen ist feststehend angeordnet, während die andere Spule im magnetischen Felde der festen Spule drehbar gelagert ist. Die Stromzuführung zu der Drehspule erfolgt durch zwei Systemfedern, die gleichzeitig die mechanische Gegenkraft für das System liefern. Das Meßsystem ist ohne Benutzung von Eisen aufgebaut, die System-Kraftlinien verlaufen daher auf ihrem ganzen Wege durch die Luft.

Präzisions-Leistungsmesser der Laboratoriumstype mit außenliegendem Vorschaltwiderstand.

c) Charakteristische Eigenschaften des Systems.

Die Größe der vom System ausgeübten mechanischen Kraft ist dem Produkt der in beiden Spulen fließenden Ströme proportional. Da die von diesen Strömen erzeugten magnetischen Felder verhältnismäßig schwach sind, ist auch die erzeugte Kraft, also das **Drehmoment**, nur klein. Um hierbei eine unsichere Zeigereinstellung zu vermeiden, werden die eisenlosen Drehspul-Instrumente nur mit senkrecht stehender Systemachse ausgeführt.

Die Richtung der Systemkraft, also die **Ausschlagsrichtung** des Zeigers, ändert sich nicht, wenn die Stromrichtung in beiden Systemspulen gleichzeitig geändert wird. Die Instrumente sind daher ohne weiteres für Gleichstrom und Wechselstrom verwendbar. Durch Vermeidung bzw. geschickte Anordnung der Metallteile ist erreicht, daß die Angaben des Instruments bei Wechselstrom genau die gleichen sind wie bei Gleichstrom.

Da die wirksamen Magnetfelder im Instrument verhältnismäßig klein sind, können **fremde Magnetfelder** das Instrument unter Umständen leicht beeinflussen. Um die hierdurch entstehenden Meßfehler zu vermeiden, muß man bei dem Aufbau der Meßschaltung die auf Seite 22 angegebenen Gesichtspunkte beachten.

Die Angaben der Instrumente sind innerhalb weiter Grenzen von der **Frequenz** unabhängig (vgl. Seite 19). Auch die **Kurvenform** beeinflußt die Instrumentangaben nicht. Innerhalb der Spannungsmeßbereiche sind beliebig große **Spannungsänderungen** zulässig, ohne daß hierdurch Fehler entstehen.

d) Verwendung der Instrumente für Wechselstrom und Gleichstrom.

Da die Instrumente der Laboratoriumstype, wie schon oben gesagt, sowohl bei Wechselstrom als auch bei Gleichstrom richtig anzeigen, ergibt sich der wesentliche Vorteil, daß man sie mit Gleichstrom eichen und dann bei Wechselstrom-Messungen verwenden kann.

Bei **der Eichung der Instrumente mit Gleichstrom** ist auf das Erdfeld und auf sonstige fremde gleichgerichtete Magnetfelder Rücksicht zu nehmen. Dies geschieht durch Wendung des Stromes in der feststehenden und in der beweglichen Spule des Instruments. Der Mittelwert aus den beiden Ablesungen ist dann der richtige Wert, sofern sich das störende Feld in der Zeit zwischen den Messungen nicht geändert hat.

Für **betriebsmäßige Gleichstrom-Messungen** sind die elektrodynamischen Meßinstrumente weniger geeignet, da die Wendung des Instrumentstromes, die im Laboratorium keine Schwierigkeiten bereitet, im Betrieb recht unbequem ist und zu Unsicherheiten Anlaß gibt. Man verwendet daher für Gleichstrom-Messungen, wenn irgend möglich, nur Drehspul-Instrumente mit Dauermagneten.

Bei **Wechselstrom-Messungen** heben sich die Einwirkungen aller gleichgerichteten fremden Felder auf, jedoch ist das Instrument durch geeignete Aufstellung gegen vorhandene Wechselfelder gleicher Frequenz zu schützen.

e) Hochspannungs-Einrichtung.

Um die bei direkten Hochspannungsmessungen auftretenden Störungen der Instrumente durch elektrische Ladungserscheinungen zu vermeiden, werden neuerdings sämtliche dynamometrischen Meßinstrumente der Laboratoriumstype mit einer besonderen Hochspannungseinrichtung ausgerüstet. Diese besteht im wesentlichen darin, daß alle innerhalb des Instruments befindlichen Metallteile durch direkte Verbindung auf gleiches Potential gebracht werden und das ganze System durch zweckentsprechend angebrachte Metallflächen eingeschlossen wird, so daß das bewegliche System infolge des umgebenden Schirmes nicht in elektrische Wechselwirkung mit außerhalb befindlichen Leitern treten kann.

f) Aufstellung der Meßgeräte.

Bei der Messung sollen die **Meßinstrumente** auf einem annähernd horizontalen Tisch liegen (vgl. Seite 15). Das Putzen der Glasscheibe des Instruments unmittelbar vor der Messung ist zu vermeiden, da durch das Reiben mit einem trockenen Tuch leicht elektrostatische Ladungen hervorgerufen werden können, die den Zeigerausschlag beeinflussen. Man beseitigt etwaige Ladungen durch leichtes Anhauchen der Glasscheibe.

Um die gegenseitige Beeinflussung der dynamometrischen Instrumente zu vermeiden, empfiehlt es sich, die Instrumente der Laboratoriumstype in Abständen von **etwa 40 cm** von Mitte zu Mitte aufzustellen. Die bei größeren Stromstärken auftretenden Beeinflussungen durch die Zuführungsleitungen vermeidet man dadurch, daß die Hin- und Rückleitungen möglichst dicht nebeneinander verlegt werden. Andere Apparate, die stärkere magnetische Felder erzeugen, z. B. Meßwandler, dürfen nicht in unmittelbarer Nähe der Instrumente stehen. Ebenso vermeide man die Nähe Starkstrom führender Leitungen.

Bei direkter Einschaltung in Hochspannungskreise mit Spannungen von mehr als 1000 Volt ist eine isolierte Aufstellung der Meßinstrumente erforderlich. Diese Isolierung erfolgt am besten durch Zwischenlegen einer Ebonit- oder Glasplatte zwischen Tischplatte und Instrument. Bei sehr hohen Spannungen empfiehlt es sich, die Instrumente auf Porzellanisolatoren (Isolierschemeln) aufzustellen und zum Schutz des Beobachters mit einer Glasplatte zu überdecken. Naturgemäß ist bei Hochspannung jede Berührung der Instrumente lebensgefährlich.

Die **Isolation der Vorschaltwiderstände** gegen Erde ist derart bemessen, daß alle normalen Widerstände für Spannungen bis 6000 Volt für die volle Betriebsspannung genügend isoliert sind. Bei Serienschaltung von mehreren Widerstandskasten für Spannungen über 6000 Volt sind die Widerstände isoliert aufzustellen. Die Isolierung der einzelnen Kasten sowohl gegeneinander als auch gegen Erde ist hierbei für die volle Betriebsspannung zu bemessen.

Innenansicht des Präzisions-Leistungsmessers der Laboratoriumstype.

Drehspule des Leistungsmessers mit Luftdämpfung und Zeiger.

2. Präzisions-Leistungsmesser der Laboratoriumstype.

a) Aufbau des Meßsystems.

Die vom Hauptstrom durchflossene Stromspule des Leistungsmessers ist feststehend angeordnet. Im Hohlraum dieser Spule befindet sich die als Drehspule ausgebildete Spannungsspule, die an die zu messende Spannung angeschlossen wird. Bei dem mechanischen Aufbau des aus diesen beiden Spulen gebildeten Meßsystems sind alle größeren Metallkonstruktionsteile vermieden, damit Wirbelstrombildungen, die zu Meßfehlern Anlaß geben könnten, von vornherein ausgeschlossen sind. Dies ist gerade bei den Leistungsmessern von besonderer Wichtigkeit, da hier die Ströme in der Stromspule und der Spannungsspule meistens nicht in Phase sind, sondern oft recht erhebliche Phasenverschiebungen aufweisen. Da der induzierte Wirbelstrom wegen der geringen Induktivität des Wirbelstromkreises stets um annähernd 90° hinter dem induzierenden Strome zurückbleibt, würde ein von der feststehenden Stromspule in irgendeinem Metall-Konstruktionsteil induzierter Wechselstrom die bewegliche Spannungsspule um so mehr beeinflussen, je größer die Phasenverschiebung zwischen dem zu messenden Strome und der zu messenden Spannung ist. Um die Leistungsmesser auch für sehr kleine Leistungsfaktoren brauchbar zu machen, hat man größere Konstruktionsteile aus Metall ganz vermieden und durch gepreßte Isolierstücke ersetzt.

Die Zeigerbewegungen werden durch eine kräftig wirkende Luftdämpfung so gedämpft, daß eine fast aperiodische Zeigereinstellung erzielt wird. Die Luftdämpfung besteht aus einem kreisförmig gebogenen, einseitig geschlossenen Rohr, in dem sich ein am beweglichen System befestigter Kolben mit geringem Spiel bewegt.

b) Innere Schaltung der Stromspule.

Die Stromspulen der Leistungsmesser sind für kleinere Stromstärken (bis 25 Ampere) aus Kupferdraht, für größere Stromstärken (bis 100

Ampere) aus Kupferband gewickelt. Für Ströme über 100 Ampere wird die Stromspule aus gestanzten, hochkantig stehenden Kupferblechen zusammengesetzt.

Zur Beseitigung der bei diesen großen Stromstärken in der Stromspule auftretenden Phasenfehler erhalten die Stromspulen eine sogenannte Kompensationswickelung, die aus einer in sich geschlossenen Kurzschlußwindung besteht. Auf diese Weise wird erreicht, daß die Leistungsmesser bei den größten Strommeßbereichen ebenso einwandfrei arbeiten wie bei den kleinsten. Um den Gesamtmeßbereich der einzelnen Instrumente möglichst zu erweitern, erhalten die Instrumente der Laboratoriumstype stets zwei Strommeßbereiche. Die Stromspulen sind zu diesem Zwecke in zwei Hälften unterteilt, die mittels eines Umschalters in Reihe oder parallel geschaltet werden können. Man erhält auf diese Weise zwei Strommeßbereiche, die sich wie 1 : 2 verhalten. Die Umschaltung der beiden Spulenhälften erfolgt bei den Leistungsmessern bis zu Stromstärken von 25 Ampere durch Stöpsel, bei den höheren Meßbereichen aber durch Laschen, da sich hier bei dem kleinen Eigenwiderstande des Systems die erforderliche gleichmäßige Stromverteilung auf beide Spulenhälften wegen der auftretenden Übergangswiderstände nicht mehr mit Sicherheit durch Stöpsel erreichen läßt. Die Art der Umschaltung ist aus den nebenstehenden Schaltbildern ersichtlich.

Bei beiden Umschaltvorrichtungen ist es unbedingt erforderlich, daß vor dem Einschalten ein Meßbereich eingestellt ist, da sonst eine Beschädigung des Instruments durch Zerstörung der zwischen den beiden Hälften der Stromspule liegenden Isolation eintreten kann.

Die im oberen Schaltbild (S. 27) dargestellte **Stöpselumschaltung** hat den Vorzug, daß sie leichter zu bedienen ist, und daß sich alle Umschaltungen unter Strom vornehmen lassen. Um ohne Stromunterbrechung von einem Strommeßbereich zum andern übergehen zu können, ist es erforderlich, zuerst alle drei Stöpsel zu stecken. Man zieht dann entsprechend dem gewünschten Meßbereich entweder Stöpsel 2, oder 1 und 3. Unter keinen Umständen dürfen alle drei Stöpsel gleichzeitig gezogen sein, da hierdurch der Hauptstromkreis unterbrochen wird.

Der im unteren Schaltbild dargestellte **Laschenumschalter** ist in erster Linie für stromlose Umschaltung bestimmt. Bei Niederspannung ist jedoch auch eine Umschaltung unter Strom möglich, wenn man in folgender Weise verfährt:

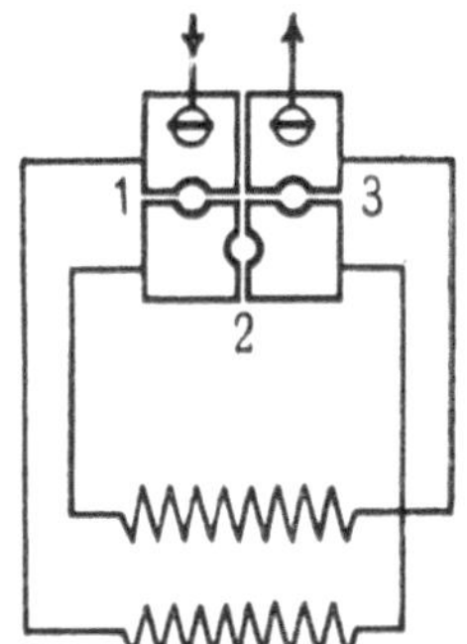

Stöpselumschalter für Ströme bis 25 Ampere.

Stöpsel 2 gesteckt: Reihenschaltung der Spulenhälften, also kleiner Strommeßbereich.

„ 1 u. 3 „ : Parallelschaltung der Spulenhälften, also großer Strommeßbereich.

„ 1, 2 u. 3 „ : Stromspulen kurzgeschlossen.

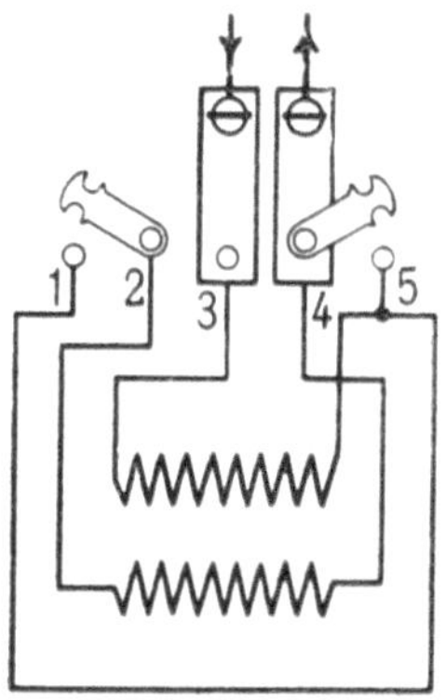

Laschenumschalter für höhere Stromstärken.

Lasche 1—2 : Reihenschaltung der Spulenhälften, also kleiner Strommeßbereich,

„ 2-3 u. 4-5: Parallelschaltung der Spulenhälften, also großer Strommeßbereich.

„ 3—4 : Stromklemmen kurzgeschlossen.

Beim Übergang zum größeren Meßbereich, d. h. wenn zuerst 1 — 2 verbunden ist, schließt man zunächst 4 — 5, dann öffnet man die Verbindung 1 — 2 und verbindet schließlich 2 — 3.

Beim Übergang zu dem kleineren Meßbereich, also wenn vorher 2 — 3 und 4 — 5 verbunden sind, öffnet man zuerst 2 — 3, schließt hierauf 1 — 2 und öffnet dann 4 — 5. Es ist wohl selbstverständlich, daß man bei Umschaltung unter Strom die entsprechende Vorsicht walten läßt.

Bei Hochspannung ist eine Umschaltung unter Strom wegen der damit verbundenen Gefahr für den Beobachter nicht zulässig. Man muß hierbei vielmehr das Instrument vor der Umschaltung durch allpolige Abschaltung vom Netz auch spannungslos machen. Zum Abschalten der Stromklemmen benutzt man einen Hochspannungs-Abschalter (vgl. Seite 155). Den Spannungskreis schaltet man durch Herausnehmen der Hochspannungs-Sicherungen ab.

c) Innere Schaltung des Spannungskreises.

Die drehbare Spannungsspule liegt in einer Kunstschaltung, durch die einerseits die Abgleichung des Spannungskreises auf einen festen Widerstand, andererseits aber die Unabhängigkeit des Instruments von Temperatureinflüssen, d. i. die Temperaturkompensation, erreicht werden soll.

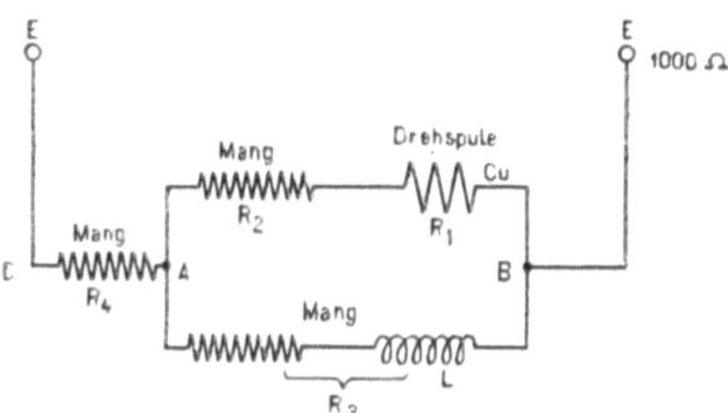

Diese Kunstschaltung ist in folgender Weise angeordnet. Vor der aus Kupfer gewickelten Spannungsspule liegt zunächst ein Manganin-Vorschaltwiderstand R_2. Parallel zu dieser Reihenschaltung liegt ein weiterer Manganin-Widerstand R_3. Vor dieser Parallelschaltung liegt endlich noch ein gemeinsamer Manganin-Vorschaltwiderstand R_4.

Die **Abgleichung** dieser Widerstände geschieht in der nachstehenden Weise. Zunächst wird durch den Widerstand R_3 der Stromverbrauch des Spannungskreises auf genau 30 Milliampere bei vollem Zeigerausschlag des Instruments abgeglichen. Dann wird der Gesamtwiderstand des Spannungskreises durch den gemeinsamen Vorschaltwiderstand R_4 auf genau 1000 Ohm ergänzt. Hierdurch wird erreicht, daß der Spannungskreis aller Präzisions-Leistungsmesser einen festen Wert von 1000 Ohm besitzt. Diesem Widerstandswert entspricht die **1000-Ohm-Klemme** des Leistungsmessers, die zum Anschluß an äußere Vorschaltwiderstände bestimmt ist. Da der Stromverbrauch des Spannungskreises auf 30 Milliampere abgeglichen ist, entspricht einem Widerstande von je 1000 Ohm stets eine Spannung von 30 Volt.

Die **Temperaturkompensation** wird bei dieser Schaltung in der nachstehenden Weise erreicht. Durch die von der Hauptstromspule ausstrahlende Wärme sowie durch die Stromwärme des in der Drehspule fließenden Stromes wird die Drehspule erwärmt. Der Widerstand des Drehspulzweiges $R_1 + R_2$ wächst mit steigender Temperatur, während der Widerstand R_3 konstant bleibt. Der Strom wird also gewissermaßen in den Widerstand R_3 hinübergedrängt. Bleibt der Gesamtstrom des Spannungskreises annähernd gleich groß, so bedingt dies, daß der Zweigstrom im Widerstande R_3 stets annähernd um den gleichen Betrag anwächst, um den der Strom im Drehspulzweige abfällt. Mit dem Anwachsen des Stromes in R_3 wächst aber auch der Spannungsabfall in diesem Widerstand, also die Spannung zwischen den Punkten A und B. Infolge dieser anwachsenden Spannung wird der Strom im Drehspulzweig $R_1 + R_2$ nicht in dem gleichen Maße abfallen, wie man es lediglich aus der Widerstandsänderung folgern würde. Die tatsächliche Größe der Stromänderung in $R_1 + R_2$ hängt von der Größe des Widerstandes R_3 ab; je größer dieser ist, um so kleiner sind die Stromänderungen im Drehspulzweig $R_1 + R_2$. Würde R_3 unendlich groß, so würde die Stromänderung im Zweige $R_1 + R_2$ gleich Null werden. Der Wert von R_3 ist jedoch bereits durch die vorher erwähnte Stromabgleichung bestimmt, es ist daher immer noch mit einem bestimmten, wenn auch recht geringfügigen Abfallen des Stromes in der Drehspule zu rechnen. Der hierdurch entstehende Verlust am Drehmoment wird aber durch das Nachlassen der durch die Wärmestrahlung der Hauptstromspule ebenfalls erwärmten Systemfedern ausgeglichen, so daß die Angaben des Instruments durch die Erwärmung praktisch nicht geändert werden. Allerdings ist hierbei noch die anfänglich gemachte Voraussetzung zu erfüllen, daß der Gesamtstrom des Spannungskreises stets annähernd gleich groß bleibt. Dies ist jedoch in einfacher Weise durch einen entsprechend großen, gemeinsamen Vorschaltwiderstand zu erreichen. Der im Instrument zur Abgleichung des Spannungskreises auf 1000 Ohm eingebaute Vorschaltwiderstand R_4 reicht hierfür allein noch nicht aus, deshalb sind auch für die Benutzung der 1000-Ohm-Klemme als Meßbereich 30 Volt auf Seite 33 entsprechende Vorbehalte gemacht. Um die durch die Widerstandsänderung der Drehspule bedingte Änderung des Gesamtstromes praktisch belanglos zu machen, ist vielmehr noch ein äußerer bzw. eingebauter Vorschaltwiderstand von mindestens 2000 Ohm erforderlich, der einem Meßbereich von 90 Volt entspricht. Alle Eichungen und genauen Messungen sind daher mit einem Spannungsmeßbereich von mindestens 90 Volt auszuführen. Bei Verwendung noch größerer Widerstände, also höherer Spannungsmeßbereiche ändert sich das Verhalten der Kompensationsschaltung nur noch ganz unwesentlich, so daß diese Änderungen nicht mehr in Betracht kommen.

Die **Selbstinduktion** der Drehspule, die etwa 0,005 Henry beträgt, würde bei der vorstehend beschriebenen Schaltung noch einen Phasenfehler im Spannungskreise hervorrufen, der sich bei der Leistungsmessung um so mehr geltend macht, je kleiner der Leistungsfaktor der zu messenden Leistung und je höher die Frequenz des zu untersuchenden Wechselstromes ist. Dieser Phasenfehler wird durch den zur Abgleichung und Temperaturkompensation erforderlichen Nebenschlußwiderstand R_3 besonders vergrößert, da die Phase des Zweigstromes in der Drehspule im wesentlichen von dem Verhältnis der Impedanz der Drehspule zu dem kleinen Ohmschen Widerstande $R_1 + R_2$ des Drehspulzweiges, dagegen nur sehr wenig von dem meistens sehr hohen Ohmschen Widerstande des Vorschaltwiderstandes ($R_4 +$ äußere Vorschaltwiderstände) abhängt. Man kann die durch die Stromverzweigung bedingte Vergrößerung der Phasenverschiebung des Drehspulstromes gegen die zu messende Netzspannung dadurch beseitigen, daß man einen Teil L des Nebenschlußwiderstandes R_3 induktiv wickelt. Wählt man die Induktanz L so, daß das Verhältnis der Induktanz zum Ohmschen Widerstand im Nebenschlußzweige R_3 das gleiche ist wie im Drehspulzweige $R_1 + R_2$, so haben die beiden Zweigströme gegeneinander keine Phasenverschiebung und sind damit auch in Phase mit dem unverzweigten Gesamtstrom des Spannungskreises. Die Phasenverschiebung des Gesamtstromes gegen die angelegte Netzspannung wird aber wegen des hohen Ohmschen Widerstandes des unverzweigten Spannungskreises (R_4 + äußerer Vorschaltwiderstand) sehr klein werden. Mithin wird auch der in der Drehspule entstehende Phasenfehler sehr klein, ebenso klein, als wenn der Nebenschluß R_3 gar nicht vorhanden wäre. Man kann aber auch diesen kleinen Phasenfehler noch zum Verschwinden bringen, wenn man das Verhältnis L des Nebenschlusses zu dem Ohmschen Widerstande R_3 noch größer wählt, als es im Drehspulzweige ist. Bei entsprechender Wahl der elektrischen Größen der beiden parallelen Zweige wird dann der Phasenverschiebungswinkel zwischen dem Drehspulstrom und der an den Spannungskreis angelegten Netzspannung und damit auch der Phasenfehler gleich Null. Auf diese Weise ist bei den Präzisions-Leistungsmessern der Siemens & Halske A.-G. eine Phasenkompensation erzielt, die für eine bestimmte Normalfrequenz streng gültig ist, aber auch für einen verhältnismäßig großen Frequenzmeßbereich vollkommen ausreicht. Damit werden aber auch die Instrumentangaben bei Gleichstrom und Wechselstrom genau gleich, so daß die Eichung des Leistungsmessers ohne weiteres mit Gleichstrom vorgenommen werden kann.

Für diejenigen, die näher auf die vorliegenden Fragen einzugehen wünschen, sind nachstehend noch die Diagramme für die drei Fälle angegeben.

1. Induktionsfreier Nebenschluß R_3.

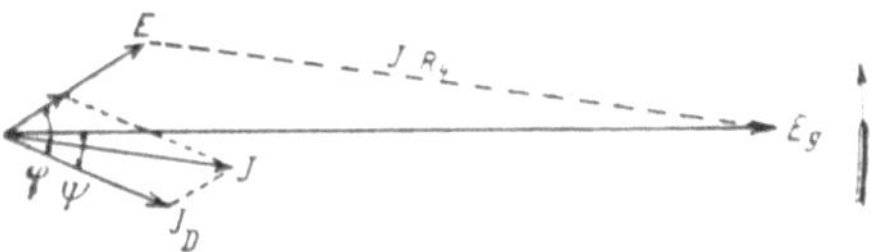

Die Klemmenspannung zwischen den Punkten A und B werde durch den Vektor E dargestellt, dann bleibt der Strom I_D in der Drehspule um den Winkel φ hinter E zurück. Der Strom I_N in dem induktionsfreien Nebenschlußwiderstand R_3 ist in Phase mit der Spannung E. Aus den beiden Zweigströmen I_N und I_D ergibt sich als geometrische Summe der Gesamtstrom I des Spannungskreises. Der Spannungsabfall in dem Vorschaltwiderstande R_4 ist in Phase mit dem Gesamtstrom I, die Spannung $I \cdot R_4$ liegt also parallel zu I. Aus den beiden Teilspannungen E und $I \cdot R_4$ ergibt sich die Gesamtspannung Eg. Der Drehspulstrom I_D bleibt demnach um einen Winkel ψ hinter der zu messenden Gesamtspannung Eg zurück.

2. Induktiver Nebenschluß R_3. Das Verhältnis der Induktanz zum Ohmschen Widerstand ist das gleiche wie im Drehspulzweig.

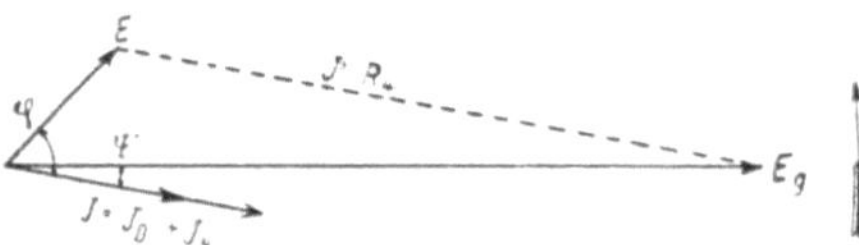

Die Zweigströme I_D und I_N sind in Phase, addieren sich also algebraisch zum Gesamtstrome I, der um den Winkel φ hinter der Teilspannung E zurückbleibt. Der Spannungsabfall $I \cdot R_4$ ist in Phase mit I, die Spannung $I \cdot R_4$ liegt also parallel zu I und gibt mit E zusammen die Gesamtspannung Eg. Der Strom I_D bleibt jetzt nur noch um einen kleinen Winkel ψ hinter der zu messenden Spannung Eg zurück.

3. Induktiver Nebenschluß R_3. Phasenfehler kompensiert.

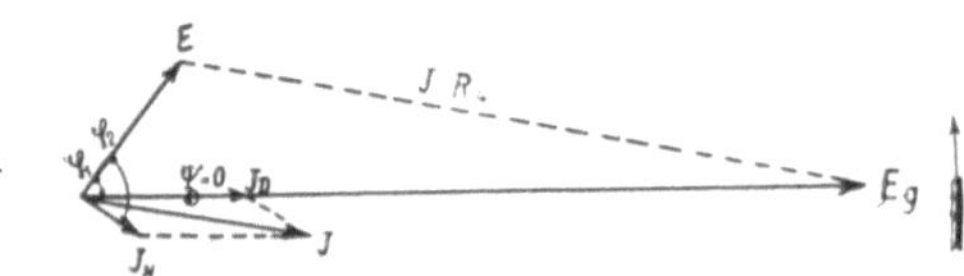

Der Strom I_D bleibt um den Winkel φ_1 hinter der Teilspannung E zurück. Da das Verhältnis der Induktanz zum Ohmschen Widerstand im Nebenschlußzweige größer ist, bleibt der Nebenschlußstrom I_N um einen etwas größeren Winkel φ_2 hinter E zurück. Der Gesamtstrom I ergibt sich wieder als geometrische Summe der beiden Zweigströme. Die Spannung am Vorschaltwiderstande R_4 ist in Phase mit I, also ist wieder $I \cdot R_4$ parallel zu I. Aus E und $I \cdot R_4$ ergibt sich die Gesamtspannung, die bei richtiger Wahl der Verhältnisse in Phase mit I_D ist. Der Winkel ψ und damit der Phasenfehler ist demnach jetzt gleich Null geworden.

d) Meßbereiche und Skalen.

Die **Strommeßbereiche** der Leistungsmesser der Laboratoriumstype werden für Stromstärken von 0,5 bis 400 Amp. ausgeführt. Die Abstufung der einzelnen Meßbereiche ist aus der auf Seite 34 angegebenen Tabelle zu ersehen.

Die **1000=Ohm=Klemme** des Instruments dient lediglich zum Anschluß an äußere Vorschaltwiderstände. Die Bezeichnung 1000=Ohm=Klemme wurde an Stelle der früheren Bezeichnung 30 Volt eingeführt, um schon durch die Bezeichnung darauf hinzuweisen, daß diese Klemme nur als Anschlußpunkt für äußere Vorschaltwiderstände dienen soll. Die eingebauten 1000 Ohm sind hierbei lediglich als ein einheitlicher Grundwiderstand aufzufassen, an den alle äußeren Vorschaltwiderstände anzuschließen sind (vgl. Seite 36).

Benutzt man die 1000=Ohm=Klemme ausnahmsweise als Anschlußpunkt für einen selbständigen Meßbereich 30 Volt, so ist zu beachten, daß die Temperaturfehler für diesen Meßbereich nicht so klein wie bei den höheren Meßbereichen sind, und daß sie daher auch nicht ohne weiteres vernachlässigt werden können.

Außer der 1000=Ohm=Klemme können die Leistungsmesser noch zwei eingebaute **Spannungsmeßbereiche,** und zwar 150 und 300 oder 150 und 600 oder 300 und 600 Volt erhalten.

Die **Skala** der Leistungsmesser enthält 150 gleichgroße, etwa 1 mm breite Skalenteile; ausgenommen ist hiervon nur das Instrument für 200 und 400 Amp., das zur Erzielung einer einfachen Konstante eine 120teilige Skala erhalten hat.

e) Berechnung der Instrument=Konstante.

Die zu messende Leistung P ergibt sich aus dem Zeigerausschlag α (in Skalenteilen) des Leistungsmessers nach der Beziehung

$$P = c \cdot \alpha \qquad \text{Watt.}$$

Der Faktor c ist die Instrument=Konstante des Leistungsmessers.

Die Instrument=Konstante c ist also die Zahl, mit der man den Zeigerausschlag des Leistungsmessers multiplizieren muß, um die Leistung in Watt zu erhalten. Wird $\alpha = 1$, so zeigt sich, daß die Instrument=Konstante c gleich dem Werte eines Skalenteiles in Watt ist.

Die Präzisions-Leistungsmesser sind so geeicht, daß sie den vollen Zeigerausschlag bei vollem Strom, voller Spannung und bei einem Leistungsfaktor $\cos\varphi = 1$ geben. Hieraus ergibt sich der Wert der Instrument-Konstanten.

Bedeutet:

α_1 = Anzahl der Skalenteile des Instruments,

I_1 = Strommeßbereich des Instruments,

E_1 = Spannungsmeßbereich des Instruments,

so hat die Instrument-Konstante c den Wert:

$$c = \frac{I_1 \cdot E_1 \cdot \cos\varphi}{\alpha_1} = \frac{I_1 \cdot E_1}{\alpha_1}$$

Hierbei ist zu beachten, daß die 1000-Ohm-Klemme des Leistungsmessers einem Spannungsmeßbereich von 30 Volt entspricht.

Für die verschiedenen Meßbereiche der Leistungsmesser ergeben sich demnach folgende Konstanten:

Strom-Meßbereich Amp.	Anzahl der Skalenteile	Instrument-Konstante c für			
		1000 Ω	150 Volt	300 Volt	600 Volt
0,5 1	150	0,1 0,2	0,5 1	1 2	2 4
1 2	150	0,2 0,4	1 2	2 4	4 8
2,5 5	150	0,5 1	2,5 5	5 10	10 20
5 10	150	1 2	5 10	10 20	20 40
12,5 25	150	2,5 5	12,5 25	25 50	50 100
25 50	150	5 10	25 50	50 100	100 200
50 100	150	10 20	50 100	100 200	200 400
100 200	150	20 40	100 200	200 400	400 800
200 400	120	50 100	250 500	500 1000	1000 2000

Werden die Leistungsmesser in Verbindung mit äußeren Vorschaltwiderständen verwendet, so sind die Angaben auf Seite 38 zu beachten.

f) Eigenverbrauch der Präzisions-Leistungsmesser.

Der Eigenverbrauch der voll belasteten **Stromspule** beträgt bei den Leistungsmessern bis 50 Ampere etwa 4 bis 5 Watt, bei den Leistungsmessern für höhere Stromstärken etwas mehr. Die beiden durch Umschaltung der Spulenhälften erzielten Meßbereiche haben naturgemäß den gleichen Eigenverbrauch. Der Spannungsabfall zwischen den Stromklemmen des Instruments ist jedoch für den kleinen Meßbereich noch einmal so groß wie für den größeren Meßbereich. Dies ist besonders bei Verwendung der Instrumente für 2,5 und 5 Ampere in Verbindung mit Stromwandlern zu beachten. Sinkt während einer Messungsreihe der Strom bis auf die Hälfte, so läge es nahe, den Leistungsmesser auf den kleineren Meßbereich 2,5 Ampere umzuschalten, um dadurch den doppelten Zeigerausschlag zu erhalten. Hierdurch würde aber, da man vom halben Ausschlag des großen Meßbereiches zum vollen Ausschlag des kleinen Meßbereiches übergeht, ein viermal so großer Spannungsabfall an den Stromklemmen des Leistungsmessers entstehen. Der nur mit halbem Strom erregte Stromwandler würde daher durch die Umschaltung mit einer viermal so hohen Sekundärspannung belastet werden, so daß die durch Vergrößerung des Zeigerausschlages gewonnene Erhöhung der Ablesegenauigkeit durch größere Fehler des Stromwandlers aufgehoben wird (vgl. auch Seite 49).

Der Stromverbrauch des **Spannungskreises** beträgt bei den normalen Leistungsmessern mit 1000-Ohm-Klemme genau 30 Milliampere, so daß der Eigenverbrauch bei voller Spannung 0,9 Watt beträgt.

g) Schaltregeln für Präzisions-Leistungsmesser.

Für alle Schaltungen mit Präzisions-Leistungsmessern gelten folgende Grundregeln:

1. Alle erheblichen Potentialdifferenzen zwischen Strom- und Spannungsspule müssen unbedingt vermieden werden.

Einerseits soll hierdurch verhindert werden, daß zwischen der Stromspule und der Spannungsspule des Leistungsmessers gefährliche Potentialdifferenzen auftreten, die ein Überschlagen der Spannung und damit eine Zerstörung des Instruments zur Folge haben können. Andererseits aber sollen durch Befolgung dieser Regel Meßfehler vermieden werden, die durch elektrische Ladungserscheinungen und dadurch verursachte Zeigerablenkungen entstehen.

Zur Vermeidung dieser schädlichen Potentialdifferenzen muß man den Stromkreis des Leistungsmessers stets einpolig, ohne jede Zwischenschaltung von Widerstand, mit einem geeigneten Punkt des Spannungskreises verbinden. (Vgl. die folgenden Schaltbilder.)

2. Um einen richtigen Ausschlag des Zeigers in die Skala hinein zu erzielen, muß man so schalten, daß der Strom in zwei benachbarte Strom- und Spannungsklemmen eintritt oder aus beiden austritt.

Der Strom muß daher entweder in die beiden linken oder in die beiden rechten Klemmen des Leistungsmessers eintreten.

3. Alle Spannungsleitungen, die nicht direkt mit der Stromspule des Instruments verbunden sind, sollen gesichert werden.

Die Sicherung der Spannungskreise war früher nicht allgemein üblich, da man die Spannungskreise durch ihren hohen Ohmschen Widerstand für genügend geschützt hielt. Wiederholte Unfälle haben indes gezeigt, daß eine Sicherung der Spannungskreise keineswegs entbehrlich ist, da schon durch ungünstige Lage der Spannungsleitungen größere Kurzschlüsse entstehen können.

Bei den im folgenden angegebenen Schaltungen ist stets vorausgesetzt, daß der Stromerzeuger links und der Stromverbraucher rechts liegt. Der Stromerzeuger ist im Schaltbild stets eingezeichnet, die Richtung der Energieabgabe wird durch einen Pfeil angedeutet.

h) Vorschaltwiderstände für Präzisions-Leistungsmesser.

Die Vorschaltwiderstände sind zum Anschluß an die 1000-Ohm-Klemme der Präzisions-Leistungsmesser bestimmt. Man kann sie ohne weiteres für jeden beliebigen Leistungsmesser mit 1000-Ohm-Klemme benutzen.

Da die Normalbelastung des Spannungskreises der Präzisions-Leistungsmesser 0,03 Ampere beträgt, entspricht der 1000-Ohm-Klemme eine Spannung von 30 Volt. Aus dieser einfachen Beziehung ergibt sich die erforderliche Größe des Vorschaltwiderstandes. Beträgt die zu messende Spannung $C \times 30$ Volt, so muß der Gesamtwiderstand des Spannungskreises $C \times 1000$ Ohm betragen. Der Vorschaltwiderstand muß daher einen Widerstand von $(C - 1) \times 1000$ Ohm erhalten. Der Faktor C heißt die Widerstands-Konstante.

Die Widerstands-Konstante *C* ist also die Zahl, die angibt, wievielmal der Spannungsmeßbereich des Vorschaltwiderstandes größer ist als 30 Volt.

Bedeutet:

E_1 = Spannungsmeßbereich des Vorschaltwiderstandes, so ist demnach die Widerstands-Konstante:

$$C = \frac{E_1}{30}$$

Für die normalen Spannungsmeßbereiche ergeben sich hieraus folgende Vorschaltwiderstände und Widerstands-Konstanten:

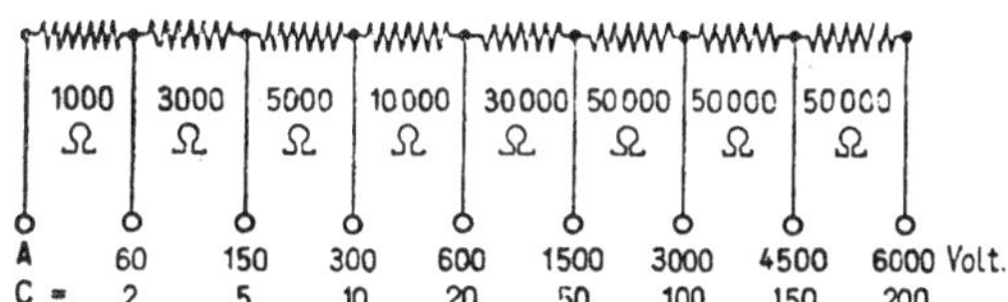

Bei der Wahl der Vorschaltwiderstände ist zu beachten, daß diese dauernd um 10%, kurzzeitig um 20% überlastet werden dürfen. Die Verbindung des Instruments mit dem Vorschaltwiderstand ergibt sich aus den umstehenden Schaltbildern.

Nullpunktwiderstände für Drehstrom gleicher Belastung sind im zweiten Teile des Buches auf Seite 226 beschrieben.

i) Äußere Schaltung des Instruments.

Bei dem Aufbau der Schaltung sind die Angaben auf Seite 22 über die Aufstellung der Meßgeräte sowie die Schaltregeln auf Seite 35 zu beachten. Aus diesen Schaltregeln ergibt sich die folgende Schaltung:

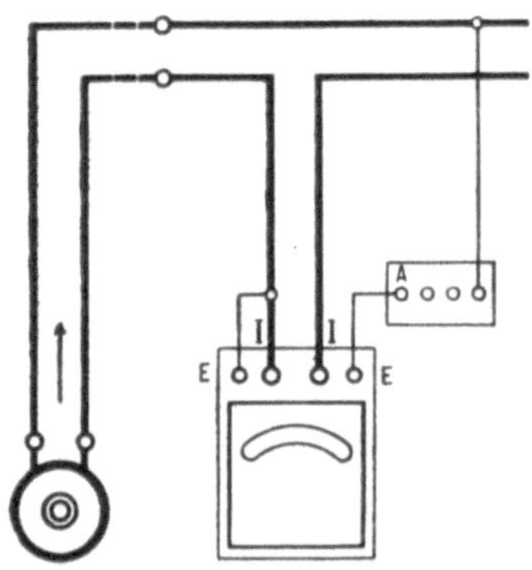

Bedeutet:

α = Ablesung am Instrument in Skalenteilen,

c = Instrument-Konstante für 1000 Ohm (vgl. Seite 34),

C = Widerstands-Konstante für den gewählten Spannungsmeßbereich (an den Klemmen des Vorschaltwiderstandes angegeben),

so ist die gemessene Leistung:

$$P = C \cdot c \cdot \alpha \qquad \text{Watt.}$$

Um nach Schaltregel 1 erhebliche Potentialdifferenzen zwischen der Stromspule und der Spannungsspule des Leistungsmessers auszuschließen, verbindet man die linke Spannungsklemme des Leistungsmessers unmittelbar mit einer der beiden Stromklemmen. Die im Instrument auftretende Potentialdifferenz kann dann höchstens 30 Volt betragen und ist daher belanglos. Um nach Schaltregel 2 einen Zeigerausschlag im richtigen Sinne zu bekommen, muß man so schalten, daß der vom links liegenden Stromerzeuger kommende Strom in die beiden linken Klemmen (also in die linke Spannungsklemme und die linke Stromklemme) eintritt bzw. aus ihnen austritt. Die von der oberen Sammelschiene nach dem Vorschaltwiderstande führende Leitung ist bei betriebsmäßigen Schaltungen entsprechend der Schaltregel 3 zu sichern. Bei Laboratoriumsmessungen wird man in den meisten Fällen auf diese Sicherung verzichten.

Vollständige Meßschaltungen für Einphasenstrom nebst ausführlichen Fehlerberechnungen sind auf Seite 160 angegeben. Die Meßschaltungen für Mehrphasenstrom sind im zweiten Teile des Buches in den entsprechenden Abschnitten über direkte Messungen beschrieben.

k) Stromwendung in der Spannungsspule.

Ergibt sich bei Drehstrom-Leistungsmessungen oder infolge falscher Schaltung (Nichtbeachtung von Regel 2, Seite 36) ein negativer Zeigerausschlag, so kann man entweder die Stromanschlüsse oder die Spannungsanschlüsse vertauschen, um einen positiven Ausschlag in die Skala hinein zu erhalten. Da ein Vertauschen der Hauptstromleitungen ohne Stromunterbrechung nicht ohne weiteres ausführbar ist, so ist eine Stromwendung in der Spannungsspule vorzuziehen.

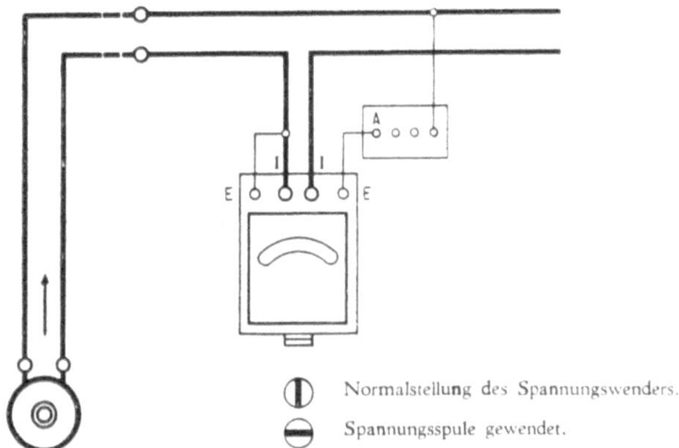

Die Spannungswendung erfolgt am zweckmäßigsten durch einen in den Leistungsmesser **eingebauten** Spannungswender. Dieser bietet zunächst den Vorteil, daß die äußere Schaltung des Leistungsmessers nach Möglichkeit vereinfacht wird. Da die Spannungswendung hierbei

ohne Unterbrechung des Spannungskreises stattfindet, ergibt sich noch der weitere Vorteil, daß gefährliche Potentialdifferenzen zwischen Strom≈spule und Spannungsspule, die z. B. im Moment des Abschaltens durch ungleichzeitiges Öffnen der Schalterkontakte entstehen könnten, in jedem Falle vermieden werden. Der Spannungswender ist derart in die Innenschaltung des Leistungsmessers eingefügt, daß man ihn auch bei direktem Anschluß der 1000≈Ohm≈Klemme, also bei 30 Volt, gefahrlos betätigen kann.

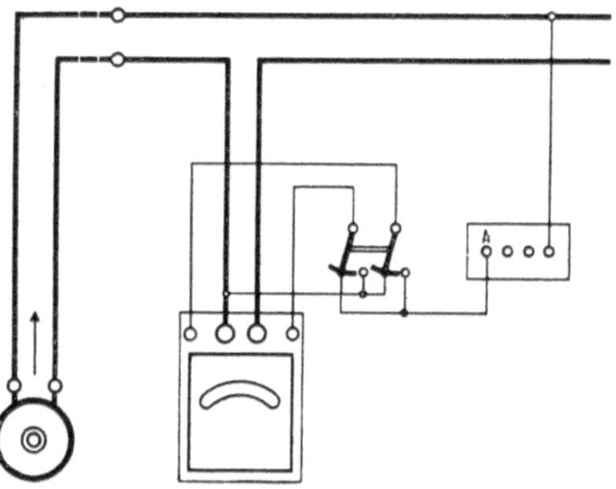

Bei Leistungsmessern ohne eingebauten Spannungswender erfolgt die Änderung der Ausschlagsrichtung durch Vertauschen der Anschluß≈drähte an den Spannungsklemmen des Leistungsmessers. Man verwendet hierzu mit Vorteil einen **außenliegenden Spannungswender,** der ohne Stromunterbrechung arbeitet. Da die Umschaltung über eine Kurzschlußstellung hinweg erfolgt, ist bei Benutzung dieser Spannungs≈wender die Verwendung außenliegender Vorschaltwiderstände Be≈dingung; es werden dann im Augenblick der Umschaltung nur die im Instrument eingebauten 1000 Ohm kurzgeschlossen, während durch die außenliegenden Vorschaltwiderstände ein unzulässiges Anwachsen des Stromes verhindert wird.

Wenn ohne Vorschaltwiderstände (also mit dem Meßbereiche 30 Volt) gemessen wird, darf naturgemäß dieser Umschalter nicht benutzt werden; es ist vielmehr in diesem Fall ein Umschalter mit Unter≈brechung zu verwenden.

3. Präzisions=Spannungsmesser der Laboratoriumstype.

a) Aufbau des Meßsystems.

Das Meßsystem besteht aus einer feststehenden Feldspule und einer im Hohlraum dieser Spule angeordneten Drehspule. Da die fest=stehende und die bewegliche Spule in Reihenschaltung liegen, sind die Ströme in beiden Systemspulen stets phasengleich. Etwaige in vor=handenen Metallteilen induzierte Wirbelströme sind um annähernd 90° gegen den induzierenden Strom, also auch gegen den Strom in der Drehspule verschoben, können daher mit diesem zusammen kein er=hebliches Drehmoment ergeben. Der mechanische Aufbau des Meß=systems konnte infolgedessen ohne weiteres mit Zuhilfenahme von Metall erfolgen. Sogar der Spulenkasten der feststehenden Feldspule konnte aus Metall hergestellt werden, es genügte, den Metallrahmen aufzuschneiden, um jeden merklichen Einfluß der Wirbelströme auf das Meßergebnis zu vermeiden.

Die Zeigerbewegungen werden durch eine kräftig wirkende Luft=dämpfung so gedämpft, daß eine nahezu aperiodische Zeigereinstellung erreicht wird.

b) Innere Schaltung.

Die Innenschaltung entspricht derjenigen des Spannungs-Elektrodynamometers, die feststehende und die bewegliche Systemspule liegen daher in einfacher Reihenschaltung. Die Unabhängigkeit der Instrumentangaben von der Temperatur ließ sich hierbei in verhältnismäßig einfacher Weise durch Vorschalten von Manganin-Widerständen erreichen. Die Vorschaltung ist so groß, daß der Kupferwiderstand der Systemspulen nur etwa den zehnten Teil des Gesamtwiderstandes ausmacht. Der elektrische Temperaturkoeffizient der Reihenschaltung beträgt daher nur noch den zehnten Teil des Temperaturkoeffizienten des Kupfers. Durch passende Wahl der Systemfedern konnte der Temperaturkoeffizient des Meßsystems mechanisch noch weiter herabgedrückt werden, so daß die Angaben der Spannungsmesser praktisch von der Temperatur unabhängig sind. Der Selbstinduktionskoeffizient der Systemspulen tritt gegen den Ohmschen Widerstand derart zurück, daß die Instrumentangaben für alle in normalen Betrieben vorkommenden Frequenzen richtig bleiben; selbst bei Frequenzen von 100 Perioden in der Sekunde beträgt der durch die Selbstinduktion verursachte Fehler nicht mehr als etwa 0,1 %. Um den Gesamtmeßbereich der einzelnen Instrumente nach Möglichkeit zu erweitern, erhalten die Spannungsmesser der Laboratoriumstype stets zwei Spannungsmeßbereiche, die sich wie 1:2 verhalten. Die Umschaltung der Meßbereiche erfolgt mittels eines Stöpsels.

Durch das Stecken des Stöpsels wird ein Teil des Vorschaltwiderstandes kurzgeschlossen. Es ergibt sich also:

Stöpsel gesteckt: kleiner Meßbereich;
Stöpsel gezogen: großer Meßbereich.

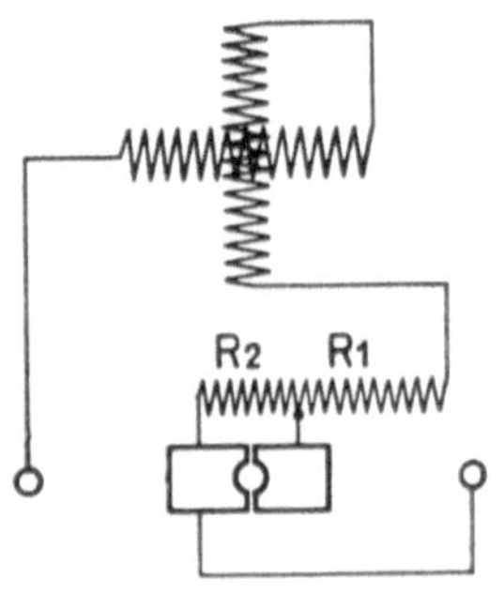

Bei **Niederspannung** kann die Umschaltung von einem Meßbereich auf den anderen unter Spannung erfolgen, da bei der Umschaltung jede Stromunterbrechung vermieden ist. Bei **Hochspannung** ist jede Berührung des Instruments wegen der damit verbundenen Lebensgefahr zu vermeiden.

c) Meßbereiche und Skalen.

Die Spannungsmesser werden für die nachstehenden Meßbereiche hergstellt:

Meßbereiche Volt	**Innerer Widerstand** etwa Ohm
15; 30	30; 60
30; 75	120; 300
75; 150	750; 1500
150; 300	2200; 4400
300; 600	10000; 20000

Für alle diese Meßbereiche ist eine 150-teilige Skala vorgesehen. Der allen dynamometrischen Spannungsmessern eigene quadratische Charakter der Skala ist durch geschickte Anordnung der Systemspulen nach Möglichkeit unterdrückt, so daß die Skala schon von etwa einem Fünftel des Meßbereiches ab annähernd gleichmäßig geteilt ist.

d) Eigenverbrauch des Präzisions-Spannungsmessers.

Der Wattverbrauch beträgt, wie aus den vorstehend angegebenen Widerstandswerten hervorgeht, für den kleinen Meßbereich etwa 7,5 bis 10 Watt, für den großen Meßbereich etwa 15 bis 20 Watt. Zur Abfuhr der hierdurch entstehenden nicht unerheblichen Wärmemenge war es erforderlich, den Sockel mit einer durchbrochenen Kühlwand zu umgeben. Auch bei der Verwendung dieser Spannungsmesser muß ihr hoher Eigenverbrauch stets beachtet werden, da durch ihn die elektrischen Verhältnisse des zu untersuchenden Stromkreises unter Umständen erheblich beeinflußt werden können.

e) Vorschaltwiderstände zu den Präzisions-Spannungsmessern.

Zur Erhöhung der Spannungsmeßbereiche der einzelnen Instrumente werden gesonderte Vorschaltwiderstände für Spannungen bis zu 6000 Volt geliefert. Bei Anschluß dieser Vorschaltwiderstände ist der **Spannungsmesser** stets **auf den größeren Meßbereich** zu schalten. Da die

Widerstände nicht auf einen bestimmten Betrag abgeglichen sind, dürfen diese Vorschaltwiderstände nicht vertauscht werden. Der Vorschaltwiderstand kann vielmehr nur zu dem Spannungsmesser verwendet werden, dessen Fabriknummer auf dem Schilde des Widerstandes angegeben ist. Aus dem gleichen Grund ist bei etwaigen Nachbestellungen von Vorschaltwiderständen stets die Fabriknummer des zugehörigen Spannungsmessers anzugeben.

f) Reihenschaltung von Spannungsmesser und Leistungsmesser.

Bei Hochspannungsmessungen lassen sich die Vorschaltwiderstände für den Spannungsmesser dadurch ersparen, daß man den Spannungsmesser unmittelbar in den Spannungskreis des Leistungsmessers einschaltet. Bedingung für diese Reihenschaltung ist, daß der Stromverbrauch des Spannungsmessers genau gleich dem Stromverbrauch des Spannungskreises des Leistungsmessers ist. Dies läßt sich jedoch nur bei Spannungsmessern mit den Meßbereichen 300 und 600 Volt erreichen, da der Stromverbrauch für die niedrigeren Meßbereiche erheblich höher ist. Man verwendet zu dieser Schaltung eine Sonderausführung des Spannungsmessers mit derart abgeglichenem Widerstande, daß einer Spannung von 300 bzw. 600 Volt ein Widerstand von genau 10000 bzw. 20000 Ohm entspricht. Der Stromverbrauch des Spezial-Spannungsmessers beträgt daher bei vollem Zeigerausschlag genau 0,03 Ampere. Weiterhin erhält dieser Spannungsmesser eine Abzweigklemme, durch die 1000 Ohm vom Gesamtwiderstand des Instruments abgezweigt werden. Bei der Reihenschaltung treten dann an die Stelle der abgezweigten 1000 Ohm die 1000 Ohm des Spannungskreises (1000-Ohm-Klemme) des Leistungsmessers.

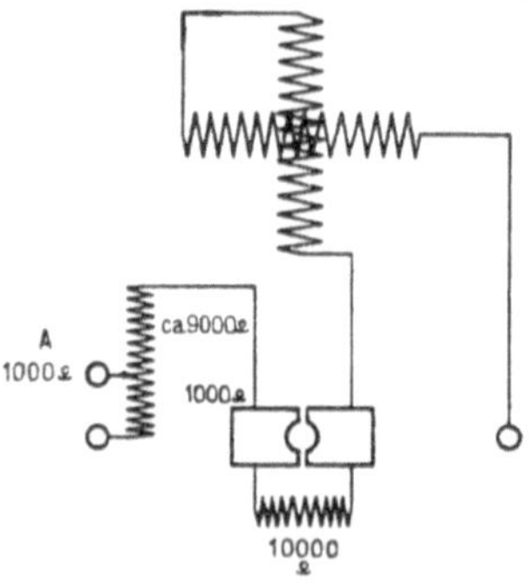

Stöpsel gesteckt 300 Volt
ohne Stöpsel 600 „

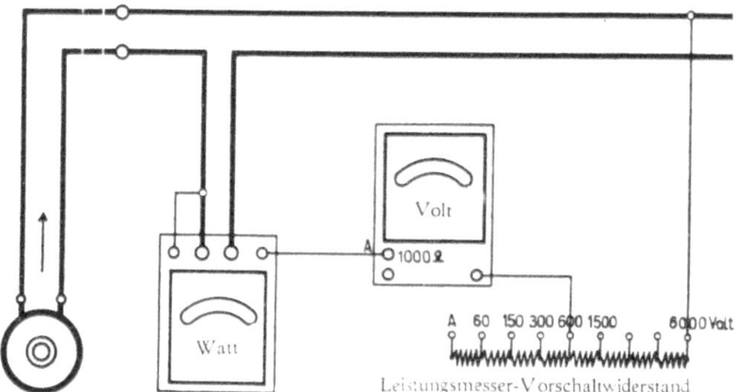

Am gemeinsamen Vorschaltwiderstand ist hierbei als Anfangsklemme je nach dem gestöpselten Meßbereich des Spannungsmessers die 300- bzw. 600-Volt-Klemme zu verwenden.

Die Reihenschaltung von Leistungsmesser und Spannungsmesser ist jedoch nur bei **Spannungen über 3000 Volt** anwendbar, da sich durch die Selbstinduktion des Spannungsmessers bei kleineren Spannungen Phasenverschiebungsfehler am Leistungsmesser ergeben. Aus dem zuletzt erwähnten Grund ist diese Schaltung nur dann zu empfehlen, wenn besonderer Wert auf direkte Hochspannungsmessung gelegt wird. In allen anderen Fällen sind bei Hochspannung Spannungswandler vorzuziehen.

---

4. Präzisions-Strommesser der Laboratoriumstype.

a) Aufbau des Meßsystems.

Der mechanische Aufbau des Meßsystems der Strommesser ist im wesentlichen der gleiche wie der des auf Seite 41 beschriebenen Spannungsmessers, nur ist die feststehende Spule mit einer dickdrähtigen, für eine größere Stromstärke bestimmten Wickelung versehen. Da die Ströme in der feststehenden und in der beweglichen Spule annähernd phasengleich sind, ist eine Störung der Instrumentangaben durch Wirbelströme nicht zu befürchten; die Verwendung von Metallkonstruktionsteilen ist daher ebenso unbedenklich wie bei dem Spannungsmesser. Die Dämpfung der Zeigerbewegungen erfolgt wieder durch eine Luftdämpfung.

b) Innere Schaltung.

Der Strommesser beruht ebenfalls auf dem Prinzip des Elektrodynamometers. Bei den Instrumenten für kleine Stromstärken (bis 0,5 Amp.) liegen die beiden Systemspulen ebenso wie beim Spannungsmesser in Reihenschaltung. Bei den Instrumenten für höhere Stromstärken ist diese einfache Schaltung nicht mehr anwendbar, denn hierbei würde das bewegliche System zu groß und schwer werden und die Zuführung stärkerer Ströme durch die schwachen Systemfedern nicht möglich sein.

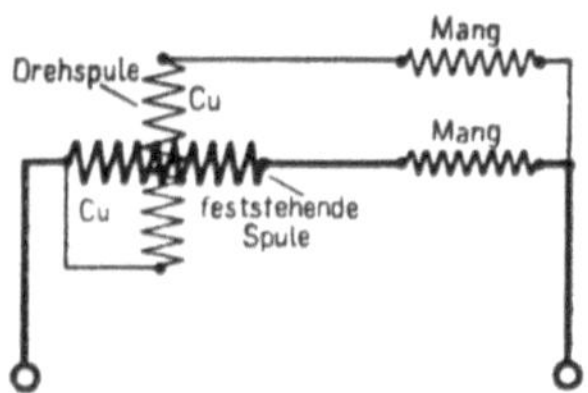

Bei den Strommessern für größere Stromstärken wird daher nur die feststehende Systemspule von dem zu messenden Strome durchflossen, während die bewegliche Spule derart parallel zur festen Spule geschaltet ist, daß sie nur einen kleinen Teilstrom führt.

Um die Stromverzweigung in den beiden parallel geschalteten Spulen von der Temperatur der Spulen unabhängig zu machen, ist vor jede der beiden Spulen ein Manganin=Widerstand geschaltet. Im Interesse eines möglichst geringen Spannungsabfalles im Strommesser wird man jedoch den Manganin=Widerstand nicht so groß wählen wie beim Spannungsmesser. Es ist dies auch gar nicht nötig, da beim Strommesser nur die kleinen Temperaturdifferenzen zwischen den beiden parallel geschalteten Zweigen für die Änderung der Stromverteilung und damit für die Richtigkeit der Instrumentangaben bestimmend sind. Auf Grund eingehender Versuche wurde der Vorschaltwiderstand nur so groß gewählt, daß der Temperaturkoeffizient der beiden parallelen Zweige etwa auf den vierten Teil des Temperaturkoeffizienten des Kupfers herabgedrückt wird. Dies hat sich als vollkommen ausreichend erwiesen, um die Angaben des Instruments von der Temperatur praktisch unabhängig zu machen.

Durch das Vorschalten von induktionsfreiem Widerstand vor die Systemspulen ist auch das Verhältnis der Selbstinduktionskoeffizienten der Spulen zu den Ohmschen Widerständen der beiden Zweige so günstig geworden, daß die Abweichungen der Instrumentangaben bei Gleichstrom und Wechselstrom von 100 Perioden 0,1 % nicht überschreiten.

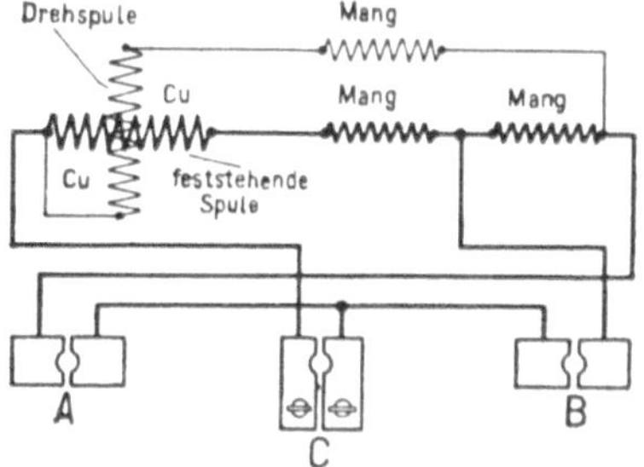

Um den Gesamtmeßbereich der einzelnen Instrumente möglichst zu erweitern, erhalten die Strommesser für Stromstärken über 0,5 Amp. stets zwei Strommeßbereiche, die sich wie 1 : 2 verhalten. Die Umschaltung der Meßbereiche erfolgt mittels eines Stöpsels in der nachstehenden Weise. Entsprechend den zwei Meßbereichen liegen zwei

Hauptstromwiderstände in Reihenschaltung mit der feststehenden Systemspule. Parallel zu dieser ganzen Reihenschaltung liegt der Stromzweig der Drehspule mit ihrem Vorschaltwiderstande. Die feststehende Spule mit ihren zwei Hauptstromwiderständen dient also gewissermaßen als Mehrfach-Nebenschluß für den Drehspulzweig. Wird der Stöpsel bei B gesteckt, so liegt vor der feststehenden Spule nur ein Hauptstromwiderstand. Fließt hierbei in der feststehenden Spule der Strom I und in der Drehspule der Strom i, so ist das ausgeübte Drehmoment proportional $I \cdot i$. Wird der Stöpsel dagegen bei A gesteckt, so sind beide Hauptstromwiderstände in den Stromkreis der feststehenden Systemspule eingeschaltet. Soll jetzt bei einem Hauptstrom $\frac{I}{2}$ der gleiche Zeigerausschlag, also das gleiche Drehmoment erreicht werden, so muß der Strom in der Drehspule doppelt so groß werden, also die Größe $2\,i$ bekommen. Dies ist aber nur möglich, wenn der Spannungsabfall im Hauptstromkreis durch den zweiten Hauptstromwiderstand verdoppelt wird. Der Spannungsabfall für den kleineren Meßbereich ist demnach bei diesen Strommessern stets doppelt so groß wie für den großen Meßbereich. Da der Stöpselschalter bei beiden Meßbereichen außerhalb der verzweigten Schaltung liegt, können etwaige Übergangswiderstände in den Schaltern die Angaben des Instruments nicht beeinflussen.

c) Meßbereiche und Skalen.

Beim Arbeiten mit dem Strommesser ist folgendes zu beachten:

Vor dem **Einschalten** des Instruments in den Stromkreis muß stets ein Meßbereich gestöpselt sein. Durch die drei Stöpsellöcher ergeben sich folgende **Schaltmöglichkeiten:**

Stöpsel A gesteckt: kleiner Strommeßbereich,
„ B „ doppelter Strommeßbereich,
„ C „ Instrument kurzgeschlossen.

Der **Übergang auf einen anderen Meßbereich** kann bei Niederspannung ohne Stromunterbrechung vorgenommen werden, indem man zunächst beide Stöpsel bei A und B steckt und dann den nicht gewünschten Stöpsel zieht.

Die Strommesser werden für die nachstehenden **Meßbereiche** hergestellt:

Strommesser mit einem Meßbereich		Strommesser mit zwei Meßbereichen
Amp.	etwa Ohm	Amp.
0,03	1200	2,5 ; 5
0,06	225	5 ; 10
0,1	75	12,5 ; 25
0,25	15	25 ; 50
0,5	5	50 ; 100
—	—	100 ; 200

Die **Skala** ist, soweit es sich mit den Meßbereichen vereinbaren läßt, 100-teilig ausgeführt. Der quadratische Charakter der Skala ist durch geschickte Anordnung der Systemspulen nach Möglichkeit unterdrückt, so daß die Skala schon von einem Fünftel des Meßbereiches ab annähernd gleichmäßig unterteilt ist.

d) Eigenverbrauch des Präzisions-Strommessers.

Der Spannungsabfall der Strommesser der Laboratoriumstype ist nicht unerheblich. Er bewegt sich bei den Instrumenten mit zwei Meßbereichen je nach dem gewählten Meßbereich in den Grenzen von etwa 3 bis 0,3 Volt, so daß sich ein mittlerer Energieverbrauch von 30 bis 40 Watt ergibt. Es ist daher empfehlenswert, das **Instrument bei Dauereinschaltung durch den mittleren Stöpsel kurzzuschließen.** Aus der inneren Schaltung des Instruments folgt, daß für den kleineren Meßbereich der Spannungsabfall im Instrument noch einmal so groß sein muß wie für den hohen Strommeßbereich. Dies ist besonders dann von Wichtigkeit, wenn z. B. der Strommesser für 2,5 und 5 Ampere in Verbindung mit Stromwandlern für sekundär 5 Ampere verwendet werden soll. Durch Umschalten auf den kleinen Strommeßbereich 2,5 Ampere würde also der nur zur Hälfte belastete Stromwandler mit einer viermal so hohen Klemmenspannung belastet werden, so daß die durch Vergrößerung des Zeigerausschlages gewonnene Erhöhung der Ablesegenauigkeit durch größere Fehler des Stromwandlers aufgehoben wird (vgl. Seite 35).

Meßkoffer für Wechselstrom-Leistungsmessungen mit Instrumenten der Prüffeldtype.

C. Tragbare Prüffeld-Instrumente.

1. Allgemeines.

a) Anwendungsgebiet der Prüffeldtype.

Die Instrumente der Prüffeldtype sind für normale Wechselstrom-Leistungsmessungen, wie sie in Prüffeldern und bei Abnahmeversuchen vorkommen, bestimmt. Sie sind in erster Linie für indirekte Messungen mit Strom und Spannungswandlern gedacht, können jedoch für Spannungen bis etwa 600 Volt auch mit Vorschaltwiderständen für direkte Spannungsmessungen benutzt werden. Die Angaben der Instrumente sind für einen Bereich von etwa 5 bis 80 Perioden in der Sekunde von der Frequenz unabhängig.

Für Spezialmessungen mit außergewöhnlich kleinen Leistungsfaktoren oder für Messungen, bei denen eine starke Gleichstromkomponente und daher eine zur Nullachse unsymmetrische Wechselstromkurve zu erwarten ist, wird man die Verwendung von Meßwandlern nach Möglichkeit vermeiden. Man wird daher in diesen Fällen die für direkte Messungen bestimmten Instrumente der Laboratoriumstype (vgl. Seite 19) vorziehen. Mit dieser Instrumenttype können alle Messungen mit Stromstärken bis zu 400 Ampere und mit Spannungen bis etwa 6000 Volt direkt ausgeführt werden.

Bei Hochfrequenz von etwa 500 bis 1000 Perioden in der Sekunde sind ebenfalls die Leistungsmesser der Laboratoriumstype zu benutzen, die für diesen Zweck in einer besonderen Ausführung geliefert werden. Für Strom= und Spannungsmessungen verwendet man bei diesen hohen Frequenzen zweckmäßig Hitzdrahtinstrumente.

b) Aufbau des Meßsystems.

Die Instrumente der Prüffeldtype sind nach dem Prinzip des Elektrodynamometers gebaut; sie beruhen also auf der mechanischen Kraftwirkung, die zwei stromdurchflossene Spulen aufeinander ausüben. Die eine dieser beiden Spulen ist feststehend angeordnet, während die andere Spule im magnetischen Felde der festen Spule drehbar gelagert ist. Die Stromzuführung zu der Drehspule erfolgt durch zwei Systemfedern, die gleichzeitig die mechanische Gegenkraft für das System liefern. Das Meßsystem ist ohne Benutzung von Eisen aufgebaut; die System=Kraftlinien verlaufen daher auf ihrem ganzen Wege durch die Luft.

Der mechanische Aufbau des Meßsystems der Prüffeldtype weicht von der bekannten Systemanordnung der Laboratoriumstype wesentlich ab. Während bei dieser die bewegliche Spule innerhalb der feststehenden Spule angeordnet ist, liegt bei der Prüffeldtype die feststehende Stromspule innerhalb der beweglichen Spannungsspule. Diese

Anordnung war nur möglich durch Beschränkung auf einen Strommeß=bereich 5 Ampere, der für den Anschluß an Stromwandler einzig und allein in Betracht kommt. Die geschilderte Spulenanordnung gewährt außer dem gedrängten Systemaufbau noch den Vorteil, daß das vom Meßsystem erzeugte Magnetfeld räumlich nicht so ausgedehnt und daher auch die gegenseitige Beeinflussung nebeneinanderstehender Instrumente auf ein Mindestmaß herabgedrückt ist (vgl. Seite 55).

Während bei den Präzisions=Leistungsmessern der Laboratoriums=type mit einer gewissen Ängstlichkeit alle Metall=Konstruktionsteile vermieden sind, um Störungen der Instrumentangaben durch Wirbel=ströme von vornherein auszuschließen, ist die Prüffeldtype durchaus unter Verwendung von Metall aufgebaut. Die Anordnung und Form dieser Metall=Konstruktionsteile ist jedoch so gewählt, daß die Bildung von Wirbelströmen so gut wie ausgeschlossen ist. Die schädlichen Wirkungen der Metallmassen sind somit beseitigt, und das Instrument weist dieselben elektrischen Eigenschaften auf wie ein nach den früheren Grundsätzen, unter Vermeidung aller Metall=Konstruktionsteile, ge=bauter Leistungsmesser.

Mittels einer kräftig wirkenden **Luftdämpfung** ist eine fast aperiodische Zeigereinstellung erzielt worden. Die Luftdämpfung be=steht aus einem kreisförmig gebogenen, einseitig geschlossenen Rohr, in dem sich mit geringem Spiel ein am beweglichen System befestigter Kolben bewegt.

Durch die Verwendung von Metallteilen und durch die gedrängte Anordnung des Systems ist ein sehr eleganter Aufbau des Instruments möglich geworden. Das Prüffeld=Instrument zeichnet sich daher durch seine kleine handliche Form und durch sein geringes Gewicht besonders aus. Weiterhin ist durch den metallischen System=Aufbau auch eine große Unempfindlichkeit gegen mechanische Stöße erreicht worden, so daß Beschädigungen auf dem Transport nur selten vorkommen dürften.

c) Charakteristische Eigenschaften des Systems.

Die Größe der vom System ausgeübten mechanischen Kraft ist dem Produkt der in beiden Spulen fließenden Ströme proportional. Da die von diesen Strömen erzeugten magnetischen Felder verhältnis=mäßig schwach sind, ist auch die erzeugte Kraft, also das **Drehmoment,** nur klein. Um hierbei eine unsichere Zeigereinstellung zu vermeiden, werden die eisenlosen Drehspul=Instrumente nur mit senkrecht stehender Systemachse ausgeführt.

Die Richtung der Systemkraft, also die **Ausschlagsrichtung** des Zeigers, ändert sich nicht, wenn die Stromrichtung in beiden Systemspulen gleichzeitig geändert wird. Die Instrumente sind daher ohne weiteres für Gleichstrom und Wechselstrom verwendbar. Durch die geschickte Anordnung der Metallteile ist erreicht worden, daß die Angaben des Instruments bei Wechselstrom genau die gleichen sind wie bei Gleichstrom.

Da die wirksamen Magnetfelder im Instrument verhältnismäßig klein sind, werden **fremde Magnetfelder** das Instrument unter Umständen leicht beeinflussen. Um die hierdurch entstehenden Meßfehler zu vermeiden, muß man bei dem Aufbau der Meßschaltung die auf Seite 55 angegebenen Gesichtspunkte beachten.

Die Angaben der Instrumente sind innerhalb weiter Grenzen von der **Frequenz** unabhängig. Man kann sie daher ohne weiteres für alle Frequenzen zwischen 5 und 80 Perioden i. d. Sek. benutzen. Auch beeinflußt die **Kurvenform** die Instrumentangaben nicht. Innerhalb der Spannungsmeßbereiche sind beliebig große **Spannungsänderungen** zulässig, ohne daß hierdurch Fehler entstehen.

d) Verwendung der Instrumente für Wechselstrom und Gleichstrom.

Die Instrumente der Prüffeldtype zeigen ebenso wie die der Laboratoriumstype sowohl bei Wechselstrom als auch bei Gleichstrom richtig an. Über ihre Verwendung bei den verschiedenen Stromarten gelten daher ohne weiteres die über die Laboratoriumstype auf Seite 21 gemachten Angaben.

e) Aufstellung der Instrumente.

Bei der Messung sollen die Instrumente auf einem annähernd horizontalen Tisch liegen. Das Putzen der Glasscheibe des Instruments unmittelbar vor der Messung ist zu vermeiden, weil durch das Reiben mit einem trockenen Tuch leicht elektrostatische Ladungen hervorgerufen werden können, die den Zeigerausschlag beeinflussen. Man beseitigt etwaige Ladungen durch leichtes Anhauchen der Glasscheibe.

Die gegenseitige Beeinflussung der Instrumente der Prüffeldtype ist so gering, daß man die Instrumente ohne weiteres dicht nebeneinander aufstellen kann. Eine Beeinflussung durch die Zuführungsleitungen zu den Instrumenten ist wegen der geringen Stromstärke von höchstens 5 Ampere nicht zu befürchten. Andere Apparate, die stärkere magnetische Felder erzeugen, z. B. Strom= und Spannungswandler, dürfen nicht in unmittelbarer Nähe der Instrumente stehen. Ebenso vermeide man die Nähe Starkstrom führender Leitungen. Etwa in derselben Schaltung benutzte Instrumente der Laboratoriumstype muß man in einem Abstand von mindestens 40 cm von Mitte zu Mitte aufstellen.

---

2. Präzisions-Leistungsmesser der Prüffeldtype.

a) Innere Schaltung.

Der Leistungsmesser hat eine feststehende Stromspule, die vom Hauptstrom durchflossen wird, und eine im Felde dieser Spule drehbar angeordnete Spannungsspule, die an die zu messende Spannung angelegt wird.

Die feststehende **Stromspule** ist unmittelbar an die beiden Stromklemmen des Instruments angeschlossen.

Die drehbare **Spannungsspule** erhält einen Manganin-Vorschaltwiderstand. Parallel zu dieser Reihenschaltung liegt ein Nebenschlußwiderstand, durch den der Stromverbrauch des Spannungskreises auf genau 30 Milliampere bei voller Spannung abgeglichen wird. Es ergibt sich demnach für 30 Volt ein Widerstand von 1000 Ohm. Diese 1000 Ohm sind als Grundwiderstand in das Instrument eingebaut. Ihnen entspricht die 1000-Ohm-Klemme des Instruments, die zum Anschluß an äußere Vorschaltwiderstände bestimmt ist. Zum unmittelbaren Anschluß an Spannungswandler ist in das Instrument noch ein Vorschaltwiderstand von 2000 Ohm eingebaut, der zu der mit 90 Volt bezeichneten Klemme führt.

Außer der vorstehend beschriebenen Ausführung wird noch ein Leistungsmesser mit nur einem Spannungsmeßbereich von 100 Volt gebaut, der ausschließlich für Anschluß an Spannungswandler bestimmt ist. Da für diese Ausführung keine Vorschaltwiderstände nötig sind, hat man hier von einer Abgleichung des Spannungskreises auf einen bestimmten Stromverbrauch abgesehen.

b) Meßbereiche und Skalen.

Die Leistungsmesser der Prüffeldtype sind in erster Linie zum Anschluß an Strom- und Spannungswandler bestimmt. Für mittlere Spannungen bis etwa 600 Volt ist jedoch auch die Verwendung von Vorschaltwiderständen vorgesehen.

Der **Strommeßbereich** des Instruments ist der Sekundärstromstärke der Präzisions-Stromwandler angepaßt; er beträgt daher bei allen Ausführungen 5 Ampere.

Die **1000-Ohm-Klemme** des Instruments dient lediglich zum Anschluß an äußere Vorschaltwiderstände. Die Bezeichnung 1000-Ohm-Klemme wurde an Stelle der früheren Bezeichnung 30 Volt eingeführt, um schon durch die Bezeichnung darauf hinzuweisen, daß diese Klemme nur als Anschlußpunkt für äußere Vorschaltwiderstände dienen soll. Die eingebauten 1000 Ohm sind hierbei lediglich als ein einheitlicher Grundwiderstand aufzufassen, an den alle äußeren Vorschaltwiderstände anzuschließen sind (vgl. Seite 62).

Benutzt man die 1000-Ohm-Klemme ausnahmsweise als Anschlußpunkt für einen selbständigen Meßbereich 30 Volt, so ist zu beachten, daß die Temperaturfehler für diesen Meßbereich nicht so klein wie bei den höheren Meßbereichen sind, und daß sie daher auch nicht ohne weiteres vernachlässigt werden können.

Der **Spannungsmeßbereich 90 Volt** ist zum Anschluß an Präzisions-Spannungswandler mit 100 Volt Sekundärspannung bestimmt, jedoch so reichlich bemessen, daß er ohne Gefahr einer Beschädigung dauernd an 110 Volt angeschlossen werden kann. Bei Anschluß des Instruments an die normale Sekundärspannung von 100 Volt wird sein Spannungskreis um 10 % überlastet, sein Zeigerausschlag wird also auch um 10 % vergrößert. Der Leistungsmesser gibt daher bei voller Strom- und Spannungsbelastung schon bei einem Leistungsfaktor $\cos \varphi = 0{,}9$ den vollen Zeigerausschlag. Diese Vergrößerung des Zeigerausschlages ist von besonderem Vorteil, da man bei den weitaus meisten Messungen mit einem Leistungsfaktor $\cos \varphi < 1$ rechnen muß. Auch bei $\cos \varphi = 1$ wird man in den meisten Fällen mit dem 90-Volt-Meßbereich auskommen, da die Strommeßbereiche fast nie vollkommen ausgenutzt werden. Gegebenenfalls kann man, um den Zeigerausschlag innerhalb der Skala zu halten, auf den Meßbereich 120 Volt des Vorschaltwiderstandes übergehen. Man wird dies namentlich dann tun, wenn in einer Anlage die vorhandenen Schalttafel-

Spannungswandler mit 110 Volt Sekundärspannung für die Messung benutzt werden sollen.

Die **Skala** des Instruments enthält 150 gleich große, etwa 1 mm breite Skalenteile.

Die nur für Anschluß an Spannungswandler bestimmte **Sonderausführung** des Leistungsmessers erhält einen Spannungsmeßbereich 100 Volt und dementsprechend eine 100-teilige Skala.

c) Berechnung der Instrument-Konstante.

Die zu messende Leistung P ergibt sich aus dem Zeigerausschlag α (in Skalenteilen) des Leistungsmessers nach der Beziehung

$$P = c \cdot \alpha \qquad \text{Watt.}$$

Der Faktor c ist die Instrument-Konstante des Leistungsmessers. **Die Instrument-Konstante c ist also die Zahl, mit der man den Zeigerausschlag des Leistungsmessers multiplizieren muß, um die Leistung in Watt zu erhalten.** Wird $\alpha = 1$, so zeigt sich, daß die Instrument-Konstante c gleich dem Werte eines Skalenteiles in Watt ist.

Die Präzisions-Leistungsmesser sind so geeicht, daß sie den vollen Zeigerausschlag bei vollem Strom, voller Spannung und bei einem Leistungsfaktor $\cos\varphi = 1$ geben. Hieraus ergibt sich der Wert der Instrument-Konstanten.

Bedeutet:

α_1 = Anzahl der Skalenteile des Instruments,

I_1 = Strommeßbereich des Instruments,

E_1 = Spannungsmeßbereich des Instruments,

so hat die Instrument-Konstante c den Wert:

$$c = \frac{I_1 \cdot E_1 \cdot \cos\varphi}{\alpha_1} = \frac{I_1 \cdot E_1}{\alpha_1}$$

Hierbei ist zu beachten, daß die 1000-Ohm-Klemme des Leistungsmessers einem Spannungsmeßbereich von 30 Volt entspricht.

Für die verschiedenen Meßbereiche der Prüffeld-Leistungsmesser ergeben sich demnach folgende Konstanten:

Strom-Meßbereich	Spannungskreis	Anzahl der Skalenteile	Instrument-Konstante
5 Amp.	1000 Ohm	150	1
5 „	90 Volt	150	3
5 „	100 „	100	5

Die Instrument-Konstanten sind auf der jedem Instrument beigegebenen Konstantentabelle angegeben.

d) Eigenverbrauch des Instruments.

Um eine möglichst hohe Übersetzungs-Genauigkeit der Meßwandler zu erreichen, sind die Leistungsmesser der Prüffeldtype so gebaut worden, daß ihr Eigenverbrauch besonders gering ist.

Der Spannungsabfall in der **Stromspule** des Leistungsmessers beträgt bei 5 Ampere und 50 Perioden nur etwa 0,26 Volt. Hierbei ist der Leistungsfaktor in der Stromspule etwa $\cos \varphi = 0{,}92$. Bei 25 Perioden sinkt der Spannungsabfall beim gleichen Strom auf etwa 0,24 Volt, wobei der Leistungsfaktor auf etwa $\cos \varphi = 0{,}98$ steigt. Hieraus ergibt sich für die Stromspule des Leistungsmessers ein mittlerer Eigenverbrauch von etwa 1,3 Voltampere.

Der Stromverbrauch des **Spannungskreises** beträgt bei den normalen Leistungsmessern mit 1000-Ohm-Klemme und Spannungsmeßbereich 90 Volt genau 30 Milliampere. Bei Anschluß des 90-Volt-Meßbereiches an die Sekundärspannung von 100 Volt der Präzisions-Spannungswandler steigt der Strom des Spannungskreises auf 33,3 Milliampere, so daß hierbei der Eigenverbrauch 3,33 Voltampere beträgt.

Die nur für Anschluß an Spannungswandler bestimmte **Sonderausführung** des Leistungsmessers mit einem Spannungsmeßbereich 100 Volt hat im Spannungskreis einen Stromverbrauch von etwa 30 Milliampere (vgl. Seite 58). Der Eigenverbrauch bei 100 Volt beträgt daher etwa 3 Voltampere.

e) Schaltregeln für Präzisions-Leistungsmesser.

Für die Prüffeld-Instrumente gelten die gleichen Schaltregeln wie für die Laboratoriums-Instrumente (vgl. Seite 35). Der leichteren Übersichtlichkeit halber seien diese Schaltregeln hier nochmals angeführt:

1. Alle erheblichen Potentialdifferenzen zwischen Strom- und Spannungsspule müssen unbedingt vermieden werden.

Einerseits soll hierdurch verhindert werden, daß zwischen der Stromspule und der Spannungsspule des Leistungsmessers gefährliche Potentialdifferenzen auftreten, die ein Überschlagen der Spannung und damit eine Zerstörung des Instruments zur Folge haben können. Andererseits aber sollen durch Befolgung dieser Regel Meßfehler vermieden werden, die durch elektrische Ladungserscheinungen und dadurch verursachte Zeigerablenkungen entstehen.

Zur Vermeidung dieser schädlichen Potentialdifferenzen muß man den Stromkreis des Leistungsmessers stets einpolig, ohne jede Zwischenschaltung von Widerstand, mit einem geeigneten Punkte des Spannungskreises verbinden. (Vgl. die folgenden Schaltbilder.)

2. **Um einen richtigen Ausschlag des Zeigers in die Skala hinein zu erzielen, muß man so schalten, daß der Strom in zwei benachbarte Strom- und Spannungsklemmen eintritt oder aus beiden austritt.**

Der Strom muß daher entweder in die beiden linken oder in die beiden rechten Klemmen des Leistungsmessers eintreten.

3. **Alle Spannungsleitungen, die nicht direkt mit der Stromspule des Instruments verbunden sind, sollen gesichert werden.**

Die Sicherung der Spannungskreise war früher nicht allgemein üblich, da man die Spannungskreise durch ihren hohen Ohmschen Widerstand für genügend geschützt hielt. Wiederholte Unfälle haben indes gezeigt, daß eine Sicherung der Spannungskreise keineswegs entbehrlich ist, da schon durch ungünstige Lage der Spannungsleitungen größere Kurzschlüsse entstehen können. Die erforderlichen Sicherungen sind in allen Schaltbildern eingezeichnet.

Bei den im folgenden angegebenen Schaltungen ist stets vorausgesetzt, daß der Stromerzeuger links und der Stromverbraucher rechts liegt. Der Stromerzeuger ist im Schaltbild stets eingezeichnet, die Richtung der Energieabgabe wird durch einen Pfeil angedeutet.

f) Äußere Schaltung des Instruments für Spannungen bis 110 Volt.

Beim Aufbau der Schaltung sind die Angaben über die Aufstellung des Instruments auf Seite 54 sowie die Schaltregeln auf Seite 59 zu beachten.

Die linke Spannungsklemme des Leistungsmessers ist direkt mit der linken Stromklemme verbunden. Da die Spannungsspule unmittelbar an der linken Spannungsklemme liegt (vgl. Innenschaltung des Instruments auf Seite 56), ist auf diese Weise jede Potentialdifferenz zwischen der Stromspule und der Spannungsspule ausgeschlossen. Die Schaltregel 1 ist also erfüllt. Entsprechend der Schaltregel 2 tritt der vom links liegenden Stromerzeuger kommende Strom in die beiden linken Klemmen des Instruments ein bzw. aus ihnen aus. Der Zeigerausschlag muß daher im richtigen Sinn erfolgen. Die rechte Spannungsklemme des Instruments ist entsprechend der Schaltregel 3 gesichert.

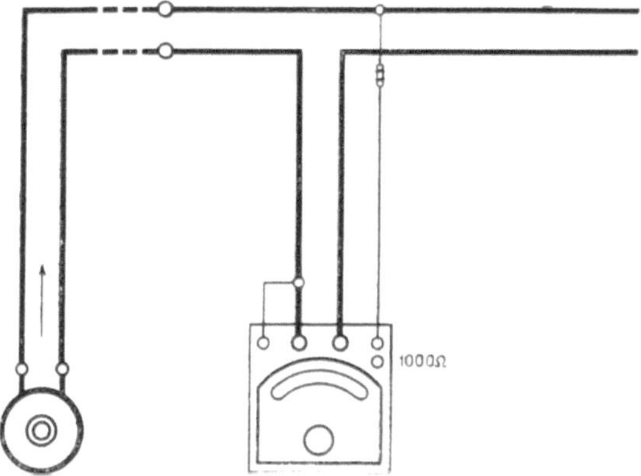

Bedeutet:

α = Ablesung am Instrument in Skalenteilen,

$c = 3$ = Instrument=Konstante für 5 Amp., 90 Volt (vgl. Seite 58)

so ist die gemessene Leistung:

$$P = c \cdot \alpha \qquad \textbf{Watt.}$$

Soll die Leistung des auf der rechten Seite angeschlossenen Strom=verbrauchers bestimmt werden, so wird in der angedeuteten Schaltung der Eigenverbrauch der Stromspule des Leistungsmessers mitgemessen. Verbindet man andererseits die linke Spannungsklemme mit der rechten Stromklemme, so wird der Eigenverbrauch des Spannungskreises mit=gemessen. Bei dem Leistungsmesser der Prüffeldtype ist der Eigenver=brauch der Stromspule außerordentlich gering, so daß er schon bei Spannungen über 60 Volt kleiner ist als der Eigenverbrauch des Span=nungskreises. Die eingezeichnete Schaltung wird daher bei fast allen praktisch vorkommenden Messungen die geringsten Fehler ergeben. Eine Korrektion der Messung dürfte bei der geringen Größe der Verluste in der Stromspule kaum nötig sein.

Vollständige Meßschaltungen für indirekte Messungen sind für Einphasenstrom mit ausführlichen Fehlerberechnungen auf Seite 165 an=gegeben. Die Meßschaltungen für Mehrphasenstrom sind im zweiten Teile des Buches in den entsprechenden Abschnitten über indirekte Messungen beschrieben.

g) Vorschaltwiderstände.

Die Vorschaltwiderstände sind zum Anschluß an die 1000-Ohm-Klemme der Präzisions-Leistungsmesser bestimmt. Man kann sie ohne weiteres zu jedem beliebigen Leistungsmesser mit 1000-Ohm-Klemme benutzen.

Die zu den Prüffeld-Instrumenten gehörigen Vorschaltwiderstände unterscheiden sich von den auf Seite 36 beschriebenen Widerständen nur durch die Meßbereiche. Diese sind den vom Verband Deutscher Elektrotechniker festgelegten Normalspannungen angepaßt worden. Hieraus ergibt sich der wesentliche Vorteil, daß die Skala des Leistungsmessers besser ausgenutzt werden kann. Entsprechend den Angaben auf Seite 51 kommen für die Leistungsmesser der Prüffeldtype nur Widerstände für Spannungen bis 600 Volt in Frage.

Normalspannung des V. D. E. Volt	**Meßbereich des Vorschaltwiderstandes** Volt	**Widerstands-Konstante** C
120	120	4
220	240	8
380	420	14
500	600	20

Die Widerstände und die Widerstands-Konstanten für die einzelnen Meßbereiche sind in dem nachstehenden Schaltbild angegeben:

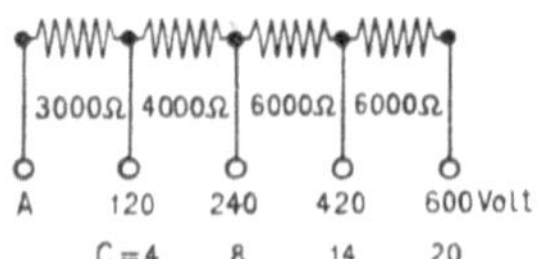

Bei der Wahl der Vorschaltwiderstände ist zu beachten, daß diese dauernd um 10 %, kurzzeitig um 20 % überlastet werden dürfen.

Nullpunktwiderstände für Drehstrom gleicher Belastung sind im zweiten Teile des Buches auf Seite 225 beschrieben.

Die Verbindung des Instruments mit dem Vorschaltwiderstand für Einphasenstrom ergibt sich aus dem nachstehenden Schaltbild:

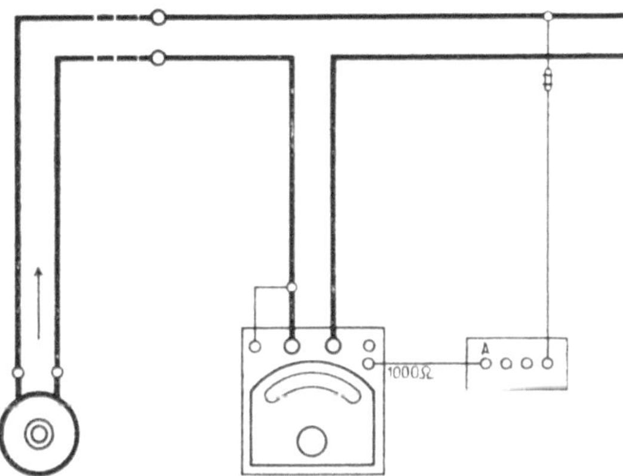

Bedeutet:

α = Ablesung am Instrument in Skalenteilen,

$c = 1$ = Instrument-Konstante für 5 Amp.; 1000 Ohm (vgl. Seite 58),

C = Widerstands-Konstante (an den Klemmen des Vorschaltwiderstandes angegeben),

so ist die gemessene Leistung:

$$P = C \cdot c \cdot \alpha \qquad \text{Watt.}$$

Vollständige Meßschaltungen für halbindirekte Messungen sind für Einphasenstrom mit ausführlichen Fehlerberechnungen auf Seite 171 angegeben. Die Meßschaltungen für Mehrphasenstrom sind im zweiten Teile des Buches in den entsprechenden Abschnitten über halbindirekte Messungen beschrieben.

h) Eingebauter Spannungswender.

Ergibt sich bei Drehstrom-Leistungsmessungen oder infolge falscher Schaltung (Nichtbeachtung von Regel 2, Seite 60) ein negativer Zeigerausschlag, so kann man entweder die Stromanschlüsse oder die Spannungsanschlüsse vertauschen, um einen positiven Ausschlag in die Skala hinein zu erhalten. Da ein Vertauschen der Hauptstromleitungen ohne Stromunterbrechung nicht ohne weiteres ausführbar ist, so ist eine Stromwendung in der Spannungsspule vorzuziehen. Diese Stromwendung erfolgt zweckmäßig durch einen in das Instrument eingebauten Spannungswender, wie er auf Seite 39 ausführlich beschrieben worden ist.

3. Präzisions-Spannungsmesser der Prüffeldtype.

a) Innere Schaltung.

Der mechanische Aufbau des Meßsystems ist bei dem Spannungsmesser der gleiche wie bei dem Leistungsmesser der Prüffeldtype. Die Innenschaltung entspricht derjenigen des Spannungs-Elektrodynamometers. Die feststehende und die bewegliche Spule liegen daher in Reihenschaltung. Durch einen Manganin-Vorschaltwiderstand sowie durch passende Wahl der Systemfedern ist der Temperatur-Koeffizient des Spannungsmessers nach Möglichkeit herabgedrückt. Allerdings konnte man im Interesse eines niedrigen Eigenverbrauches des Instruments den Temperatur-Koeffizienten nicht soweit herabdrücken, wie dies bei den Präzisions-Instrumenten für Gleichstrom üblich ist. Es ergibt sich daher bei Dauereinschaltung des Instruments ein kleiner Erwärmungsfehler von 0,1 bis höchstens 0,2 % des Sollwertes. Um diesen Fehler zu vermeiden, wird man bei besonders genauen Messungen das Instrument mit dem eingebauten Tastenschalter nur kurzzeitig einschalten. Für die meisten praktisch vorkommenden Messungen kann man jedoch den Erwärmungsfehler vernachlässigen. Bei Verwendung äußerer Vorschaltwiderstände muß der Tastenschalter dauernd eingeschaltet bleiben, da bei den höheren Spannungen eine sichere Unterbrechung des Intrumentstromes nicht gewährleistet werden kann, ohne daß die Kontakte leiden. Überdies ist ein Ausschalten des Instrumentstromes bei Verwendung äußerer Vorschaltwiderstände auch für genauere Messungen nicht erforderlich, da der Temperatur-Koeffizient des Instruments durch die temperaturfehlerfreien Manganin-Vorschaltwiderstände genügend verkleinert wird.

b) Meßbereiche.

Der Meßbereich des Spannungsmessers beträgt **130 Volt.** Man kann das Instrument daher sowohl zum Anschluß an Spannungswandler, als auch zur direkten Spannungsmessung in Netzen mit der normalen Betriebsspannung von 120 Volt verwenden.

Bei Benutzung von Spannungswandlern ist die Ablesung am Instrument mit der Übersetzung des Spannungswandlers zu multiplizieren. Bedeutet:

α = Ablesung am Instrument in Skalenteilen,

$\frac{E}{100}$ = Übersetzung des Spannungswandlers mit 100 Volt Sekundärspannung,

so ist die gemessene Spannung:

$$E_{\alpha} = \frac{E}{100} \cdot \alpha \quad \text{Volt.}$$

Um mittlere Spannungen bis 650 Volt auch direkt messen zu können, sind besondere Vorschaltwiderstände vorgesehen. Diese werden für die Meßbereiche 260, 520 und 650 Volt geliefert. Da die Spannungsmesser nicht auf einen bestimmten Stromverbrauch abgeglichen sind, darf man die Vorschaltwiderstände nicht vertauschen, man darf sie vielmehr nur mit dem Instrument, das die gleiche Fabrikationsnummer trägt, benutzen.

c) Eigenverbrauch des Präzisions-Spannungsmessers.

Der Stromverbrauch des Spannungsmessers beträgt etwa 60 Milliampere bei vollem Zeigerausschlag; es ergibt sich daher für den Meßbereich von 130 Volt ein innerer Widerstand von etwa 2200 Ohm. Da die Selbstinduktion des Instruments gegen die Ohmschen Widerstände verschwindend klein ist, wird für normale Frequenzen, bis etwa 80 Perioden in der Sekunde, der Leistungsfaktor im Instrument praktisch gleich 1. Der Eigenverbrauch des Instruments beträgt somit bei vollem Zeigerausschlag etwa 7,5 Watt.

4. Präzisions-Strommesser der Prüffeldtype.

a) Innere Schaltung.

Der mechanische Aufbau des Meßsystems des Strommessers ist der gleiche wie bei dem Leistungsmesser der Prüffeldtype. Der Strommesser beruht also ebenfalls auf dem Prinzip des Elektrodynamometers. Die feststehende Systemspule wird von dem zu messenden Hauptstrom durchflossen, während die bewegliche Spule, die parallel zur festen Spule angeschlossen ist, nur einen kleinen Teilstrom führt. Um die Stromverteilung in den beiden parallel geschalteten Spulen von der Temperatur der Spulen unabhängig zu machen, ist vor jede der beiden Spulen ein Manganin-Widerstand geschaltet, der die Temperatur-Koeffizienten der beiden parallel geschalteten Zweige so weit herabdrückt, daß die zwischen beiden Spulen auftretenden Temperaturdifferenzen keine merkbaren Fehler mehr verursachen.

b) Meßbereich.

Der Meßbereich des Strommessers ist der Sekundär-Stromstärke der Präzisions-Stromwandler angepaßt und beträgt daher **5 Ampere.** Da das Instrument fast ausschließlich in Verbindung mit Stromwandlern benutzt wird, erhält es nur eine 100-teilige Skala mit Bezifferung von 0 bis 100.

Bedeutet:

α = Ablesung am Instrument in Skalenteilen der 100-teiligen Skala,

$\frac{I}{5}$ = Übersetzung des Stromwandlers mit 5 Amp. Sekundärstrom,

so ist der gemessene Strom bei Benutzung des Instruments ohne Stromwandler:

$$I_\alpha = \frac{\alpha}{20} \qquad \text{Ampere.}$$

Bei Verwendung eines Stromwandlers ist dieser Strom noch mit der Übersetzung des Stromwandlers zu multiplizieren. Er wird demnach:

$$I_\alpha = \frac{I}{5} \cdot \frac{\alpha}{20} = \frac{I}{100} \cdot \alpha \qquad \textbf{Ampere.}$$

c) Eigenverbrauch des Präzisions=Strommessers.

Der Spannungsabfall im Strommesser beträgt bei 5 Ampere etwa 1,3 Volt. Da die Selbstinduktion des Instruments gegen die Ohmschen Widerstände verschwindend klein ist, wird für normale Frequenzen, bis etwa 80 Perioden i. d. Sek., der Leistungsfaktor im Instrument praktisch gleich 1. Der Eigenverbrauch des Strommessers beträgt daher etwa 6,5 Watt bei vollem Zeigerausschlag.

---

5. Meßkoffer

für Wechselstrom=Leistungsmessungen.

Die für eine vollständige Leistungsmessung erforderlichen Meß=instrumente werden zweckmäßig in einem Meßkoffer vereinigt. Der Meßkoffer enthält einen Präzisions=Leistungsmesser mit Vorschalt=widerstand, einen Präzisions=Spannungsmesser nebst Vorschaltwider=stand und einen Präzisions=Strommesser. Die Instrumente sind übersichtlich angeordnet und können während der Messung im Meß=koffer verbleiben, da eine gegenseitige Beeinflussung nicht zu be=fürchten ist. Die zur Ausführung der Messungen erforderlichen Schal=tungen sind im zweiten Teil dieses Buches zusammengestellt und aus=führlich beschrieben.

Die Meßkoffer können auch mit ansteckbaren Beinen geliefert werden (vgl. Abbild. auf Seite 50), so daß sie ohne weiteres als Meß=tische benutzt werden können. Diese Ausführung ist besonders für Abnahmeversuche an Ort und Stelle sehr zu empfehlen, da die zur Aufstellung der Instrumente erforderlichen Tische erfahrungsgemäß nicht immer zur Verfügung stehen.

Tragbarer Betriebs-Leistungsmesser für Einphasenstrom mit äußerem Vorschaltwiderstand.

Tragbarer Betriebs-Leistungsmesser für Drehstrom beliebiger Belastung, rechts mit angestecktem Schaltbügel zur Verwendung bei Einphasenstrom (vgl. Seite 82).

D. Tragbare Betriebs-Instrumente.

1. Allgemeines.

a) Anwendungsgebiet der Betriebs-Instrumente.

Die tragbaren Betriebs-Instrumente benutzt man überall da, wo keine besonders hohen Anforderungen an die Meßgenauigkeit gestellt werden, wo es vielmehr auf größere mechanische Haltbarkeit und Unempfindlichkeit der Instrumente gegen etwaige elektrische Überlastungen ankommt. Sie werden demgemäß für laufende Betriebsmessungen und bei Inbetriebsetzungen von Maschinen und Apparaten mit Vorteil verwendet. Die Instrumente sind sowohl für direkte als auch für indirekte und halbindirekte Messungen geeignet. Für kleine und mittlere Ströme und Spannungen bis etwa 600 Volt reichen die eingebauten Meßbereiche aus. Für größere Ströme ist der Strommeßbereich 5 Ampere in Verbindung mit Stromwandlern, für höhere Spannungen der Spannungsmeßbereich 120 bzw. 130 Volt in Verbindung mit Spannungswandlern zu benutzen.

Anstatt des früher für **Betriebs-Leistungsmesser** benutzten Drehfeld-Systems wird neuerdings das Eisenschluß-System verwendet. Dieses neue System hat gegenüber dem Drehfeld-System den Vorzug, daß seine Angaben unabhängig von der Frequenz und bei Drehstrom auch unabhängig von der Phasenfolge sind. Außerdem ist das Gewicht der Eisenschluß-Instrumente erheblich geringer, so daß diese als tragbare Instrumente unbedingt den Vorzug vor anderen verdienen. Da die äußere Schaltung der Betriebs-Leistungsmesser für Einphasenstrom die gleiche ist wie die der Präzisions-Leistungsmesser, können sie in der gleichen Weise wie diese für die im zweiten Teile des Buches angegebenen Drehstromschaltungen gebraucht werden. Man hat hierbei gegenüber den eigentlichen Drehstrom-Instrumenten den Vorteil, daß die Meßgenauigkeit etwas größer wird. Einesteils ist die Meßgenauigkeit der Einphasen-Instrumente infolge ihres einfacheren Aufbaues an sich größer als die der Drehstrom-Instrumente mit mehreren mechanisch gekuppelten Meßsystemen, andernteils steht bei zwei Einphasen-Instrumenten die doppelte Skalenlänge für die Ablesung zur Verfügung, so daß auch die Ablesegenauigkeit vergrößert wird. Bei stark schwankender Strombelastung kann indessen die gleichzeitige Ablesung mehrerer Instrumente Schwierigkeiten bereiten, besonders wenn man mit ungeübten Arbeitskräften zu rechnen hat. Man wird daher im letztgenannten Falle die Drehstrom-Instrumente vorziehen, die das Meßergebnis nur an einer Skala geben.

Die **Strom- und Spannungsmesser** mit Dreheisen-System sollten ganz allgemein stets für direkte Wechselstrom-Messungen benutzt werden. Ihre Meßgenauigkeit reicht für die weitaus meisten Fälle vollkommen aus. Hierbei ist zu beachten, daß die Strom- und Spannungsmessungen bei Wechselstrom durchaus nicht die Rolle spielen wie etwa bei Gleichstrom. Bei Wechselstrom sind die Strom- und Spannungsmessungen nur Nebenumstände der wichtigeren Leistungsmessung, während sie bei Gleichstrom unmittelbar die Leistung bestimmen. Die Dreheisen-Instrumente zeichnen sich vor allen anderen Instrumenttypen durch ihre kräftige Bauart und ihre Unempfindlichkeit gegen elektrische Überlastungen aus. Die Hitzdraht-Instrumente sind dagegen besonders empfindlich gegen Überlastungen und erfordern eine sachgemäße Behandlung. Sie sollten daher nur dann benutzt werden, wenn man mit Dreheisen-Instrumenten nicht mehr auskommt. Demgemäß wird das Anwendungsgebiet der Hitzdraht-Instrumente zweckmäßig auf die Fälle beschränkt, bei denen man mit einem Strommesser eine größere Anzahl Strommeßbereiche oder mit einem Spannungsmesser kleine und größere Spannungsmeßbereiche beherrschen muß. Das Hauptanwendungsgebiet der Hitzdraht-Instrumente liegt indessen in der Messung hochfrequenter Ströme.

Der Wert des **Leistungsfaktors** ergibt sich bei der Leistungsmessung durch gleichzeitige Messung des Stromes und der Spannung, so daß an sich hierfür ein besonderes Meßinstrument nicht erforderlich scheint. Bei der Betriebsüberwachung von Maschinen ist es indessen vorteilhaft, den Wert des Leistungsfaktors ohne Berechnung unmittelbar an einem Zeigerinstrument abzulesen, da sich dann die etwaigen Änderungen des Leistungsfaktors leichter übersehen lassen. Man wird daher in diesem Falle gern einen besonderen Leistungsfaktormesser benutzen. Dieser bietet gleichzeitig noch den weiteren Vorteil, daß er außer der Größe des Leistungsfaktors noch den Richtungssinn anzeigt, so daß man auf einen Blick übersieht, ob eine Phasenvoreilung oder -nacheilung des Stromes gegen die Spannung vorliegt, und wie groß diese ist.

Die Messung der **Frequenz** ist bisher oft vernachlässigt worden, vielleicht aus dem Grunde, weil man beim Anschluß an ein vorhandenes Netz keine Möglichkeit hat, auf eine Änderung der durch das Netz gegebenen Frequenz hinzuwirken. Bei eigenen Stromerzeugungsanlagen bietet jedoch der Frequenzmesser vor dem Tourenzähler den Vorteil, daß man die Frequenz an jeder Stelle der Anlage ablesen kann. Dieser Vorteil kommt besonders für Eichanlagen in Frage, bei denen man vom Eichplatz aus die Tourenzahl des Stromerzeugers überwachen und regeln will.

b) Aufbau des Eisenschluß-Systems für Leistungsmesser.

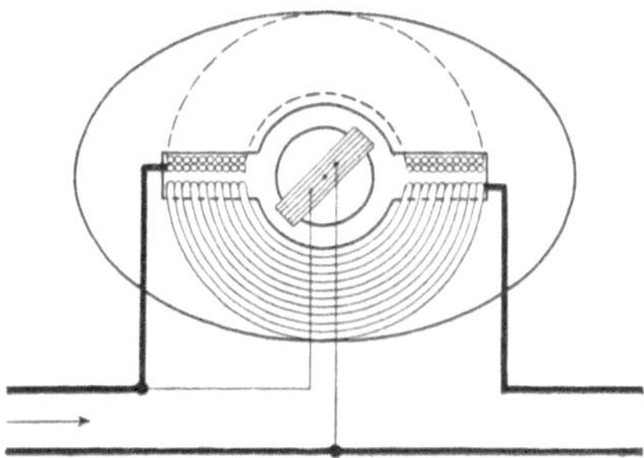

Das Meßsystem der Betriebs-Leistungsmesser ist nach elektrodynamischem Prinzip gebaut. Es besitzt daher eine feststehende Stromspule, die vom Hauptstrom durchflossen wird, sowie eine im Feld dieser Spule drehbar angeordnete Spannungsspule, die an die zu messende Spannung angelegt wird. Der Unterschied dieses Systems gegenüber dem bekannten elektrodynamischen System der Präzisions-Leistungsmesser liegt darin, daß die Systemkraftlinien im wesentlichen durch Eisen geschlossen sind. Um dies zu erreichen, ist die Stromspule in einen aus Blechen aufgebauten Eisenkörper eingebettet. In dem zylindrischen Hohlraum dieses Eisenkörpers bewegt sich die Drehspule, die ihrerseits wieder einen feststehenden Eisenkern umschließt. Die Kraftlinien des Systems verlaufen daher auf dem größten Teile ihres Weges im Eisen und überbrücken nur den Luftspalt, in dem sich die Drehspule bewegt.

c) Charakteristische Eigenschaften des Eisenschluß-Systems.

Durch die neue Anordnung des Systems ist eine wesentliche Verstärkung des wirksamen magnetischen Feldes erreicht worden, so daß das bewegliche System bei geringem Gewicht ein sehr **kräftiges Drehmoment** entwickelt. Dies ist gerade bei Betriebsmeßgeräten, die naturgemäß einer derberen Behandlung ausgesetzt sind, von Wichtigkeit, da hierdurch eine ungenaue Zeigereinstellung infolge von Reibungsfehlern vermieden wird. Durch eine kräftig wirkende Dämpfungsvorrichtung werden die Zeigerbewegungen gut gedämpft.

Weiterhin ist durch den Eisenkörper des Systems ein sehr guter **Schutz gegen Störungen durch magnetische Streufelder** gegeben. Eine gegenseitige Beeinflussung nebeneinanderstehender Instrumente ist daher nicht mehr zu befürchten, ebenso erfordert die Führung der Zuleitungen zum Instrument keine besondere Sorgfalt. Neben Apparaten, die stärkere magnetische Felder erzeugen, sowie neben Starkstrom führenden Leitungen wird man das Instrument ohnehin nicht aufstellen, jedoch werden auch bei Nichtbeachtung dieser Vorsichtsmaßregel keine erheblichen Fehler auftreten.

Das Eisenschluß-System besitzt eine weitgehende **Unabhängigkeit von der Frequenz.** Die normalen Instrumente mit mehreren Meßbereichen können ohne weiteres für alle Frequenzen zwischen 10 und 100 Perioden in der Sekunde verwendet werden. Für Frequenzen bis 1000 Perioden werden die Instrumente als Sonderausführung mit nur einem Meßbereich geliefert. Von der Kurvenform des zu messenden Wechselstromes werden die Angaben des Instruments praktisch nicht beeinflußt. Die normalerweise mit Wechselstrom geeichten Instrumente können bei Kommutierung der Instrumentströme auch mit Gleichstrom nachgeprüft werden. Die hierbei auftretenden Abweichungen liegen innerhalb der Fehlergrenze dieser Instrumente.

Spannungsänderungen sind bis herab auf 50% des jeweiligen Meßbereiches ohne merklichen Fehler zulässig.

d) Energieverbrauch des Eisenschluß-Systems.

Der Energieverbrauch des Meßsystems ist sehr gering. Die Stromspule hat bei 5 Ampere und 50 Perioden einen Spannungsabfall von etwa 0,6 Volt. Der Spannungskreis ist bei den normalen Instrumenten mit ein und zwei Meßsystemen auf einen Stromverbrauch von genau 30 Milliampere abgeglichen. Es ergibt sich daher für diese Instrumente bei 120 Volt ein Energieverbrauch von 3,6 Voltampere für jeden Spannungskreis. Bei den Instrumenten mit 3 Meßsystemen beträgt der Spannungsstrom nur 20 Milliampere, so daß der Energieverbrauch des Spannungskreises bei 120 Volt Sternspannung 2,4 Voltampere für jede Phase beträgt.

---

2. Betriebs-Leistungsmesser für Einphasenstrom.

a) Innere Schaltung.

Bisher wurden bei Leistungsmessern die zwei **Strommeßbereiche** dadurch hergestellt, daß man eine zweiteilige Stromspule verwendete, deren Hälften entweder in Reihen- oder in Parallelschaltung verbunden wurden. Für diese Umschaltung der Stromspulen ist stets eine mehr oder weniger umständliche, jedenfalls aber recht teuere Umschaltvorrichtung erforderlich. Wenn außerdem noch die Bedingung gestellt wird, daß der Übergang von einem Strommeßbereich zum anderen ohne Stromunterbrechung vor sich gehen soll, kommt zu der Umschaltvorrichtung noch eine Kurzschlußvorrichtung, wodurch die Bedienung des Instruments noch mehr erschwert wird.

Die Eigenschaften des eisengeschlossenen dynamometrischen Systems gestatten es, durch eine wesentlich einfachere Umschaltung des Spannungskreises zwei **Leistungsmeßbereiche** zu erzielen. Die Wirkungsweise dieses neuen Umschaltverfahrens ist aus dem folgenden Schaltbild ersichtlich: Steht der Umschalter U in der Stellung $c = 1$, so teilt sich der Spannungsstrom in zwei parallele Zweige. Die eine Hälfte des Spannungsstromes fließt durch die Spannungsspule des Leistungsmessers, während die andere Hälfte durch den Widerstand R_3 fließt. In der Schalterstellung $c = 0{,}5$ fließt der Spannungsstrom ungeteilt durch die Spannungsspule des Leistungsmessers. Damit der Gesamtwiderstand des Spannungskreises hierbei unverändert bleibt, wird gleichzeitig der Teil R_2 des Vorschaltwiderstandes kurzgeschlossen. Der Strom in der Spannungsspule wird also im Verhältnis 1 : 2 geändert, während der Gesamtstrom des Spannungskreises unverändert bleibt. Infolgedessen gelten auch die äußeren Vorschaltwiderstände in gleicher Weise für die durch die Umschaltung erzielten Meßbereiche.

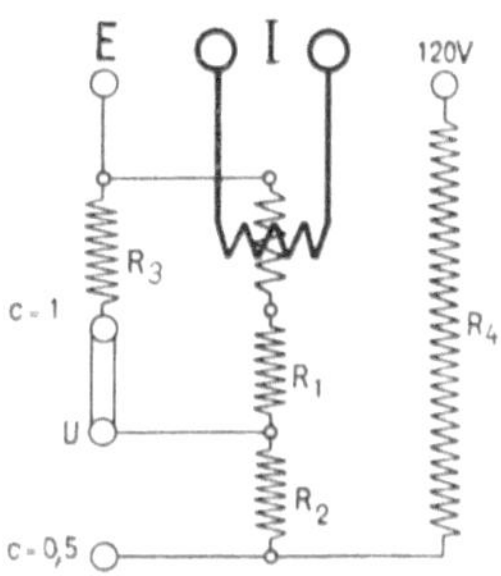

b) Meßbereiche und Skalen.

Während man durch die bisher übliche Umschaltung der Strom≠spulen des Leistungsmessers lediglich zwei Strommeßbereiche und damit zwei Leistungsmeßbereiche mit verschiedenen Maximalströmen erhält, ergeben sich durch die neue Umschaltung der Spannungsspule zwei Leistungsmeßbereiche mit den gleichen Maximalströmen und Maximal≠spannungen. Dies entspricht aber, wie aus der folgenden Tabelle her≠vorgeht, mindestens **4 Meßbereichen** im bisherigen Sinne.

Bedeutet:

I = maximal zulässigen Strom des Instruments,

E = maximal zulässige Spannung des Instruments,

c = Instrument≠Konstante,

so ergeben sich folgende Meßbereiche:

Meßbereich≠Umschalter auf Stellung	**Meßbereiche**		
	Strom	Spannung	Leistungsfaktor $\cos \varphi$
$c = 1$	I	E	0,84
$c = 0{,}5$	$0{,}5\, I$	E	0,84
	I	$0{,}5\, E$	0,84
	I	E	0,42

Es ist nach dem Vorhergehenden wohl selbstverständlich, daß mit diesen Meßbereichangaben die Verwendungsmöglichkeiten des neuen Leistungsmessers mit Meßbereich≠Umschalter nicht erschöpft sind. Die obigen Angaben sollen vielmehr lediglich einen Hinweis auf die Ver≠wendungsmöglichkeiten geben, denn im Grunde kommt es nur darauf an, daß das Gesamtprodukt aus Strom, Spannung und Leistungsfaktor nicht größer als $0{,}5 \cdot I \cdot E \cdot \cos \varphi$ ist. Es ist also vollständig gleichgültig, ob ein kleiner Zeigerausschlag durch Verkleinerung des Stromes, der Spannung oder des Leistungsfaktors oder schließlich durch gleichzeitige Verkleinerung aller dieser Größen hervorgerufen wird. In jedem Falle wird durch Übergang auf den kleineren Leistungsmeßbereich der Zeigerausschlag des Instruments verdoppelt.

Hieraus ergibt sich auch die folgende, sehr einfache **Bedienungs≠vorschrift** für das Instrument:

Man schaltet den Meßbereich=Umschalter zunächst auf Stellung $c = 1$. Wird hierbei der Zeigerausschlag gleich der Hälfte der Skala oder kleiner, so legt man den Schalter, ohne die Messung zu unterbrechen, auf die Stellung $c = 0{,}5$ und verdoppelt auf diese Weise den Zeigerausschlag.

Es muß noch besonders darauf hingewiesen werden, daß der neue Meßbereich=Umschalter mit Umschaltung der Spannungsspule im Gegensatz zu den bisherigen Methoden der Meßbereich=Umschaltung (vgl. Seite 27) auch bei Anschluß des Instruments an Strom= und Spannungswandler angewendet werden darf. Da durch das Betätigen des Meßbereich=Umschalters der Energieverbrauch des Instruments, also auch die Übersetzungsgenauigkeit der Meßwandler, nicht geändert wird, kann man bei halbem Zeigerausschlag durch Umschalten auf den kleineren Meßbereich des Instruments den Zeigerausschlag ver=doppeln und somit die Meßgenauigkeit erhöhen. Hierbei ist es voll=kommen gleichgültig, ob der vorherige kleinere Zeigerausschlag durch kleinen Strom oder kleine Spannung der Meßwandler oder auch durch kleinen Leistungsfaktor verursacht war.

Die Betriebs=Leistungsmesser werden je nach Wahl für einen Höchststrom von 5, 10, 25, 50 oder 100 Ampere ausgeführt. Die Höchstspannung beträgt für alle Instrumente 120 Volt, sie kann durch äußere Vorschaltwiderstände bis auf 600 Volt erhöht werden. Alle Spannungskreise können dauernd um 10 %, kurzzeitig um 20 % über=lastet werden, eine Überlastung der Stromspulen ist dagegen nicht zulässig.

Die **Skalen** der Leistungsmesser sind direkt in Kilowatt geeicht. Die Leistungsmeßbereiche sind so gewählt, daß der volle Zeigeraus=schlag schon bei einem Leistungsfaktor von ungefähr $\cos\varphi = 0{,}84$ erreicht wird. Es wird also bei der überwiegenden Anzahl der Messungen mit $\cos\varphi < 1$ ein größerer Zeigerausschlag erzielt. Auch bei $\cos\varphi = 1$ wird man in den meisten Fällen auskommen, da die Strom= und Spannungsmeßbereiche fast nie vollkommen ausgenutzt werden. In den wenigen Fällen, in denen die Skala des Instruments nicht aus=reicht, kann man sich dadurch helfen, daß man auf den nächsthöheren Spannungsmeßbereich des Vorschaltwiderstandes übergeht.

Bedeutet:

α = Ablesung am Leistungsmesser in Kilowatt,

c = am Meßbereich=Umschalter abgelesene Instrument=Konstante,

so ist die **gemessene Leistung:**

$$P = c \cdot \alpha \qquad \textbf{Kilowatt.}$$

c) Schaltregeln für Eisenschluß-Leistungsmesser.

Die Schaltregeln für die Betriebs-Leistungsmesser mit Eisenschluß-System weichen nur hinsichtlich der Regel 1 von den Schaltregeln der Präzisions-Leistungsmesser (vgl. Seite 35) ab.

1. **Die Potentialdifferenzen zwischen der Stromspule und der Spannungsspule des Leistungsmessers sollen so klein wie möglich sein; sie sollen keinesfalls höher als 500 Volt werden.**

Im Gegensatz zu den Präzisions-Leistungsmessern ist bei den Betriebs-Leistungsmessern eine Potentialdifferenz von 500 Volt zwischen Stromspule und Spannungsspule zulässig. Diese verhältnismäßig hohe Spannung mußte einerseits aus konstruktiven Gründen bei den Leistungsmessern mit mehreren Meßsystemen zugelassen werden, andererseits brauchte man wegen des höheren Drehmoments und der geringeren Meßgenauigkeit der Betriebs-Leistungsmesser auf Störungen durch elektrische Ladungserscheinungen keine Rücksicht zu nehmen.

Die im folgenden angegebenen Schaltungen sind stets so angeordnet, daß die Potentialdifferenzen zwischen der Stromspule und der Spannungsspule des Instruments so klein wie irgend möglich werden.

2. **Um einen richtigen Ausschlag des Zeigers in die Skala hinein zu erzielen, muß man so schalten, daß der Strom in zwei benachbarte Strom- und Spannungsklemmen eintritt oder aus beiden austritt.**

Der Strom muß daher entweder in die beiden linken oder in die beiden rechten Klemmen des Leistungsmessers eintreten.

3. **Alle Spannungsleitungen, die nicht direkt mit der Stromspule des Instruments verbunden sind, sollen gesichert werden.**

Die Sicherung der Spannungskreise war früher nicht allgemein üblich, da man die Spannungskreise durch ihren hohen Ohmschen Widerstand für genügend geschützt hielt. Wiederholte Unfälle haben indes gezeigt, daß eine Sicherung der Spannungskreise keineswegs entbehrlich ist, da schon durch ungünstige Lage der Spannungsleitungen größere Kurzschlüsse entstehen können. Die erforderlichen Sicherungen sind in allen Schaltbildern eingezeichnet.

Bei allen Schaltungen ist vorausgesetzt, daß der Stromerzeuger links und der Stromverbraucher rechts liegt.

d) Äußere Schaltung des Instruments für Spannungen bis 120 Volt.

Bei dem Aufbau der Schaltung sind die auf Seite 76 angegebenen Schaltregeln zu beachten. Da die Spannungsspule bei den Instrumenten für Einphasenstrom stets unmittelbar an die linke Spannungsklemme *E* angeschlossen ist (vgl. Innenschaltung auf Seite 73), werden alle Potentialdifferenzen zwischen der Stromspule und der Spannungsspule durch Verbindung dieser Klemme mit der Stromspule vermieden (Schaltregel 1). Die Anwendung der Schaltregeln 2 und 3 ergibt sich ohne weiteres aus dem nachstehenden Schaltbild.

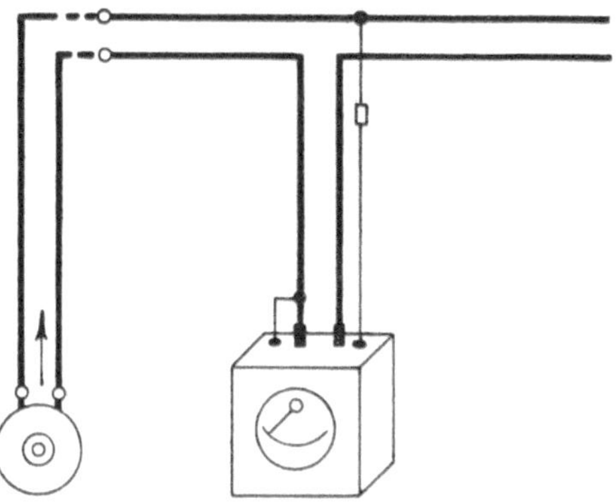

Bedeutet:

α = Ablesung am Instrument in Kilowatt,

c = am Meßbereich-Umschalter abgelesene Instrument-Konstante,

so ist die gemessene Leistung:

$$P = c \cdot \alpha \qquad \text{Kilowatt.}$$

Vollständige Meßschaltungen mit Leistungsmesser, Strommesser und Spannungsmesser sind im zweiten Teile des Buches angegeben. Die dort für direkte, indirekte und halbindirekte Messungen mit Präzisions-Instrumenten angeführten Schaltungen gelten ohne weiteres auch für die Betriebs-Leistungsmesser, da die Klemmenanordnung dieser Instrumente die gleiche ist. Für Drehstrom-Leistungsmessungen bei beliebiger Belastung der drei Zweige kommen die für die Zweileistungsmesser-Methode angegebenen Schaltungen in Frage.

e) Vorschaltwiderstände.

Die Vorschaltwiderstände sind zum Anschluß an den 120-Volt-Meßbereich der Betriebs-Leistungsmesser für Einphasenstrom bestimmt. Sie werden für Spannungen bis 600 Volt ausgeführt. Da die Spannungskreise der Betriebs-Leistungsmesser auf einen Stromverbrauch von genau 30 Milliampere abgeglichen sind, können die Vorschaltwiderstände ohne weiteres zu jedem Betriebs-Leistungsmesser für Einphasenstrom verwendet werden. Es ergibt sich dann folgende Schaltung:

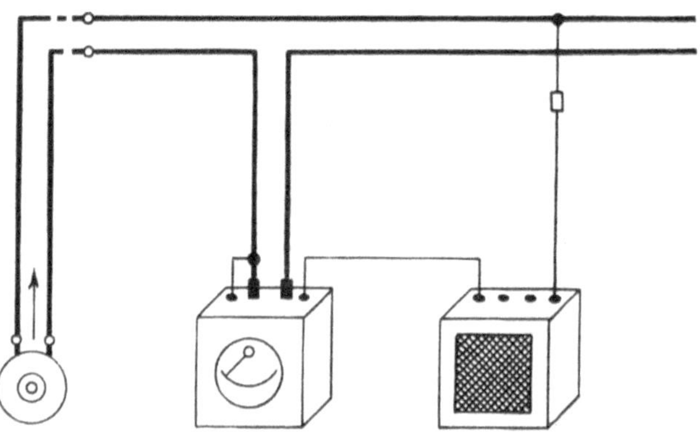

Bedeutet:

α = Ablesung am Instrument in Kilowatt,

c = am Meßbereich-Umschalter des Instruments abgelesene Instrument-Konstante,

C = an den Klemmen des Vorschaltwiderstandes angegebene Widerstands-Konstante für den gewählten Spannungsmeßbereich,

so ist die gemessene Leistung:

$$P = C \cdot c \cdot \alpha \qquad \text{Kilowatt.}$$

Die Nullpunktwiderstände für Drehstrom gleicher Belastung sind in ähnlicher Weise ausgeführt wie die auf Seite 226 beschriebenen Nullpunktwiderstände der Präzisions-Leistungsmesser. Die Schaltungen sind daher in analoger Weise durchzuführen.

3. Betriebs-Leistungsmesser für beliebig belastete Drehstrom-Dreileiteranlagen.

a) Innere Schaltung.

Die Leistungsmesser für Drehstrom beliebiger Belastung haben zwei mechanisch durch eine Bandübertragung gekuppelte Meßsysteme, die elektrisch entsprechend der Zweileistungsmesser-Methode angeschlossen werden.

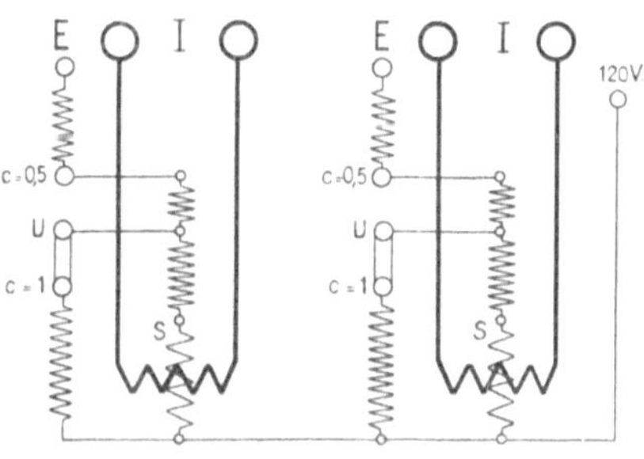

Die Metallband-Kuppelung, die die beiden beweglichen Systeme mechanisch verbindet, hat dazu geführt, daß die beiden beweglichen Systeme *S* auch elektrisch miteinander verbunden werden. Hierdurch wird eine Isolation zwischen den beiden beweglichen Systemen, die doch nur schwer und kaum mit der erforderlichen Sicherheit ausgeführt werden könnte, überflüssig. Aus der elektrischen Verbindung der beweglichen Spulen ergibt sich die Lage der eingebauten und damit auch der äußeren Vorschaltwiderstände. Durch die Lage dieser Widerstände ist es bedingt, daß zwischen den feststehenden und den beweglichen Systemspulen die volle Betriebsspannung auftritt. Diese Potentialdifferenzen bestimmen die zulässige Höhe der Spannungsmeßbereiche (vgl. Seite 76). Die Instrumente werden daher mit äußeren Vorschaltwiderständen nur für Spannungen bis 480 Volt ausgeführt; für höhere Spannungen sind Spannungswandler zu verwenden.

Die Wirkungsweise der beiden Meßbereich-Umschalter *U* ist bereits auf Seite 73 ausführlich beschrieben, es ist nur noch hinzuzufügen, daß die beiden Umschalter mechanisch gekuppelt sind, so daß außen am Instrument nur ein Hebel zu bedienen ist.

b) Meßbereiche und Skalen.

Durch den Meßbereich-Umschalter ergeben sich zwei Leistungsmeßbereiche. Da jedoch für beide Meßbereiche die gleichen Höchstströme und Höchstspannungen zulässig sind, folgen hieraus mindestens **4 Meßbereiche** im bisherigen Sinne.

Bedeutet:

I = maximal zulässiger Strom des Instruments,

E = maximal zulässige Spannung des Instruments,

c = am Meßbereich-Umschalter des Instruments angegebene Instrument-Konstante,

so ergeben sich die folgenden Meßbereiche:

Meßbereich-Umschalter auf Stellung	**Meßbereiche**		
	Strom	Spannung	Leistungsfaktor $\cos\varphi$
$c = 1$	I	E	0,96
$c = 0{,}5$	$0{,}5\,I$	E	0,96
	I	$0{,}5\,E$	0,96
	I	E	0,48

Die letzten drei Meßbereiche der obigen Tabelle enstprechen derselben Schalterstellung $c = 0{,}5$. Hieraus folgt ohne weiteres, daß es sich hierbei nicht um streng abgegrenzte Meßbereiche, sondern vielmehr um Verwendungsmöglichkeiten des Instruments handelt. Es ist demnach vollständig gleichgültig, ob ein kleiner Zeigerausschlag durch Verkleinerung des Stromes, der Spannung oder des Leistungsfaktors oder schließlich durch gleichzeitige Verkleinerung aller dieser Größen hervorgerufen wird. In jedem Falle wird durch Übergang auf den kleineren Leistungsmeßbereich der Zeigerausschlag des Instruments verdoppelt.

Hieraus ergibt sich auch die folgende, sehr einfache **Bedienungsvorschrift** für das Instrument:

Man schaltet den Meßbereich-Umschalter zunächst auf Stellung $c = 1$. Wird hierbei der Zeigerausschlag gleich der Hälfte der Skala oder kleiner, so legt man den Schalter, ohne die Messung zu unterbrechen, auf die Stellung $c = 0{,}5$ und verdoppelt auf diese Weise den Zeigerausschlag.

Da durch das Betätigen des Meßbereich-Umschalters der Energieverbrauch des Instruments nicht geändert wird, kann man auch bei Verwendung von Strom- und Spannungswandlern durch Übergang auf den kleineren Meßbereich des Instruments den Zeigerausschlag verdoppeln und somit die Meßgenauigkeit erhöhen (vgl. Seite 75).

Die Betriebs-Leistungsmesser für Drehstrom beliebiger Belastung werden je nach Wahl für einen **Maximalstrom** von 5, 10, 25, 50 oder 100 Ampere ausgeführt. Die **Maximalspannung** beträgt für alle Instrumente 120 Volt, sie kann durch äußere Vorschaltwiderstände bis auf 480 Volt erhöht werden. Höhere Spannungsmeßbereiche sind nicht zulässig (vgl. Seite 79). Alle Spannungsmeßbereiche können dauernd um 10%, kurzzeitig um 20% überlastet werden; eine Überlastung der Stromspulen ist dagegen nicht statthaft.

Die **Skalen** der Leistungsmesser sind direkt in Kilowatt geeicht und entsprechend dem größeren Leistungsmeßbereich beziffert. Die Leistungsmeßbereiche sind so gewählt, daß der volle Zeigerausschlag bei einem Leistungsfaktor von ungefähr $\cos \varphi = 0{,}96$ erreicht wird. Auf diese Weise ergeben sich für alle Instrumente runde Skalenwerte, die genau doppelt so groß sind wie die Meßbereiche der entsprechenden Instrumente für Einphasenstrom (vgl. Seite 75).

c) Äußere Schaltung des Instruments.

Unter Beachtung der auf Seite 76 angegebenen Schaltregeln für Eisenschluß-Leistungsmesser ergibt sich für Drehstrom bei beliebiger Belastung der drei Zweige folgende Schaltung:

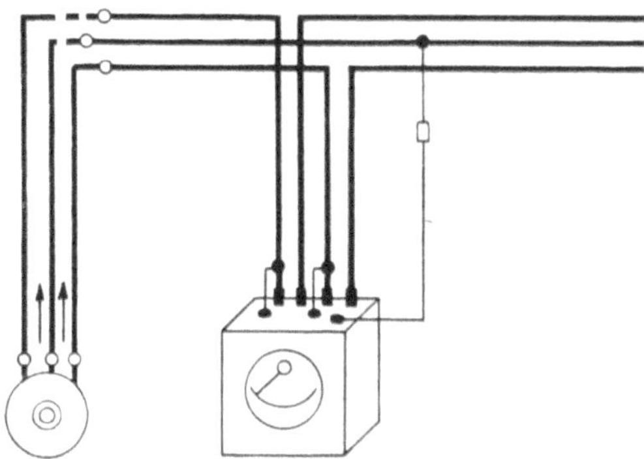

Bedeutet:
α = Ablesung am Instrument in Kilowatt,
c = am Meßbereich-Umschalter des Instruments abgelesene Instrument-Konstante,

so ist die gemessene Leistung:

$$P = c \cdot \alpha \qquad \text{Kilowatt.}$$

d) Verwendung des Instruments für Einphasenstrom.

Da bei dem Eisenschlußsystem eine gegenseitige Beeinflussung der beiden im Drehstrom-Leistungsmesser eingebauten Meßsysteme nicht stattfindet, kann man diese ohne weiteres auch für Einphasenstrom benutzen. Man kann hierbei die Stromspulen und ebenso die Spannungskreise in beliebigem Sinne parallel oder in Reihe schalten; man hat nur darauf zu achten, daß die Drehmomente beider Systeme in gleicher Richtung wirken. Es ergeben sich demnach für Einphasenstrom die folgenden vier Schaltungen:

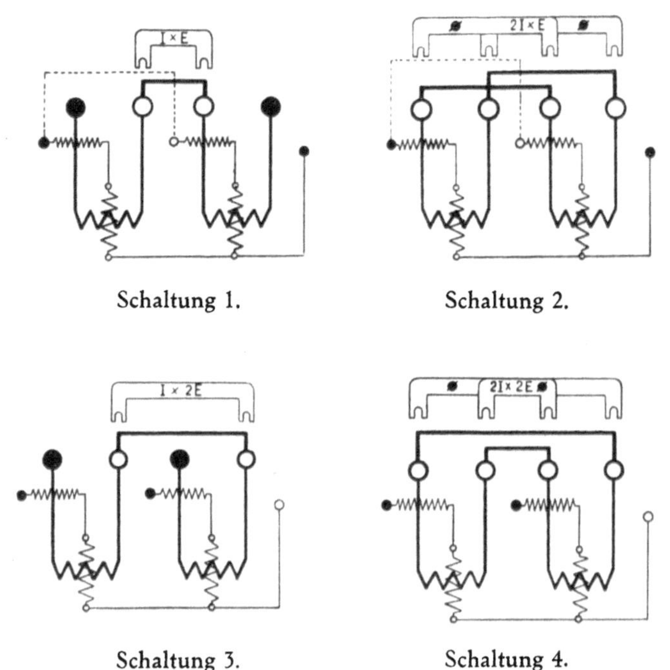

Schaltung 1. Schaltung 2.

Schaltung 3. Schaltung 4.

Hierbei ist zu beachten, daß die Schaltungen 1 und 3 für alle Leistungsmesser, die Schaltungen 2 und 4 dagegen nur für Leistungsmesser mit Strommeßbereichen bis 50 Ampere angewandt werden dürfen.

Die Schaltung der Stromspulen wird in einfachster Weise durch **ansteckbare Schaltbügel** ausgeführt. Die Aufschriften auf diesen Schaltbügeln entsprechen den mit den betreffenden Schaltungen erreichbaren Höchstmeßbereichen. Die für den äußeren Anschluß des Leistungsmessers zu benutzenden Strom- und Spannungsklemmen sind in den Schaltbildern voll ausgezeichnet; der im Instrument eingebaute Meßbereich-Umschalter (vgl. Seite 79) ist der Einfachheit halber in den Schaltbildern weggelassen.

Den vier Schaltungen der Stromspulen entsprechen vier Höchstmeßbereiche, die ihrerseits wieder durch den Meßbereich-Umschalter des Instruments unterteilt werden können. Es ergeben sich demnach die folgenden Meßbereiche:

Ansteckbarer Schaltbügel für	Konstante für Einphasenstrom	Meßbereich-Umschalter auf Stellung	Meßbereiche		
			Strom	Spannung	Leistungsfaktor $\cos \varphi$
Schaltung 1	$C_E = 0{,}5$	$c = 1$	I	E	0,84
		0,5	$0{,}5\,I$	E	0,84
		0,5	I	$0{,}5\,E$	0,84
		0,5	I	E	0,42
Schaltung 2	$C_E = 1$	$c = 1$	$2\,I$	E	0,84
		0,5	I	E	0,84
		0,5	$2\,I$	$0{,}5\,E$	0,84
		0,5	$2\,I$	E	0,42
Schaltung 3	$C_E = 1$	$c = 1$	I	$2\,E$	0,84
		0,5	$0{,}5\,I$	$2\,E$	0,84
		0,5	I	E	0,84
		0,5	I	$2\,E$	0,42
Schaltung 4	$C_E = 2$	$c = 1$	$2\,I$	$2\,E$	0,84
		0,5	I	$2\,E$	0,84
		0,5	$2\,I$	E	0,84
		0,5	$2\,I$	$2\,E$	0,42

Bedeutet: α = Ablesung am Instrument in Kilowatt,

c = am Meßbereich-Umschalter des Instruments abgelesene Instrument-Konstante,

C_E = auf dem Schaltbügel angegebene Konstante für Einphasenstrom,

so ist die gemessene Einphasenleistung:

$$P = C_E \cdot c \cdot \alpha \qquad \textbf{Kilowatt.}$$

4. Betriebs-Leistungsmesser für Drehstrom-Vierleiteranlagen.

a) Innere Schaltung.

Die Leistungsmesser für Drehstrom-Vierleiteranlagen haben drei mechanisch durch eine Bandübertragung gekuppelte Meßsysteme, die elektrisch entsprechend der Drei-Leistungsmesser-Methode angeschlossen werden.

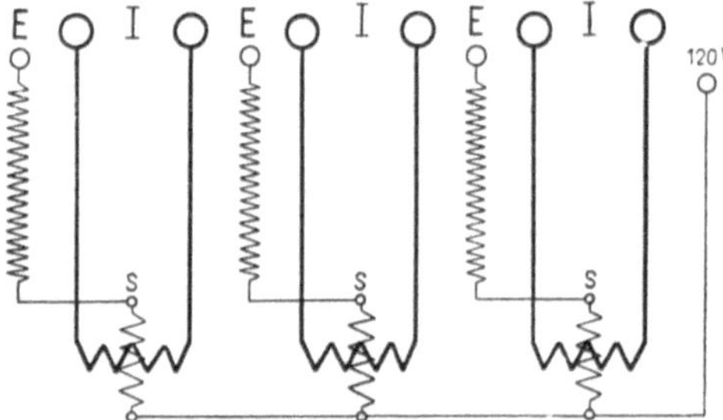

Ebenso wie bei den Leistungsmessern mit 2 Meßsystemen (vgl. Seite 79) sind auch hier die drei beweglichen Spulen *S* durch die Metallbandkuppelung elektrisch verbunden. Zwischen den Stromspulen und den beweglichen Spannungsspulen tritt daher bei direktem Anschluß des Instruments ohne Stromwandler die volle Betriebsspannung auf. Hierdurch wird die zulässige Höhe der Spannungsmeßbereiche bestimmt (vgl. Seite 76).

b) Meßbereiche und Skalen.

Die Betriebs-Leistungsmesser für Drehstrom-Vierleiteranlagen werden nur mit einem Strommeßbereich 5 Ampere zum Anschluß an Stromwandler ausgeführt. Der Spannungsmeßbereich beträgt für alle Instrumente 120 Volt Sternspannung und ist daher zum Anschluß an drei in Sternschaltung liegende Präzisions-Spannungswandler geeignet.

Für Sternspannungen bis 240 Volt werden besondere Vorschaltwiderstände geliefert. Es ergeben sich demnach für den Gebrauch des Instruments folgende Spannungsmeßbereiche:

Sternspannung Volt	Netzspannung Volt
120	210
240	415

Alle Spannungsmeßbereiche können dauernd um 10%, kurzzeitig um 20% überlastet werden; eine Überlastung der Stromspulen ist dagegen nicht statthaft.

Die **Skala** des Instruments ist direkt in Kilowatt geeicht. Der Leistungsmeßbereich ist so gewählt, daß der volle Zeigerausschlag schon bei einem Leistungsfaktor von etwa $\cos \varphi = 0{,}83$ erreicht wird (vgl. Seite 75).

c) Äußere Schaltung des Instruments.

Unter Beachtung der auf Seite 76 angegebenen Schaltregeln für Eisenschluß-Leistungsmesser ergibt sich für Drehstrom-Vierleiteranlagen folgende Schaltung:

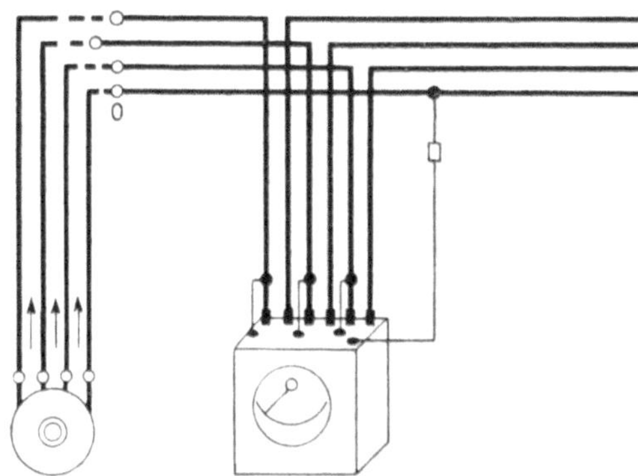

Die Ablesung am Instrument ergibt direkt die zu messende Leistung, also

$$P = \alpha \qquad \textbf{Kilowatt.}$$

Gesamtansicht eines Dreheisen=Systems mit Kupferbandwickelung.
(Die Dämpferkammer ist geöffnet.)

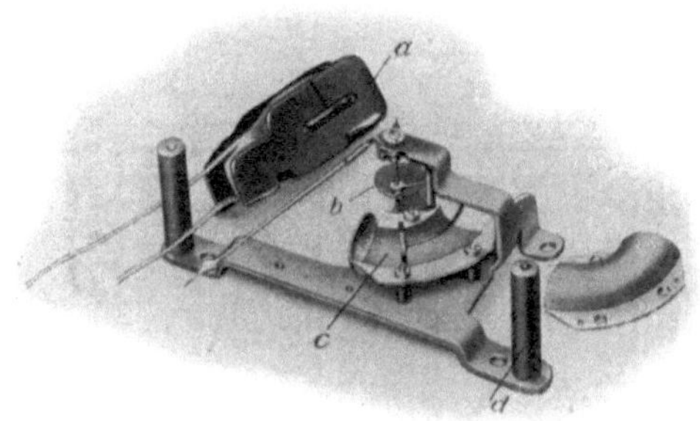

Einzelteile eines Dreheisen=Systems.

a) Spulenkasten mit Kupferdrahtwickelung,
b) Beweglicher Eisenkern,
c) Luftdämpfung mit Rohr und Kolben,
d) Systemstock mit Skalenträgern.

5. Strom= und Spannungsmesser mit Dreheisen=System.

a) Aufbau und Eigenschaften des Meßsystems.

Das Meßsystem der Dreheisen=Instrumente besteht im wesentlichen aus einem drehbar gelagerten Eisenstückchen und einer vom zu messenden Strome durchflossenen Feldspule. Unter der Einwirkung des in der Feldspule fließenden Stromes wird das exzentrisch auf der Systemachse befestigte Eisenstückchen in den Hohlraum der Feldspule hineingezogen und erzeugt so die Drehbewegung des Zeigers. Als Gegenkraft zur Systemkraft dient hierbei eine Spiralfeder. Da die Größe der auf das Eisenstückchen ausgeübten Kraft außer von der Stromstärke in der Feldspule noch von der Form und Lage des Eisen=stückchens abhängt, kann man den Verlauf der Skala willkürlich fest=legen. Bei den normalen Ausführungen beginnt die Unterteilung der Skala bei einem Zehntel des Meßbereiches. Die anfangs weite Unter=teilung wird hierbei gegen das Ende der Skala immer mehr zusammen=gedrängt, so daß über den ganzen Verlauf der Skala eine annähernd gleiche prozentuale Meßgenauigkeit erzielt wird.

Die Richtung der Systemkraft ist von der Stromrichtung unabhängig, so daß die Instrumente ohne weiteres für Wechselstrom und Gleich=strom benutzt werden können. Die Unterschiede der Instrument=angaben bei beiden Stromarten sind sehr gering; die normalen Instru=

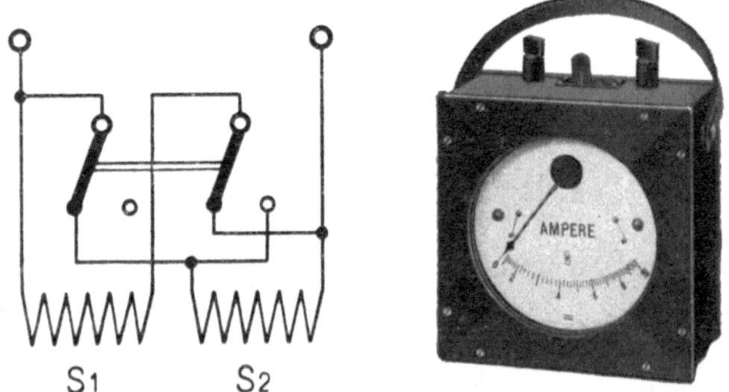

Innenschaltung und äußere Ansicht eines Dreheisen-Strommessers mit zwei Meßbereichen.

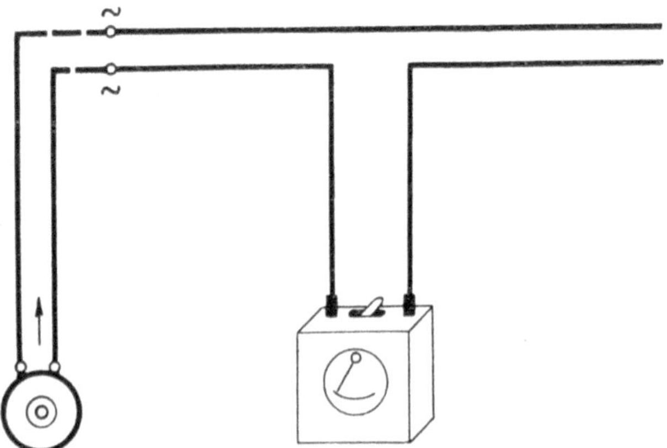

Äußere Schaltung eines Dreheisen-Strommessers.

mente werden daher stets mit einer mittleren Skala für Wechselstrom und Gleichstrom versehen. Bei Wechselstrom sind die Instrumente für Frequenzen von 15 bis 100 Perioden bei beliebiger Kurvenform verwendbar; bei Gleichstrom ist durch fast vollkommene Vermeidung von Hysteresis-Erscheinungen eine sehr gute Übereinstimmung der Instrumentangaben bei auf- und absteigendem Strom vorhanden. Die Zeigerbewegungen werden durch eine kräftig wirkende Luftdämpfung gut gedämpft, so daß die Einstellung des Zeigers fast aperiodisch erfolgt. Etwaige kleine Veränderungen der Nullage des Zeigers können durch eine Nullpunkteinstellung leicht behoben werden. Das Dreheisen-System zeichnet sich gegenüber den anderen Meßsystemen besonders durch seine kräftige Bauart und seine Unempfindlichkeit gegen Überlastungen aus. Die Dreheisen-Instrumente werden daher mit Vorteil auch dann benutzt werden, wenn mit einer rauheren Behandlung durch ungeübte Personen zu rechnen ist.

b) Strommesser mit Dreheisen-System.

Die tragbaren Betriebs-Strommesser mit Dreheisen-System werden für Stromstärken bis 300 Ampere ausgeführt. Der Eigenverbrauch der Instrumente beträgt bei den Meßbereichen über 1 Ampere durchweg etwa 1,5 bis 2 Watt, es ergibt sich demnach für die niederen Strommeßbereiche ein höherer und für die höheren Strommeßbereiche ein entsprechend niederer Spannungsabfall. Außer den einfachen Instrumenten mit nur einem Meßbereich werden auch umschaltbare Instrumente mit 2 Meßbereichen ausgeführt. Die beiden Meßbereiche werden hierbei durch Reihen- und Nebeneinanderschaltung von zwei elektrisch gleichwertigen Windungsgruppen hergestellt; es ist daher für beide Meßbereiche auch nur eine Skalenteilung erforderlich. Die Umschaltung geschieht ohne Stromunterbrechung und kann deshalb ohne weiteres während der Messung vorgenommen werden, indem man den zwischen den beiden Anschlußklemmen angeordneten isolierten Schaltergriff umlegt. Die umschaltbaren Strommesser werden für Stromstärken bis 40 Ampere hergestellt. Soll ein und derselbe Strommesser für eine größere Reihe von Meßbereichen benutzt werden, so verwendet man ein 5-Ampere-Instrument in Verbindung mit den tragbaren Präzisions-Stromwandlern für 5 Ampere Sekundärstrom. Diese können dann auch gleichzeitig für die etwa in der Schaltung befindlichen Leistungsmesser benutzt werden. Sind

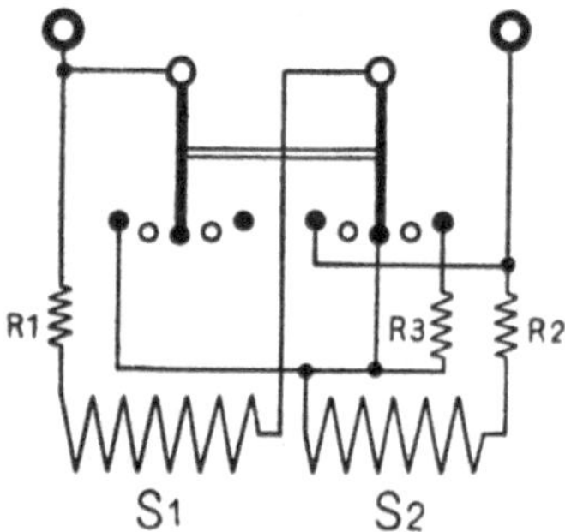

Innenschaltung eines umschaltbaren Dreheisen-Spannungsmessers für drei Meßbereiche.

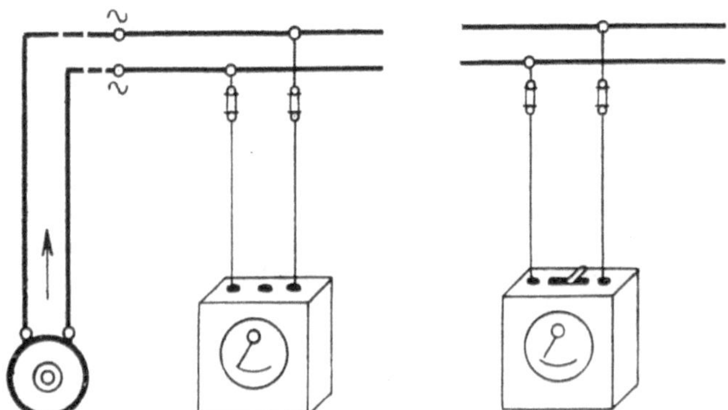
Äußere Schaltung der Dreheisen-Spannungsmesser, links Instrument mit drei Klemmen für zwei Meßbereiche, rechts mit Spannungsumschalter für drei Meßbereiche.

Leistungsmesser nicht vorhanden und sollen ausschließlich Strommessungen ausgeführt werden, so kann man auch einen kleineren Stromwandler zum Aufsetzen auf bereits verlegte Leitungen verwenden, der jedoch gemeinsam mit dem Instrument geeicht sein muß. Die Benutzung von äußeren Nebenschlußwiderständen ist bei den Dreheisen-Instrumenten nicht möglich, da die Systemwickelung des Dreheisen-Systems nur aus Kupfer besteht. Wollte man ein solches System für Nebenschlüsse geeignet machen, so müßte man, um Temperatur- und Frequenzfehler zu vermeiden, einen verhältnismäßig hohen Manganinwiderstand vorschalten, der dann wieder einen so großen Energieverbrauch bedingen würde, daß die Nebenschlüsse meßtechnisch nicht zu gebrauchen wären und außerdem ganz unverhältnismäßig groß und teuer ausfallen würden.

Zur **Ausführung einer Strommessung** werden die Strommesser unmittelbar in den zu untersuchenden Stromkreis eingeschaltet, wie es das Schaltbild auf Seite 88 zeigt. Bei Instrumenten mit zwei Meßbereichen stellt man zweckmäßig den Umschalter zunächst auf den höheren Meßbereich ein und schaltet erst bei entsprechend kleinem Zeigerausschlag auf den kleineren Meßbereich um.

c) Spannungsmesser mit Dreheisen-System.

Die tragbaren Betriebsspannungsmesser mit Dreheisen-System können für Spannungen bis etwa 600 Volt mit eingebauten Vorschaltwiderständen ausgeführt werden. Der Eigenverbrauch der Spannungsmesser beträgt für alle Meßbereiche bei vollem Zeigerausschlag etwa 8 bis 10 Watt. Hiervon entfallen etwa 1,2 Watt auf die Feldspule, während der Rest in den eingebauten Vorschaltwiderständen verbraucht wird. Da der Eigenverbrauch für alle Meßbereiche annähernd gleich groß ist, wird der Stromverbrauch für die kleineren Spannungsmeßbereiche höher und für die höheren Spannungsbereiche entsprechend niedriger ausfallen. Für einen Spannungsmeßbereich 130 Volt ergibt sich z. B. bei vollem Zeigerausschlag ein Stromverbrauch von etwa 0,08 Ampere, während der Stromverbrauch eines Instruments für 600 Volt etwa 0,02 Ampere beträgt. Durch Unterteilung des Vorschaltwiderstandes läßt sich in einfacher Weise ein zweiter Meßbereich herstellen. Da jedoch hierbei nur der Manganin-Vorschaltwiderstand bei dem gleichen Kupferwiderstand der Feldspule verkleinert wird, darf man den zweiten Meßbereich nicht kleiner als etwa die Hälfte des größeren Meßbereiches wählen, weil sonst der Temperaturkoeffizient für den kleineren Meßbereich zu ungünstig werden würde. In vielen Fällen reicht jedoch die einfache Halbierung des Meßbereiches nicht aus, da man sehr häufig mit demselben Instrument auch wesentlich kleinere Spannungen messen will. Man müßte zu diesem Zwecke die Feldspule des Instruments für den kleinsten vorkommenden Spannungsmeßbereich bemessen und die höheren Meßbereiche durch Vorschaltwiderstände herstellen. Die Bemessung der Feldspule für den kleinsten Meßbereich ergibt aber den Nachteil, daß der Stromverbrauch des Systems und damit auch der Stromverbrauch für alle höheren Meßbereiche wesentlich größer wird. Wegen der hierdurch verursachten größeren Erwärmung würde es unmöglich werden, die Vorschaltwiderstände in das Instrument einzubauen, ganz abgesehen davon, daß man für die höheren Spannungsmeßbereiche keinesfalls einen derartig hohen Stromverbrauch zulassen kann. Alle diese Schwierigkeiten werden durch die umschaltbaren Spannungsmesser behoben. Die Feldspule dieser Spannungsmesser besteht aus zwei elektrisch gleichwertigen Wickelungsgruppen S_1 und S_2 mit den zugehörigen Vorschaltwiderständen R_1 und R_2, die durch einen Umschalter nebeneinander und in Reihe geschaltet werden können. In der ersten Stellung des Schalters sind die beiden Gruppen $S_1 + R_1$ und $S_2 + R_2$ nebeneinander, in der zweiten Stellung in Reihe geschaltet. In der dritten Stellung bleibt die Reihenschaltung bestehen, es wird nur noch ein weiterer Widerstand R_3 vorgeschaltet. Sind bezüglich der Widerstandswerte der einzelnen Gruppen die Bedingungen erfüllt:

$$S_1 + R_1 = S_2 + R_2$$
$$R_3 = S_1 + R_1 + S_2 + R_2$$

so ergeben sich für die drei Schalterstellungen drei Meßbereiche, die sich wie 1 : 2 : 4 verhalten. Hierbei ist der Stromverbrauch des kleinsten Meßbereiches doppelt so hoch wie der Stromverbrauch der beiden höheren Meßbereiche. Infolgedessen bleibt auch der Eigenverbrauch für die beiden höheren Meßbereiche in den zulässigen Grenzen, und die Vorschaltwiderstände können ohne weiteres in das Instrument eingebaut werden. Die Temperaturkoeffizienten sind für alle drei Meßbereiche ausreichend günstig. Die beiden kleineren Meßbereiche haben den gleichen Temperaturkoeffizienten, da das Verhältnis Kupfer zu Manganin für beide Meßbereiche gleich groß ist. Für den höchsten Meßbereich ist der Temperaturkoeffizient infolge des größeren Manganin-Vorschaltwiderstandes etwas günstiger. Der Übergang von einem Meßbereich zum andern kann ohne weiteres während der Messung erfolgen, indem man den zwischen den beiden Anschlußklemmen angeordneten isolierten Schaltergriff auf den gewünschten Meßbereich einstellt.

Zur **Ausführung einer Spannungsmessung** werden die Spannungsmesser an die Punkte gelegt, deren Spannungsunterschied gemessen werden soll. Ist die Größenordnung der zu messenden Spannung nicht bekannt, so wählt man zweckmäßig stets zunächst den größten Meßbereich des Instruments und geht erst bei entsprechend kleinem Zeigerausschlag zu den kleineren Meßbereichen über. Bei den Spannungsmessern mit zwei Meßbereichen geschieht dies durch Umlegen des rechten Anschlußdrahtes an die entsprechende Meßbereichklemme, bei den Instumenten mit drei Meßbereichen stellt man zunächst den Meßbereichumschalter auf den höchsten Meßbereich ein und schließt dann das Instrument mit seinen beiden Klemmen an die zu messende Spannung an. Bei zu kleinem Zeigerausschlag geht man dann durch einfaches Umlegen des zwischen den Klemmen befindlichen isolierten Schaltergriffes zu den kleineren Meßbereichen über.

---

6. Strom- und Spannungsmesser mit Hitzdraht-System.

a) Aufbau und Eigenschaften des Meßsystems.

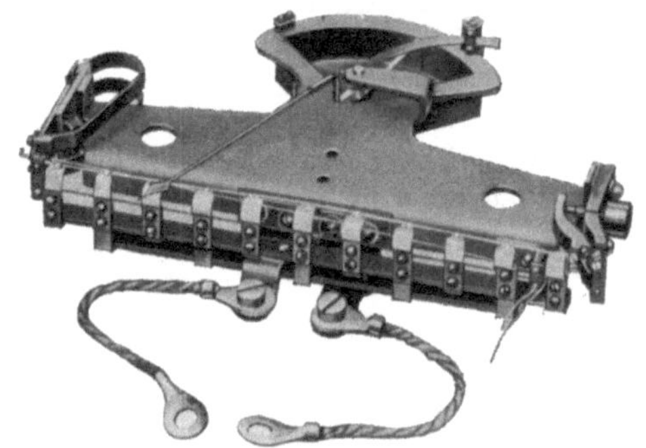

Das Hitzdraht-System besteht im wesentlichen aus einem dünnen, zwischen zwei festen Punkten ausgespannten Draht, der von dem zu messenden Strome durchflossen und erhitzt wird. Infolge der Erwärmung dehnt sich der Hitzdraht aus und biegt sich in der Mitte etwas durch. Die Durchbiegung des Hitzdrahtes wird mechanisch auf das bewegliche Zeigersystem übertragen und erzeugt so einen der Erwärmung des Hitzdrahtes entsprechenden Zeigerausschlag.

Da die vom elektrischen Strom erzeugte Wärme von dem Quadrate der Stromstärke abhängt, wird die Skala eines derartigen Instruments stets einen quadratischen Charakter haben, d. h. die Skalenteile werden am Anfang der Skala kleiner sein und am Ende der Skala größer werden.

Da ferner die Stromwärme von der Stromrichtung unabhängig ist, muß die Skala für Gleichstrom und Wechselstrom die gleiche sein. Die durch Änderungen der Raumtemperatur verursachten zusätzlichen Längenänderungen des Hitzdrahtes und die hierdurch entstehenden Änderungen des Zeigerausschlages werden bei den Hitzdraht-Instrumenten der Siemens & Halske A.-G. durch einen besonderen Kompensationsdraht in sehr vollkommener Weise beseitigt. Bei dieser Anordnung kann die Hitzdrahttemperatur verhältnismäßig niedrig gehalten werden, so daß die Gefahr einer Beschädigung des Systems bei Überlastung nach Möglichkeit verringert wird. Gegenüber der Anordnung einer Montageplatte mit bestimmtem Ausdehnungskoeffizienten hat der Kompensationsdraht den Vorteil, daß er den Änderungen der Raumtemperatur sehr rasch folgt. Dies ist gerade bei tragbaren Betriebsmeßgeräten, die bald hier, bald dort verwendet werden, sehr wichtig, da hierdurch Nullpunktveränderungen und fehlerhafte Angaben der Instrumente vermieden werden.

Die Hitzdraht-Instrumente sind, wie bereits gesagt wurde, für Gleichstrom und Wechselstrom mit der gleichen Skala verwendbar. Die Angaben sind innerhalb weiter Grenzen von der Periodenzahl und der Kurvenform des zu messenden Wechselstromes unabhängig. Auch bei Wellenströmen, d. h. bei Gleichströmen mit einem übergelagerten Wechselstrom, können die Effektivwerte der Ströme und Spannungen mit dem Hitzdraht-System einwandfrei gemessen werden. Eine Beeinflussung der Instrumente durch benachbarte magnetische Streufelder findet praktisch nicht statt. Da die Hitzdraht-Systeme eine dreifache Überlastung kurzseitig aushalten, konnte bei den Strommessern von der Anbringung besonderer Systemsicherungen Abstand genommen werden. Hiermit fallen auch die Unsicherheiten und die Beeinträchtigung der Meßgenauigkeit weg, die beim Anbringen von Sicherungen im Systemkreis der Strommesser entstehen würden. Bei den Spannungsmessern liegen derartige Bedenken nicht vor. Die Spannungsmesser erhalten daher eingebaute Abschmelzsicherungen, die das Meßsystem bei gelegentlicher falscher Wahl des Meßbereiches nach Möglichkeit gegen Beschädigungen schützen. Durch eine kräftig wirkende Luftdämpfung, die bei den Strommessern durch die Wärmekapazität des Hitzdrahtes noch wesentlich unterstützt wird, ist eine sichere Zeigereinstellung auch bei unruhigen Betrieben gewährleistet. Etwaige Veränderungen der Nullage des Zeigers können mittels der eingebauten Nullpunkteinstellung leicht behoben werden.

Mehrfach-Nebenschluß für Hitzdraht-Strommesser.

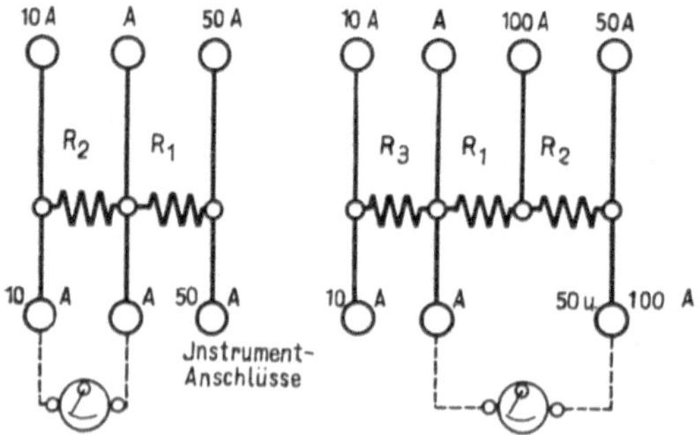

Innenschaltung der obigen Nebenschlüsse für zwei und drei Meßbereiche.

b) Strommesser mit Hitzdraht=System.

Die tragbaren Hitzdraht=Strommesser der Siemens & Halske A.=G. zeichnen sich durch ihren verhältnismäßig niedrigen Eigenverbrauch aus, der für den Hitzdraht allein etwa 0,5 Watt beträgt. Da die Instrumente für die kleineren Meßbereiche bis 5 Ampere nur mit einfachem bzw. mehrfach unterteiltem Hitzdraht ohne Nebenschlußwiderstand ausgeführt werden, ergibt sich hieraus ohne weiteres der Spannungsabfall für die verschiedenen Strommeßbereiche. Ein Instrument für 0,1 Ampere hat demnach bei vollem Strom einen Spannungsabfall von etwa 5 Volt, während ein solches für 1 Ampere nur einen Spannungsabfall von etwa 0,5 Volt aufweist. Der Strommesser für 5 Ampere ist zum Anschluß an äußere Nebenschlußwiderstände bestimmt und ist daher auf einen Spannungsabfall von genau 0,15 Volt, gemessen an den freien Enden der an das Instrument angeschlossenen normalen Kupferzuleitungen von 1 m Länge und 10 qmm Querschnitt, abgeglichen. Die hierzu gehörigen äußeren Nebenschlußwiderstände sind ebenfalls auf einen Spannungsabfall von genau 150 Millivolt bei vollem Strom abgeglichen und daher beliebig vertauschbar. Die Nebenschlüsse werden sowohl mit einem als auch mit mehreren Meßbereichen ausgeführt. Die Ausführung mit einem Meßbereich wird ohne Gehäuse geliefert, eignet sich daher vorzugsweise für größere Stromstärken von etwa 300 bis 1000 Ampere. Die Nebenschlüsse für kleinere Stromstärken von 10 bis 250 Ampere werden zweckmäßig mit zwei und drei Meßbereichen hergestellt und in ein Holzgehäuse, das die gleichen Abmessungen wie die Instrumentgehäuse hat, fest eingebaut. Die innere und damit auch die äußere Schaltung dieser Mehrfach=Nebenschlußwiderstände weicht von der bekannten, bei den Drehspul=Instrumenten üblichen Ausführung (vgl. Seite 271) etwas ab. Die Abänderung ist durch den hohen Stromverbrauch des für äußere Nebenschlußwiderstände bestimmten Hitzdraht=Instruments, das selbst schon 5 Ampere aufnimmt, und durch den niedrigsten Meßbereich des Mehrfach=Nebenschlusses, der zumeist 10 Ampere beträgt, also den Instrumentstrom nur verdoppelt, bedingt. Der für den Meßbereich 10 Ampere dienende zusätzliche Nebenschlußwiderstand R_3, der bei den vorstehenden Stromverhältnissen in der Größenordnung des Instrumentwiderstandes (R) liegt, würde bei der bisherigen auf Seite 270 angegebenen Schaltung bei allen höheren Meßbereichen als Vorschaltwiderstand vor dem Instrument liegen; es würde sich daher für alle höheren Meßbereiche ein nahezu doppelt so großer Spannungsabfall (etwa 0,27 bis 0,29 Volt) ergeben. Abgesehen von der hierdurch verursachten Energievergeudung würde dieser hohe Spannungsabfall eine doppelt so große Länge der Widerstände selbst und damit auch ein entsprechend größeres Gehäuse mit genügender Abkühlfläche bedingen, so daß man zu unhandlichen und dabei noch kostspieligen Ausführungen kommen würde. Dieser Nachteil wird durch die neue Ausführung des Mehrfach-Nebenschlußwiderstandes vermieden.

Die Nebenschlußwiderstände für zwei Meßbereiche sind hierbei durch einfaches Nebeneinanderlegen zweier Nebenschlüsse entstanden, die hierdurch lediglich eine gemeinsame Anfangsklemme *A* erhalten haben. Jeder dieser beiden Widerstände ist für sich auf einen Spannungsabfall von 0,15 Volt abgeglichen. Die Nebenschlußwiderstände für 3 Meßbereiche sind aus einer Vereinigung der vorbeschriebenen mit der auf Seite 270 dargestellen Anordnung entstanden. Der kleinste Meßbereich, der den Spannungsabfall für die übrigen höheren Meßbereiche ungünstig beeinflussen würde, ist lediglich durch die gemeinsame Anfangsklemme mit dem kombinierten Nebenschluß für die höheren Meßbereiche verbunden. Infolgedessen ergibt sich für den kleinsten und den nächsthöheren Meßbereich ein Spannungsabfall von genau 0,15 Volt, während der Spannungsabfall für den höchsten Meßbereich nur unwesentlich höher (etwa 0,16 Volt) ist. Bei der Ausführung dieser Nebenschlußwiderstände sind die Anschlußklemmen etwas anders angeordnet als bei dem vorstehenden, möglichst übersichtlich gezeichneten Prinzipschaltbild der Innenschaltung. Da es bei der Ausführung der Nebenschlußwiderstände in erster Linie darauf ankommt, eine möglichst einfache und übersichtliche äußere Schaltung zu erreichen, sind die Anschlußklemmen bei den ausgeführten Nebenschlußwiderständen so angeordnet, daß die Meßbereiche in der üblichen Weise von links nach rechts ansteigen. Hieraus ergibt sich ohne weiteres auch die nachstehend angegebene äußere Schaltung der Nebenschlußwiderstände und Instrumente im Stromkreis.

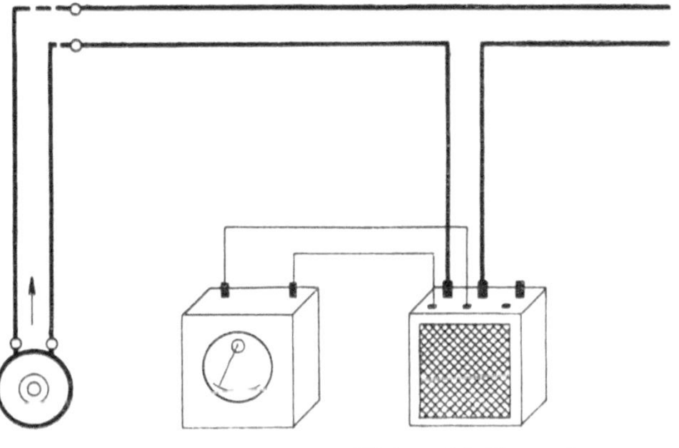

Kleiner Meßbereich

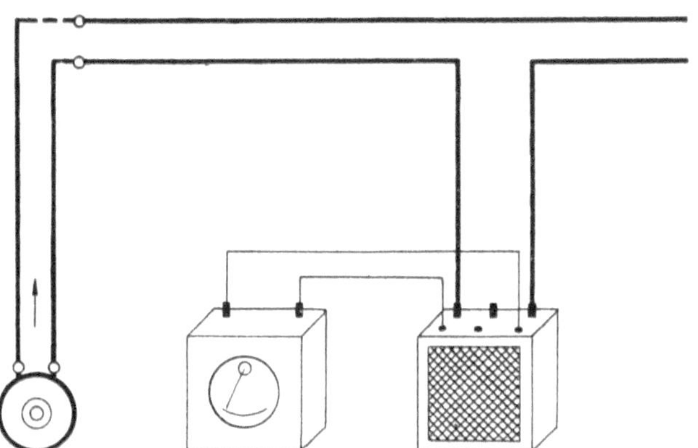

Großer Meßbereich

Äußere Schaltung der Doppel-Nebenschlußwiderstände für Hitzdraht-Strommesser.

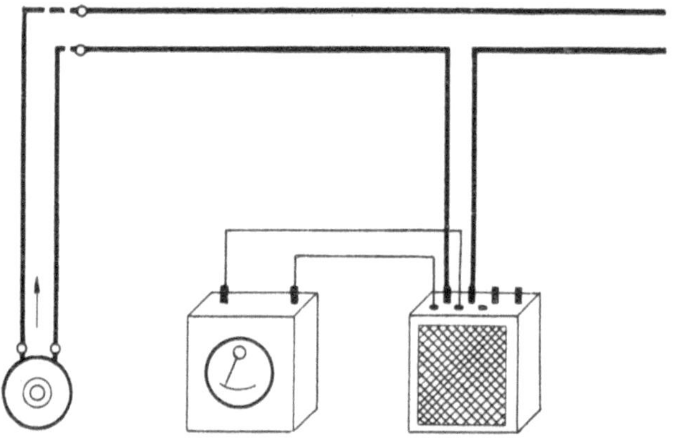

Kleinster Meßbereich.

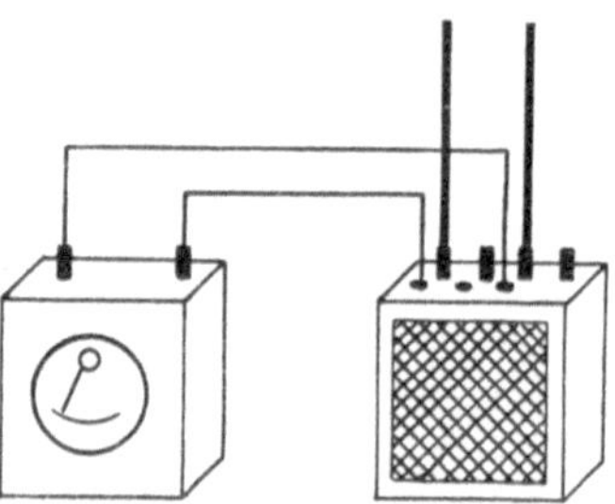

Mittlerer Meßbereich.

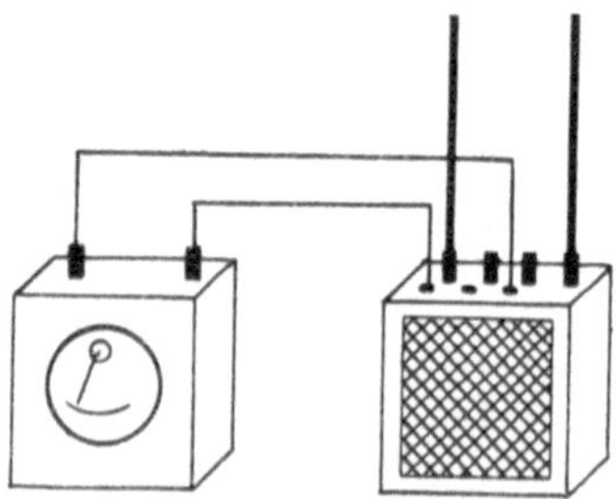

Größter Meßbereich.

Äußere Schaltung der Dreifach-Nebenschlußwiderstände für Hitzdraht-Strommesser.

c) Spannungsmesser mit Hitzdraht-System.

Die tragbaren Betriebs-Spannungsmesser mit Hitzdraht-System können nur für Spannungen bis 130 Volt mit eingebauten Vorschaltwiderständen versehen werden. Sie erhalten je nach Wahl 1 bis 3 Meßbereiche. Für höhere Spannungen bis etwa 650 Volt sind äußere Vorschaltwiderstände vorgesehen, die ebenfalls mit mehrfacher Unterteilung ausgeführt werden. Der Stromverbrauch der Hitzdraht-Spannungsmesser beträgt bei den kleineren Meßbereichen von 2,5 bis 10 Volt etwa 0,25 Ampere, bei allen Meßbereichen über 10 Volt dagegen nur etwa 0,08 Ampere. Dies entspricht bei den Meßbereichen bis 10 Volt einem inneren Widerstande von etwa 4 Ohm, bei allen Meßbereichen über 10 Volt einem solchen von etwa 12,5 Ohm für jedes Volt. Da die Instrumente nicht genau auf den vorstehend angegebenen Stromverbrauch abgeglichen werden, sind die Vorschaltwiderstände auch nicht vertauschbar, sie können vielmehr nur zu dem zugehörigen Instrument verwendet werden. Die äußere Schaltung für Spannungsmessungen ist folgende:

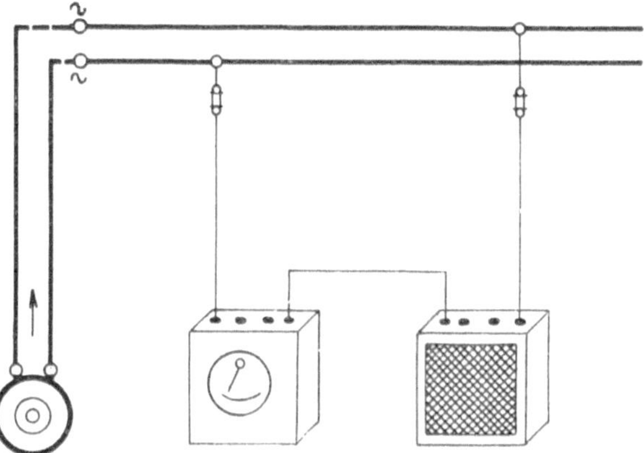

Zur **Ausführung einer Spannungsmessung** wird das Instrument allein bzw. das Instrument mit Vorschaltwiderstand an die Punkte angelegt, deren Spannungsunterschied gemessen werden soll. Hierbei ist zu beachten, daß die linke Anschlußklemme des Instruments für alle Meßbereiche gemeinsam ist, während die übrigen Klemmen den von links nach rechts ansteigenden Meßbereichen entsprechen. Die für höhere

Spannungen erforderlichen äußeren Vorschaltwiderstände sind mit ihrer Anfangsklemme *A* stets an den höchsten Meßbereich, d. h. an die äußerste rechte Klemme des Instruments anzuschließen. Ist die Größe der zu messenden Spannung nicht annähernd bekannt, so schließt man zweckmäßig zunächst den größten Meßbereich an und geht erst bei entsprechend kleinem Zeigerausschlag durch Umlegen des rechten Anschlußdrahtes zu den kleineren Meßbereichen über. Da der Anschlußdraht Spannung führt, muß das Umlegen stets mit entsprechender Vorsicht erfolgen. Sollte durch unachtsame Bedienung des Instruments die eingebaute Sicherung durchgebrannt sein, so ist diese herauszuziehen und durch eine neue zu ersetzen. Hierbei ist natürlich der Stromverbrauch des betreffenden Instruments in Betracht zu ziehen, d. h. es sind bei den Meßbereichen unter 10 Volt stärkere und bei den höheren Meßbereichen entsprechend schwächere Sicherungen zu wählen.

---

7. Leistungsfaktormesser mit Kreuzspul-System.

a) Prinzip des Kreuzspul-Systems.

Das Kreuzspul-System ist nach dem Prinzip des Elektrodynamometers aufgebaut. Es besteht aus einer feststehenden Stromspule, die vom Hauptstrom durchflossen wird, und aus einem beweglichen System, das aus zwei um 90° versetzten Spannungsspulen zusammengesetzt ist.

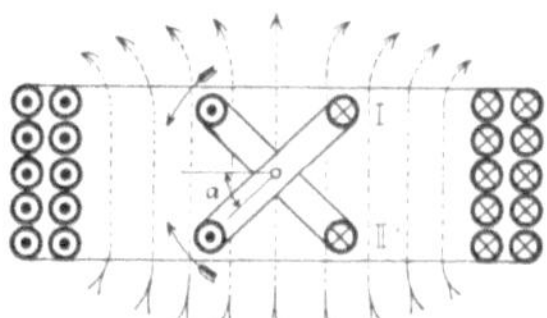

Die Wirkungsweise dieses Meßsystems ist im Prinzip die folgende: Fließt in der feststehenden Spule ein Wechselstrom I und in der beweglichen Spule 1 ein Wechselstrom I_1, so ist das zwischen der feststehenden Spule und dieser Spule wirkende Drehmoment für eine bestimmte gegenseitige Lage der beiden Spulen nach der bekannten Wattmetergleichung:

$$D_1 = \text{const} \cdot I \cdot I_1 \cdot \cos \varphi ,$$

wobei φ der Phasenverschiebungswinkel zwischen I und I_1 ist.

Dreht sich die Spule 1 unter der Einwirkung dieses Drehmoments in dem homogenen Felde der feststehenden Spule, so ändert sich die Größe des Drehmoments mit dem Sinus des Winkels α zwischen der feststehenden und der beweglichen Spule; es wird ein Maximum, wenn beide Spulen senkrecht aufeinanderstehen; es wird Null, wenn die beiden Spulen in einer Ebene liegen. Das Drehmoment zwischen der feststehenden Spule und der beweglichen Spule 1 wird daher ganz allgemein:

1) $$D_1 = \text{const} \cdot I \cdot I_1 \cdot \cos \varphi \cdot \sin \alpha$$

Die Drehspule II ist mit Spule 1 mechanisch starr verbunden. Sie ist also um dieselbe Achse drehbar, jedoch räumlich um 90° gegen Spule 1 versetzt. Der in Spule II fließende Strom sei durch einen induktiven Widerstand zeitlich um annähernd 90° gegen den in Spule 1 fließenden Strom I_1, also um $90° - \varphi$ gegen den Hauptstrom I verschoben. Das auf Spule II wirkende Drehmoment wird dann:

$$D_2 = \text{const} \cdot I \cdot I_2 \cdot \cos(90° - \varphi) \cdot \sin(90° - \alpha),$$

2) $$D_2 = \text{const} \cdot I \cdot I_2 \cdot \sin\varphi \cdot \cos\alpha$$

Die Stromrichtung in den beiden Drehspulen ist so gewählt, daß die beiden erzeugten Drehmomente einander entgegenwirken. Es ergibt sich dann als Gleichgewichtsbedingung:

$$D_1 = D_2$$

$$\text{const} \cdot I \cdot I_1 \cdot \cos\varphi \cdot \sin\alpha = \text{const} \cdot I \cdot I_2 \cdot \sin\varphi \cdot \cos\alpha$$

Hieraus folgt:

$$\operatorname{tg}\varphi = \frac{I_1}{I_2} \cdot \operatorname{tg}\alpha$$

Das Verhältnis der Spannungsströme $\frac{I_1}{I_2}$ hängt lediglich von dem Ohmschen und den induktiven Widerständen der beiden Spannungskreise ab, es ist daher eine Konstante des Instruments. Die Gleichung erhält daher die einfache Form:

3) $$\mathbf{tg}\,\boldsymbol{\varphi} = \mathbf{const} \cdot \mathbf{tg}\,\boldsymbol{\alpha}$$

Das heißt in Worten:

Der Drehungswinkel α der Kreuzspule, also der Zeigerausschlag des Instruments, ist eine direkte Funktion des zu messenden Phasenverschiebungswinkels φ. Die Skala des Instruments kann daher direkt in Werten des Leistungsfaktors geeicht werden.

Aus den obigen Gleichungen geht weiter hervor, daß der Ausschlag α des Instruments auch dann noch eine Funktion des Phasenverschiebungswinkels φ bleibt, wenn die Phasenverschiebung δ zwischen den beiden Spannungsströmen I_1 und I_2 nicht gleich 90° ist. Allerdings wird sich in diesem Falle das Skalengesetz des Instruments ändern, da an die Stelle der Funktion $\operatorname{tg}\varphi = \frac{\cos(90° - \varphi)}{\cos\varphi}$ die Funktion $\frac{\cos(\delta - \varphi)}{\cos\varphi}$ tritt. Es besteht aber die Möglichkeit, den Ausschlag des Instruments durch passende Wahl des Verhältnisses der beiden Spannungsströme $I_1 : I_2$ in gewünschter Weise zu verändern, so daß man in jedem Falle eine passende Skala erhalten kann (vgl. Seite 108 und 110).

b) Das Eisenschluß-Kreuzspul-System.

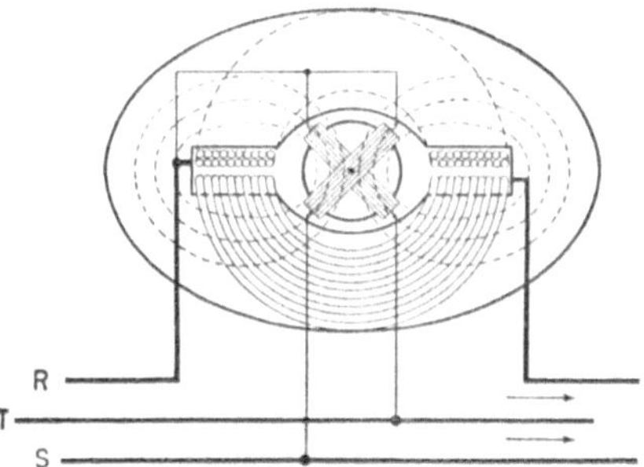

Der Unterschied dieses Systems gegenüber dem vorher beschriebenen eisenlosen elektrodynamischen System liegt darin, daß die System-Kraftlinien im wesentlichen durch Eisen geschlossen sind. Um dies zu erreichen, ist die Stromspule in einen aus Blechen aufgebauten Eisenkörper eingebettet. In dem Hohlraume dieses Eisenkörpers bewegt sich die Kreuzspule, die ihrerseits wieder einen feststehenden Eisenkern umschließt. Um einen einfacheren Systemaufbau zu ermöglichen, ist die Kreuzspule auf der Mantelfläche einer Metalltrommel mit hohem spezifischem Widerstand angeordnet. Die Stromzuführung zu den beiden Spulen erfolgt durch dünne Metallbändchen, die praktisch keine Richtkraft ausüben.

Während beim eisenlosen elektrodynamischen System die wirksamen Kraftlinien innerhalb der Stromspule annähernd in gleicher Dichte senkrecht zu der Spulenebene verlaufen und von den beweglichen Spulen unter verschiedenen Winkeln geschnitten werden, verlaufen die Kraftlinien des Eisenschluß-Systems in dem Luftspalt radial, d. h. sie treten senkrecht aus dem feststehenden Eisenkern aus. Die beweglichen Spulen schneiden daher die Kraftlinien stets rechtwinkelig. Die Dichte der Kraftlinien ist jedoch in der Polmitte am größten und nimmt nach beiden Seiten hin allmählich ab, d. h. die Kraftliniendichte ändert sich annähernd nach einem Sinusgesetz. Infolgedessen ändert sich auch das Drehmoment der Kreuzspulen bei ihrer Drehung nach dem Sinusgesetz; die im Abschnitt a entwickelten Gleichungen gelten also in derselben Weise für das Eisenschluß-System.

c) Charakteristische Eigenschaften des Systems.

Aus der Gleichung 3 des Abschnittes a geht hervor, daß die Gleichgewichtslage des beweglichen Systems, also der Zeigerausschlag α, von der Größe der in den Systemspulen fließenden Ströme theoretisch unabhängig ist.

Andererseits zeigen die Gleichungen 1 und 2, daß das Drehmoment, also die Kraft, mit der das System seiner Gleichgewichtslage zustrebt, den in den Spulen fließenden Strömen I, I_1 und I_2 direkt proportional ist. Durch das Einbringen von Eisen in den Kraftlinienweg werden die wirksamen Magnetfelder des Systems außerordentlich verstärkt, so daß selbst ein viel kleineres und leichteres bewegliches System eine wesentlich größere Richtkraft ergibt. Die Richtkraft ist bei dem Eisenschluß-System so groß, daß sie selbst dann, wenn der Hauptstrom I auf $10\,^0/_0$ seines normalen Wertes gesunken ist, noch für eine sichere Zeigereinstellung ausreicht. Wird der Strom I noch kleiner, so kann die richtige Einstellung durch die Systemreibung und die Elastizität der dünnen Stromzuführungsbänder zum beweglichen System beeinflußt werden. Da diese Stromzuführungen jedoch nur eine sehr geringe Richtkraft auf das System ausüben, hat der Zeiger des stromlosen Instruments keine bestimmte Ruhelage.

Weiterhin ist durch den Eisenkörper des Systems ein sehr guter Schutz gegen Störungen durch magnetische Streufelder gegeben. Eine gegenseitige Beeinflussung nebeneinanderstehender Instrumente ist daher nicht mehr zu befürchten; ebenso erfordert die Führung der Zuleitungen zum Instrument keine besondere Sorgfalt. Neben Apparaten, die stärkere magnetische Felder erzeugen, sowie neben Starkstrom führenden Leitungen wird man das Instrument ohnehin nicht aufstellen, jedoch werden auch bei Nichtbeachtung dieser Vorsichtsmaßregel keine erheblichen Fehler auftreten.

d) Ausführungsarten und Skalen.

Die Leistungsfaktormesser werden für Einphasenstrom und für Drehstrom gleicher Belastung hergestellt. Bei Drehstrom mit beliebiger Belastung der drei Zweige läßt sich ein mittlerer Leistungsfaktor nicht bestimmen (vgl. Seite 183). Es bleibt in diesem Falle nur übrig, die Leistungsfaktoren der drei Phasen einzeln mittels dreier Leistungsfaktormesser für Einphasenstrom zu messen. Allerdings ist hierzu erforderlich, daß der Nullpunkt des Drehstromsystems zugänglich ist.

Die Leistungsfaktormesser sind zum Anschluß an Präzisions-Strom- und Spannungswandler bestimmt. Die Stromspulen sind daher bei allen Ausführungen für 5 Ampere berechnet, während die Spannungskreise für 100 Volt ausgeführt sind. Die Leistungsfaktormesser für Drehstrom gleicher Belastung können äußere Vorschaltwiderstände für Spannungen bis 600 Volt erhalten. Da die Skala des Instruments von den Spannungsmeßbereichen unabhängig ist, brauchen die Meßbereiche der Vorschaltwiderstände kein Vielfaches von 100 Volt zu sein.

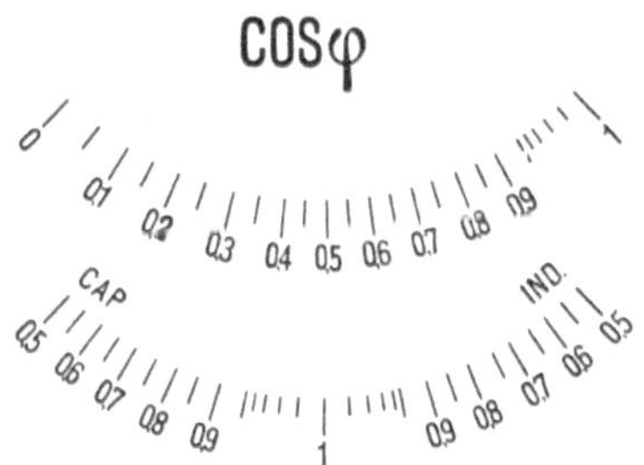

Die Skalen der Instrumente sind so gezeichnet, daß der Punkt $\cos \varphi = 1$ entweder am Ende oder in der Mitte der Skala liegt. Im ersten Falle wird induktive Belastung (nacheilender Strom) angenommen.

Durch eine besondere Anordnung ist erreicht worden, daß die Skalen der Instrumente für Einphasenstrom den gleichen Verlauf haben wie die Skalen für Drehstrom gleicher Belastung.

e) Energieverbrauch des Systems.

Der Spannungsabfall in der für 5 Ampere bemessenen Stromspule der Leistungsfaktormesser beträgt bei Frequenz 50 etwa 3,5 Volt, bei Frequenz 25 etwa 2 Volt. Der Stromverbrauch im Spannungskreis beträgt bei den Instrumenten für Einphasenstrom etwa 0,06 Ampere, bei den Instrumenten für Drehstrom etwa 0,03 Ampere für jeden Spannungskreis. Für 100 Volt Netzspannung ergibt sich demnach für den Spannungskreis der Instrumente für Einphasenstrom ein Energieverbrauch von etwa 6 Voltampere. Bei den Instrumenten für Drehstrom gleicher Belastung beträgt bei 100 Volt der Energieverbrauch für jeden der beiden Spannungskreise etwa 3 Voltampere.

f) Innere Schaltung des Instruments für Einphasenstrom.

Nach den Ausführungen auf Seite 104 müssen die in den beiden räumlich um 90° versetzten Spannungsspulen fließenden Wechselströme auch zeitlich gegeneinander verschoben sein. Um eine möglichst gute Skala zu erzielen, ist eine Phasenverschiebung von 90° zwischen den beiden Spannungsströmen anzustreben. Diese Phasenverschiebung muß bei den Instrumenten für Einphasenstrom durch die Innenschaltung künstlich erzeugt werden. Es ergibt sich dann folgende Innenschaltung des Instruments:

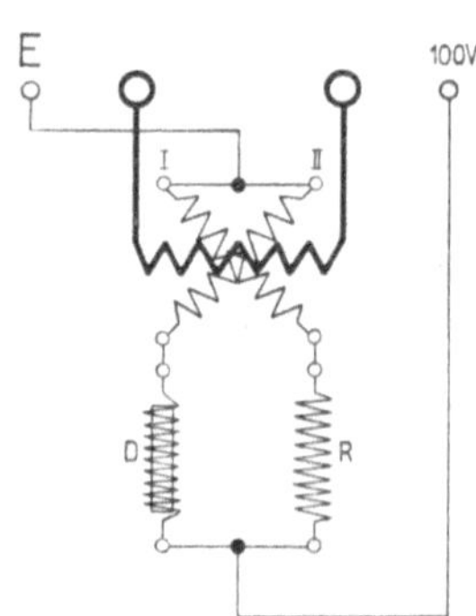

Die Spannungsspule I ist über einen Ohmschen Widerstand R an die Spannung angeschlossen. Der Strom in der Spannungsspule I ist dann mit der angelegten Spannung phasengleich. In der Spannungsspule II wird mit Hilfe einer Kunstschaltung, die aus der Drosselspule D und einigen in das Schaltbild nicht eingezeichneten Ohmschen Widerständen besteht, ein Strom erzeugt, der um etwa 90° hinter der angelegten Spannung zurückbleibt. Die Ströme in den Spulen I und II sind demnach auch gegeneinander um 90° zeitlich verschoben. Die Größe der beiden Spannungsströme I_1 und I_2 ist bei dem Instrument für Einphasenstrom so gewählt, daß $I_2 = \sqrt{3} \cdot I_1$ ist.

g) Äußere Schaltung des Instruments für Einphasenstrom.

Durch die Drosselspule, die zur künstlichen Erzeugung einer Phasenverschiebung zwischen den Strömen in den beiden Spannungsspulen erforderlich ist, wird der Leistungsfaktormesser für Einphasenstrom von der Frequenz abhängig. Die Abweichungen von der normalen Frequenz dürfen nicht mehr als $\pm$ 5% betragen. Dagegen sind Spannungsschwankungen von $\pm$ 10% zulässig.

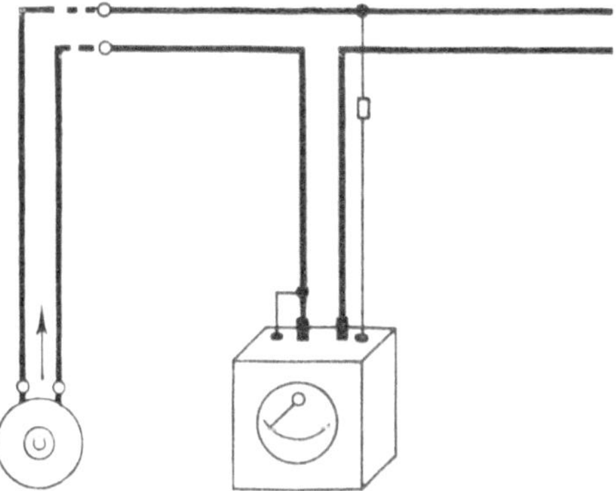

Direkte Einschaltung eines Leistungsfaktormessers für Einphasenstrom.

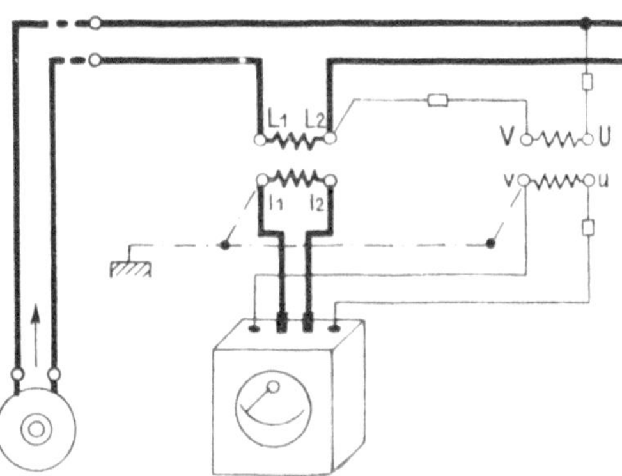

Schaltung eines Leistungsfaktormessers für Einphasenstrom mit Strom= und Spannungswandler.

h) Innere Schaltung des Instruments für Drehstrom.

Bei den Leistungsfaktormessern für Drehstrom gleicher Belastung ist es nicht erforderlich, im Instrument selbst eine künstliche Phasenverschiebung zwischen den beiden Spannungsströmen herzustellen. Es genügt vielmehr, wenn man die im Drehstromnetz vorhandenen Phasenverschiebungen im richtigen Sinne benutzt. Die im Netz vorhandenen Phasenverschiebungen zwischen den drei Spannungen

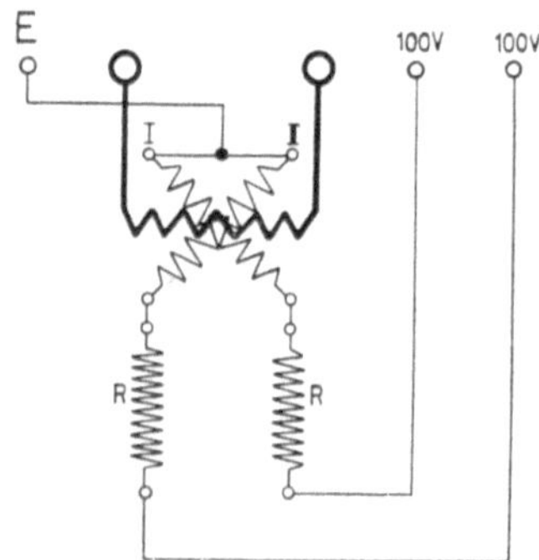

betragen 120°. Schließt man die eine der Spannungen mit vertauschten Polen an, so erhält man eine Phasenverschiebung von 60°. Diese genügt aber, für das Instrument annähernd die gleichen Wirkungen hervorzubringen wie die in der Ableitung auf Seite 104 geforderten 90°. Um bei dieser Phasenverschiebung die gleiche Skala wie bei den Instrumenten für Einphasenstrom zu erhalten, sind die beiden Spannungsströme bei den Instrumenten für Drehstrom gleich groß gewählt worden, also $I_1 = I_2$. Außerdem ist die Stellung des beweglichen Systems gegen den Zeiger um 45° gegenüber der Zeigerstellung bei den Instrumenten für Einphasenstrom gedreht worden.

Da im Instrument die im Netz vorhandenen Phasenverschiebungen benutzt werden, erhalten die beiden Spannungsspulen nur rein Ohmsche Vorschaltwiderstände R, die an 2 getrennte Spannungsklemmen angeschlossen sind.

i) Äußere Schaltung des Instruments für Drehstrom.

Bei dem Anschluß des Leistungsfaktormessers an das Netz ist die Phasenfolge zu beachten, da von dieser die Ausschlagsrichtung des Zeigers abhängt. Bei der auf den Schaltbildern angegebenen Phasenfolge zeigen die Instrumente mit einseitigem Ausschlag die Phasenverschiebung bei induktiver Belastung an.

Kehrt man die Phasenfolge im Instrument durch Vertauschen der beiden auf der rechten Seite des Instruments liegenden Spannungsanschlüsse um, so kehrt sich auch der Richtungssinn der zu messenden Phasenverschiebung um, d. h. das Instrument zeigt ohne weiteres auf derselben Skala die kapazitive Phasenverschiebung im Netz an.

In den meisten Fällen wird sich bei Anschluß eines Leistungsfaktormessers für Drehstrom eine besondere Messung der Phasenfolge erübrigen, da es meist im voraus bekannt ist, ob die Belastung eines Netzes induktiv oder kapazitiv ist. Man kann dann unmittelbar aus der Ausschlagsrichtung ersehen, ob das Instrument richtig angeschlossen ist. Ein falscher Anschluß wird sich bei den Leistungsfaktormessern mit einer Skala „$\cos \varphi = 1$ am Ende" dadurch zeigen, daß der Zeiger aus der Skala hinausgeht. Bei einer Skala „$\cos \varphi = 1$ in der Mitte" wird bei falschem Anschluß der Ausschlag einen unwahrscheinlichen Richtungssinn der Phasenverschiebung ergeben. Folgt aus der Art der Belastung nicht unmittelbar, ob eine induktive oder kapazitive Phasenverschiebung vorliegt, so bestimmt man die Phasenfolge mittels eines Drehfeldrichtungsanzeigers (vgl. Seite 113).

Da der Leistungsfaktormesser für Drehstrom gleicher Belastung im wesentlichen nur Ohmsche Widerstände enthält, läßt sich der Spannungsmeßbereich des Instruments ohne weiteres durch äußere Vorschaltwiderstände erhöhen. Aus dem gleichen Grunde können auch die **Frequenzschwankungen** erheblich größer sein als beim Instrument für Einphasenstrom. Die Frequenz kann bis $\pm 20\,\%$ von ihrem normalen Werte abweichen. Auch **Spannungsschwankungen** beeinflussen das Instrument für Drehstrom nur wenig, so daß Spannungsschwankungen bis $\pm 50\,\%$ keine erheblichen Fehler verursachen; allerdings sind Spannungserhöhungen über $10\,\%$ wegen der Erwärmung des Instruments nur kurzzeitig zulässig.

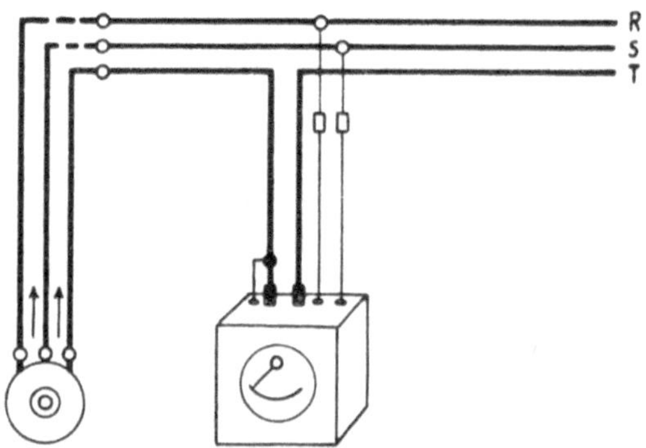

Direkte Einschaltung eines Leistungsfaktormessers
für Drehstrom gleicher Belastung.
Beim Anschließen ist die Phasenfolge zu beachten.

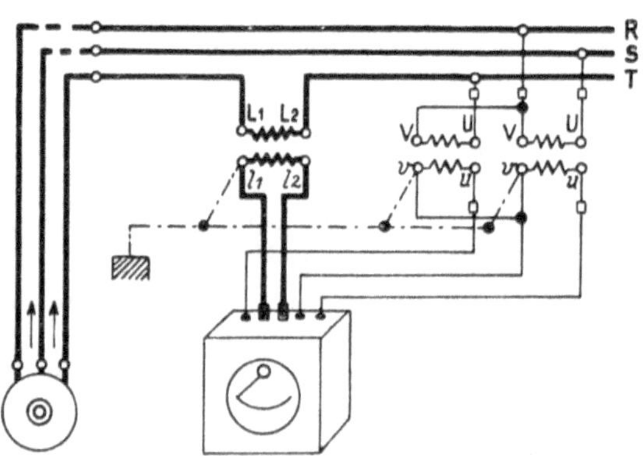

Schaltung eines Leistungsfaktormessers
für Drehstrom gleicher Belastung mit Strom- und Spannungswandlern.
Beim Anschließen ist die Phasenfolge zu beachten.

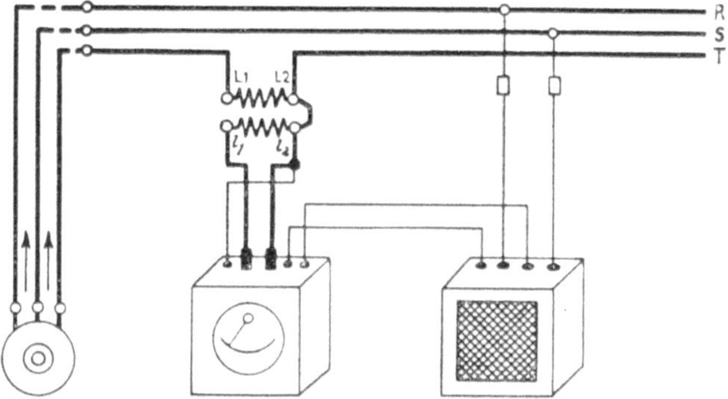

Schaltung eines Leistungsfaktormessers für Drehstrom gleicher Belastung mit Stromwandler und Vorschaltwiderstand. Die Vorschaltwiderstände können für Spannungen bis 600 Volt hergestellt werden.

k) Bestimmung der Phasenfolge in einem Drehstromnetz.

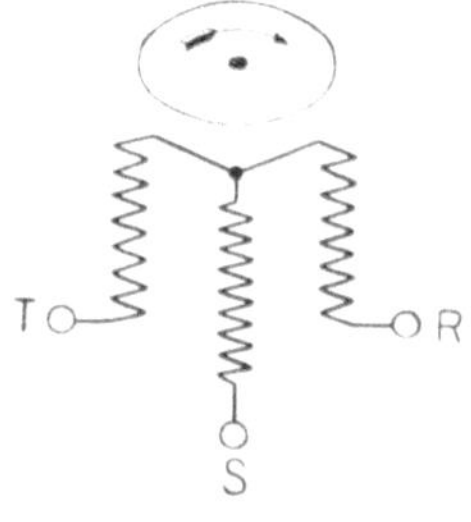

Zur Bestimmung der Phasenfolge in einem Drehstromnetz dient der **Drehfeldrichtungsanzeiger.** Dieser ist im wesentlichen ein kleiner Induktionsmotor, der aus einem Elektromagneten mit drei um 120° versetzten Magnetpolen und einem Kurzschlußanker besteht. Die Wickelungen des Elektromagneten sind einerseits in Sternschaltung verbunden und andererseits zu drei Anschlußklemmen geführt. Als Kurzschlußanker dient eine kleine Metallscheibe, die leicht drehbar über den Magnetpolen angeordnet ist. Schließt man die drei Klemmen des Apparates an ein Drehstromnetz an, so erzeugen die drei Magnetpole ein Drehfeld. Durch dieses werden in der Metallscheibe Ströme induziert, und es entsteht ein Drehmoment, das die Scheibe im Sinne des Drehfeldes mitnimmt. Da die Drehrichtung durch die Phasenfolge bestimmt wird, kann man rückwärts aus der Drehrichtung der Scheibe auf die Phasenfolge des angeschlossenen Drehstromnetzes schließen.

Bei **direktem Anschluß** des Drehfeldrichtungsanzeigers an das Netz ist die Bestimmung der Phasenfolge in folgender Weise auszuführen: Man verbindet die drei Leitungen des Drehstromnetzes mit den drei Klemmen des Drehfeldrichtungsanzeigers und beobachtet, ob sich dessen Scheibe in der auf ihr angegebenen Pfeilrichtung bewegt. Ist dies nicht der Fall, so müssen zwei Leitungen an dem Drehfeldrichtungsanzeiger vertauscht werden. Stimmt die Drehrichtung der Scheibe, also des Drehfeldes, mit der Pfeilrichtung überein, so gilt die an den Klemmen des Drehfeldrichtungsanzeigers angegebene Phasenfolge. Man bezeichnet dann die Leitung, die an die Klemme R des Drehfeldrichtungsanzeigers führt, mit R, die Leitung, die an die Klemme S führt, mit S und endlich die Leitung, die an die Klemme T führt, mit T. Damit ist die Phasenfolge RST des Drehstromnetzes bekannt.

Stimmen die so gefundenen Bezeichnungen nicht mit den bereits für die Sammelschienen vorgesehenen Bezeichnungen überein, so kann man alle drei Anschlüsse am Drehfeldrichtungsanzeiger um eine Klemme nach vorwärts oder nach rückwärts verschieben, bis die gewünschte Übereinstimmung erreicht ist. Der Drehsinn wird durch eine solche zyklische Klemmenvertauschung nicht beeinflußt.

Bei Benutzung von **Einphasen-Spannungswandlern** in V-Schaltung ergibt sich das mittlere Schaltbild auf der nebenstehenden Seite. Die auf der Sekundärseite bestimmte Phasenfolge RST gilt ohne weiteres auch für die Primärleitungen, die an die entsprechenden Klemmen der Spannungswandler angeschlossen sind (vgl. Seite 143).

Bei Verwendung von **Drehstrom-Spannungswandlern** ist darauf zu achten, daß der Phasenfolge RST der Leitungen die Phasenfolge UVW der Transformatorklemmen entsprechen muß. Der Drehfeldrichtungsanzeiger ist daher stets so anzuschließen, daß seine Klemmen R mit u, S mit v und T mit w verbunden sind.

Ergibt sich hierbei eine verkehrte Drehrichtung der Scheibe des Drehfeldrichtungsanzeigers, so sind stets zwei Primäranschlüsse zu vertauschen. Dreht sich hierauf die Scheibe des Drehfeldrichtungsanzeigers in der Pfeilrichtung, so entspricht die Phasenfolge RST auf der Primärseite der primären Klemmenbezeichnung UVW des Spannungswandlers.

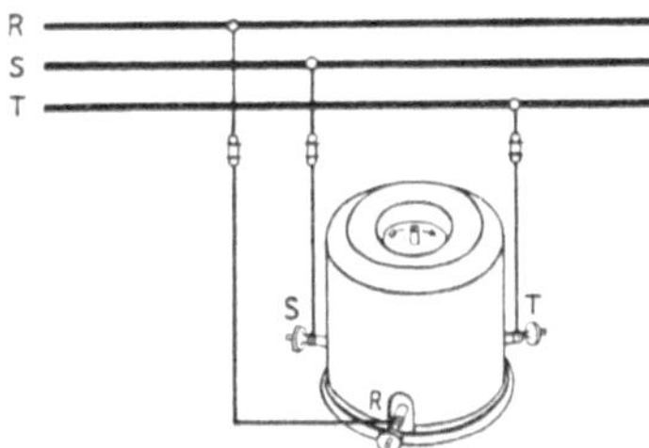

Drehfeldrichtungsanzeiger in direkter Schaltung.

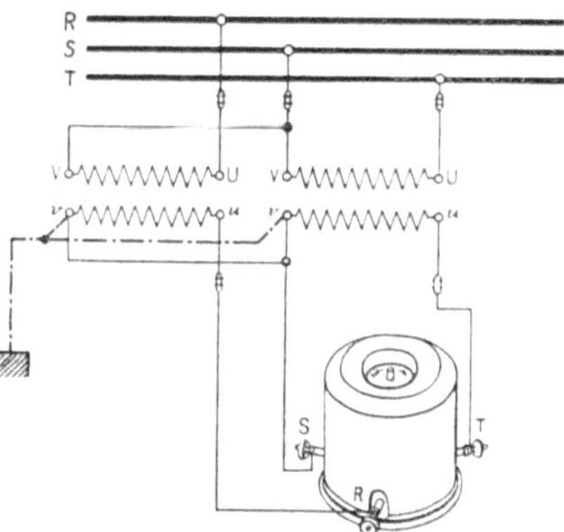

Drehfeldrichtungsanzeiger mit zwei Spannungswandlern in *V*=Schaltung.

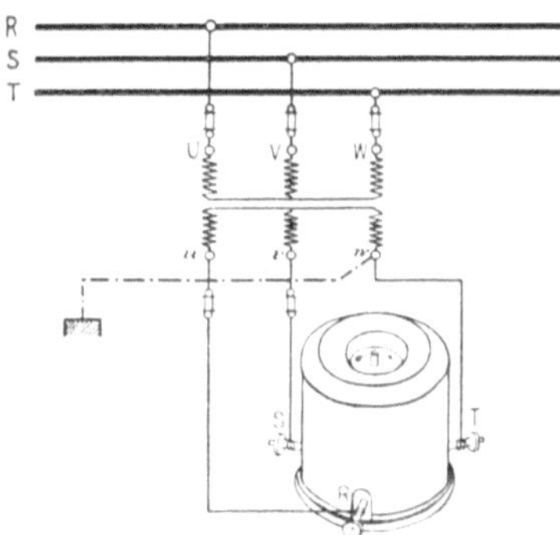

Drehfeldrichtungsanzeiger mit Drehstrom=Spannungswandler.

8. Zungenfrequenzmesser.

Das **Meßsystem** der Zungenfrequenzmesser beruht auf dem Resonanzprinzip. Es besteht aus einer Reihe abgestimmter Federn, sogenannter Zungen, die auf einem gemeinsamen Stege befestigt sind. Dieser Steg mit den Zungen, der Zungenkamm, trägt einen Anker, der einem feststehenden Elektromagneten gegenübersteht. Wird dieser Elektromagnet von dem zu untersuchenden periodischen Strome durchflossen, so gerät der Anker und mit ihm der Zungenkamm mit allen daran befestigten Zungen in leichte Schwingungen. Diejenige Zunge jedoch, deren Eigenschwingungszahl mit der Frequenz der Impulse übereinstimmt, gerät infolge der Resonanzwirkung in sehr heftige Schwingungen. Auf diese Weise entsteht ein Schwingungsbild, wie es auf der nebenstehenden Abbildungsseite für eine Reihe von Fällen dargestellt ist.

Die **Erregung des Zungenkammes** kann entweder durch einen gewöhnlichen oder einen polarisierten Elektromagneten erfolgen. Bei Verwendung eines gewöhnlichen Elektromagneten wird der Anker des Zungenkammes in jeder vollen Periode des Wechselstromes zweimal angezogen. Es entsprechen daher jeder Periode des Wechselstromes zwei volle Schwingungen der Zungen.

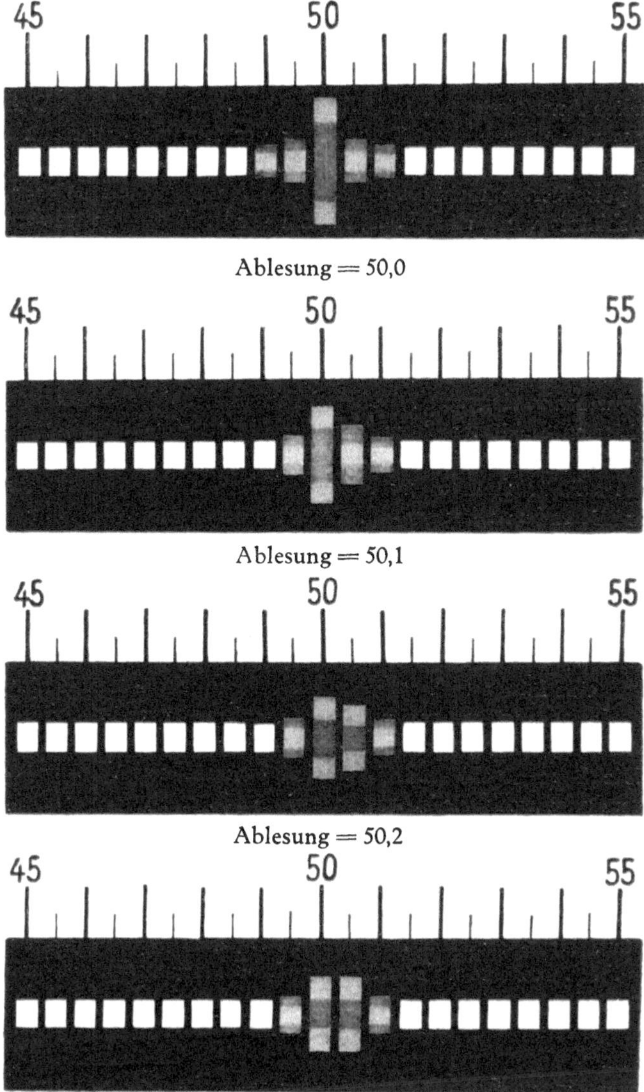

Ablesung = 50,25

Schwingungsbilder eines Zungenfrequenzmessers.

Bei einem polarisierten Elektromagneten dagegen erfolgt während einer Periode des Wechselstromes nur eine Verstärkung und Schwächung des Magnetfeldes. Es tritt somit in der gleichen Zeit nur eine einmalige Anziehung auf, so daß hier eine volle Periode des Wechselstromes nur einer vollen Schwingung der Zungen entspricht. Man kann daher durch abwechselnde Verwendung eines gewöhnlichen und eines polarisierten Elektromagneten zwei Meßbereiche herstellen, die im Verhältnis von 1 : 2 stehen. Hierzu wird auf dem Instrument ein Umschalter angebracht, der entweder einen gewöhnlichen oder einen polarisierten Elektromagneten auf denselben Zungenkamm schaltet. Da die Zungen für Schwingungszahlen von 15 bis 600 Schwingungen in der Sekunde hergestellt werden können, ergibt sich für Wechselstrom bei Verwendung eines gewöhnlichen Elektromagneten ein ausführbarer Frequenzmeßbereich von 7,5 bis 300 Perioden, bei Verwendung eines polarisierten Elektromagneten dagegen ein Frequenzmeßbereich von 15 bis 600 Perioden in der Sekunde. Die Verdoppelung des Meßbereiches läßt sich naturgemäß nur bei Wechselstrom, nicht aber bei intermittierendem Gleichstrom anwenden. In diesem Falle können die Instrumente daher nur für Impulszahlen von 15 bis 600 Perioden in der Sekunde hergestellt werden. Um in jedem Falle gut ablesbare Schwingungsbilder zu erhalten, ist es erforderlich, bei Frequenzen unter 30 für jede Viertelperiode, bei Frequenzen von 30 bis 80 für jede halbe Periode und bei Frequenzen von 80 bis 140 für jede ganze Periode eine Zunge zu verwenden. Größere Intervalle sind nicht zulässig, da es sonst vorkommen könnte, daß bei dazwischenliegenden Frequenzen überhaupt keine Zunge anspricht.

Die **Spannungsmeßbereiche** sind entsprechend dem gedachten Verwendungszweck der Instrumente abgestuft. Die tragbaren Betriebs-Frequenzmesser erhalten nur einen der jeweiligen Betriebsspannung entsprechenden Meßbereich, während die Laboratoriums-Frequenzmesser zur Erzielung einer möglichst vielseitigen Verwendbarkeit fünf Spannungsmeßbereiche in den Stufen 65, 100, 130, 180 und 250 Volt erhalten. Die verschiedenen Meßbereiche können sowohl bei den Betriebs-Frequenzmessern als auch bei den Laboratoriums-Frequenzmessern durch eine mechanische Reguliervorrichtung, durch die die elektrische Empfindlichkeit des Systems geändert wird, um $\pm 20\%$ erweitert werden.

Der **Eigenverbrauch** der Frequenzmesser beträgt für einen Spannungsmeßbereich von 100 Volt etwa 1 bis 2 Voltampere und ändert sich bei den anderen Spannungsmeßbereichen proportional mit der Spannung.

E. Präzisions-Meßwandler.

1. Allgemeines.

a) Anwendungsgebiet der Meßwandler.

Die Meßwandler sind in erster Linie für Hochspannungsmessungen bestimmt. Sie ermöglichen es, eine Hochspannungsmessung auf eine Niederspannungsmessung zurückzuführen, indem man alle Meßinstrumente auf der Sekundärseite dieser Meßwandler anschließt. Da die Sekundärspannung der Spannungswandler nur etwa 100 Volt beträgt, fallen hierbei alle persönlichen Gefahren für den Beobachter sowie alle bei direkten Hochspannungsmessungen auftretenden meßtechnischen Schwierigkeiten weg. Der Sekundärstrom der Stromwandler beträgt stets 5 Ampere. Man kann daher alle Messungen mit dieser niedrigen Stromstärke ausführen und kommt für alle Meßbereiche mit dem gleichen Satz von Meßinstrumenten aus. Die Meßgenauigkeit wird durch die Zwischenschaltung der Meßwandler praktisch nicht herabgedrückt, weil die durch die Meßwandler verursachten Fehler unter normalen Verhältnissen nicht größer als die bei den direkten Hochspannungsmessungen auftretenden Fehler sind. Überdies sind die Fehler der Meßwandler der Größe nach bekannt, so daß man sie bei besonders genauen Messungen verbessern kann. Diese Vorteile rechtfertigen an sich schon eine möglichst weitgehende Verwendung der Meßwandler bei allen Hochspannungsmessungen. Aber auch bei Niederspannungsmessungen ist die Verwendung von Stromwandlern sehr vorteilhaft, da man durch sie alle größeren Stromstärken in der Meßschaltung vermeiden kann, indem man die Stromwandler lediglich als Meßbereichwähler für die Wechselstrom-Meßinstrumente in ähnlicher Weise wie die Nebenschlußwiderstände bei Gleichstrom-Instrumenten benutzt.

b) Allgemeine Schaltregeln für Meßwandler.

Für alle Schaltungen mit Meßwandlern gelten folgende Grundregeln:

1. **Falls der Primärkreis Hochspannung führt, ist jede Berührung der Meßwandler zu vermeiden.**

Auch das Hantieren an den Sekundärklemmen des Meßwandlers ist wegen der Nähe der unter Hochspannung stehenden Teile lebensgefährlich. Sollen Meßwandler, die unter Spannung stehen, auf einen anderen Meßbereich umgeschaltet werden, so sind sie vorher allpolig vom Netz abzutrennen und zu erden.

2. **Die Sekundärwickelung von Stromwandlern muß, sobald die Primärwickelung eingeschaltet ist, entweder durch die Meßinstrumente oder durch eine Kurzschlußverbindung geschlossen sein.**

Bei Unterbrechung des Sekundärstromes entstehen einerseits lebensgefährliche Spannungen an den Sekundärklemmen, andererseits aber kann durch die hierdurch auftretende übermäßige Erhitzung des Transformatoreisens eine Beschädigung des Meßwandlers erfolgen.

3. **Spannungswandler dürfen, sobald sie unter Spannung gesetzt werden, im Gegensatz zu den Stromwandlern, sekundär nur über einen hohen Widerstand geschlossen werden; sie können aber ebensogut offen bleiben.**

Die zulässige Belastung der einzelnen Typen der Präzisions-Meßwandler ist auf Seite 141 angegeben.

4. **Die Spannungswandler sind auf der Hochspannungsseite allpolig zu sichern; auf der Niederspannungsseite sind alle nicht geerdeten Leitungen zu sichern.**

Die Sicherungen auf der Hochspannungsseite dienen dazu, die Anlage gegen Beschädigungen durch Kurzschlüsse in der Meßschaltung zu sichern. Die Sicherungen auf der Niederspannungsseite dienen zum Schutze des Spannungswandlers gegen Überlastungen.

5. **Werden in einer Meßschaltung Strom- und Spannungswandler verwendet, so sind die Sekundärwickelungen und die Gehäuse aller Meßwandler einpolig zu erden. Der kleinste zulässige Querschnitt für Erdleitungen aus Kupfer beträgt 16 mm^2.**

Die Meßwandler dienen hierbei zur vollständigen elektrischen Trennung der Hochspannung von den Niederspannungs-Meßinstrumenten. Die Erdung der Niederspannungsseite ist bei richtiger Schaltung ohne weiteres zulässig, da Hoch- und Niederspannung nur magnetisch, nicht aber elektrisch miteinander verbunden sind. Durch sie soll verhindert werden, daß Teile der Meßschaltung, die im normalen Zustande nur Niederspannung führen, durch einen Zufall gefährliche Spannungen annehmen. Hierdurch werden also die Gefahren der Hochspannungsmessung für den Beobachter vermieden; ferner fallen die Beeinflussungen der Meßinstrumente weg, die durch Potentialdifferenzen zwischen den

Strom- und Spannungsspulen entstehen können. Die Erdleitung ist daher im wesentlichen nur eine Potential-Ausgleichleitung, und es würde anscheinend genügen, sie nur so kräftig zu bemessen, daß sie den auftretenden mechanischen Beanspruchungen standhält. Damit die Erdleitung aber auch bei elektrischen Störungen, z. B. Durchschlägen der Isolation der Meßwandler, ihren Zweck erfüllt, muß sie elektrisch so stark bemessen sein, daß sie bei den unter Umständen auftretenden hohen Kurzschluß-Stromstärken nicht abschmilzt, sondern den Kurzschlußstrom so lange tragen kann, bis die nächstliegenden Starkstromsicherungen abschmelzen. Daher ist bei Meßwandlern für die Erdleitung ein Kupferquerschnitt von mindestens 16 mm^2 vorgeschrieben. Die Erdleitung ist stets unmittelbar an den Meßwandler anzuschließen, und zwar sind sowohl ein Pol der Sekundärwickelung als auch das Gehäuse des Meßwandlers zu erden. Die Erdleitungen sind in den nachstehenden Schaltungen stets durch strichpunktierte Linien dargestellt; die Erdung der Gehäuse der Meßwandler ist der Einfachheit halber in den Schaltbildern nicht angedeutet. Die Erdleitungen dürfen nicht als stromführende Meßleitungen verwendet werden, sie ersetzen aber die zwischen den Strom- und Spannungswickelungen der Leistungsmesser erforderlichen Potentialverbindungen. Schließt man außer den in den Schaltbildern dargestellten Apparaten noch andere mit an, so ist zu beachten, daß bei verschiedenen Apparaten, z. B. bei Zählern, schon einpolige Verbindungen zwischen Strom- und Spannungskreis vorhanden sind. Die Erdung ist dann, um Kurzschlüsse der Meßwandler zu vermeiden, stets genau nach dem entsprechenden Sonderschaltbild auszuführen.

6. **Werden Stromwandler als Meßbereichwähler für Leistungsmesser in Verbindung mit Vorschaltwiderständen für den Spannungskreis benutzt, so darf man nicht erden; die Sekundärwickelung des Stromwandlers muß vielmehr mit einem geeigneten Punkte des Netzes derart verbunden werden, daß die innerhalb des Meßinstruments auftretenden Potentialdifferenzen möglichst klein werden.**

Bei den Leistungsmessern für Einphasenstrom verbindet man die Sekundärwickelung des Stromwandlers einpolig mit der zugehörigen Primärwickelung, bei den Drehstrom-Leistungsmessern mit zwei und drei Meßsystemen verbindet man die Sekundärwickelungen aller Stromwandler einpolig mit der gemeinsamen Spannungsklemme der Meßsysteme des Leistungsmessers bzw. mit dem Netzleiter, in den kein Stromwandler eingeschaltet ist. Durch diese Verbindung werden Potentialdifferenzen zwischen den Strom- und Spannungsspulen des

Leistungsmessers vermieden. Die Meßinstrumente erhalten hierbei das Potential der Primärleitung; es sind daher die gleichen Vorsichtsmaß=regeln zu beachten wie bei der direkten Messung. Diese Schaltungen sind für mittlere Spannungen bis etwa 600 Volt mit Vorteil zu ver=wenden. Man spart hierdurch für die kleineren Spannungen die Spannungswandler und bekommt eine leicht tragbare Meßeinrichtung.

Benutzt man die tragbaren Leistungsmesser in Verbindung mit Schalttafel=Instrumenten oder Zählern, die in einer festen Schaltung liegen, so darf die einpolige Verbindung zwischen der Sekundär=wickelung und der Primärwickelung der Stromwandler **nicht** ohne weiteres ausgeführt werden, da die Sekundärwickelungen der Strom=wandler in Schaltanlagen stets geerdet sind. In diesem Falle läßt man entweder die Erdung der Stromwandler bestehen und läßt die Potential=Ausgleichsleitungen zwischen den Primär= und Sekundärwickelungen der Stromwandler weg, oder aber man beseitigt die betriebsmäßige Erdung des Stromwandlers während der Messung und führt die Potential=Ausgleichsleitungen aus. Im ersten Falle muß man die etwaigen kleinen Meßfehler, die in den Präzisions=Instrumenten durch elektrische Ladungs=erscheinungen verursacht werden können, in Kauf nehmen; im zweiten Falle werden diese Fehler vermieden, so daß die höchste erreichbare Meßgenauigkeit erzielt wird.

---

2. Präzisions=Stromwandler.

a) Mechanischer Aufbau.

Zur Erzielung möglichst guter elektrischer Eigenschaften haben alle Präzisions=Stromwandler mit ausgeführter Primärwickelung einen vollständig geschlossenen stoßfugenfreien Eisenkern erhalten. Der hier=

Eisenkern der Stromwandler Type Mtr 7.

durch gewonnene ideale Eisenschluß gewährleistet die kleinstmöglichen Phasenfehler des Meßwandlers und ermöglicht eine außerordentlich gleichmäßige Herstellung, so daß die einzelnen Stromwandler vollkommen gleichartig ausfallen. Die Wickelung wird auf diese geschlossenen Eisenkerne mit besonderen Spezialmaschinen aufgebracht. Die Sekundärwickelung für 5 Ampere liegt innen, während die für größere Stromstärken bestimmte, oft mehrfach unterteilte Primärwickelung darüber liegt. Zur Durchführung der Starkstromanschlüsse durch den Gehäusedeckel dient bei der gebräuchlichsten Type Mtr 7 ein unzerbrechlicher Papierisolator, an den sich oben der für die Umschaltung der Meßbereiche erforderliche Schaltkopf anschließt. Die Anschlußklemmen selbst sind kräftige Bolzen mit Sechskantmuttern. Die Sekundäranschlüsse sind seitlich auf dem Gehäusedeckel angebracht und können durch einen Kurzschlußstöpsel kurz verbunden werden.

Äußere Ansicht der Präzisions=Stromwandler
Type Mtr 7.

Innerer Aufbau der obigen Stromwandler.

Der innere Aufbau der Stromwandler Mtr 7 ist aus der vorstehenden Abbildung, die den Stromwandler ohne Gehäuse darstellt, ersichtlich. Der Eisenkern ist an einer Stütze des Deckels befestigt und zwecks Raumersparnis schräg angeordnet. Die Primärwickelung ist bei der abgebildeten Type als Blechwickelung ausgeführt. Die Sekundär=wickelung ist als Drahtwickelung ausgeführt und liegt unter der Primär=wickelung. Zur Erhöhung der Isolierfestigkeit wird der ganze Trans=formator in ein viereckiges Gehäuse eingesetzt und mit Isoliermasse aus-gegossen (vgl. Abbildung auf Seite 124).

Präzisions=Stromwandler, Type Mtr 11 ap.

Das Prinzip des vollständig geschlossenen Eisenkerns wird nur durch eine Sondertype Mtr 11 ap für besonders hohe Stromstärken durchbrochen. Dieser Stromwandler erhält keine eigene Primär=wickelung, sondern wird um eine in der Anlage vorhandene Strom=schiene herumgebaut. Um dies in einfacher Weise zu ermöglichen, ist die obere Seite des Eisenkernes zum Herausklappen eingerichtet (ver=gleiche obenstehende Abbildung). Die Stromschiene wird dann im Innern des Stromwandlers durch die in der Abbildung ebenfalls sicht=baren Halteklammern festgehalten. Nach Einbau der Stromschiene wird der Eisenkern durch Herunterklappen geschlossen und fest zusammen=geschraubt. Um den störenden Einfluß der Stoßfugen nach Möglich=keit zu beseitigen, sind die Stoßstellen vielfach überplattet.

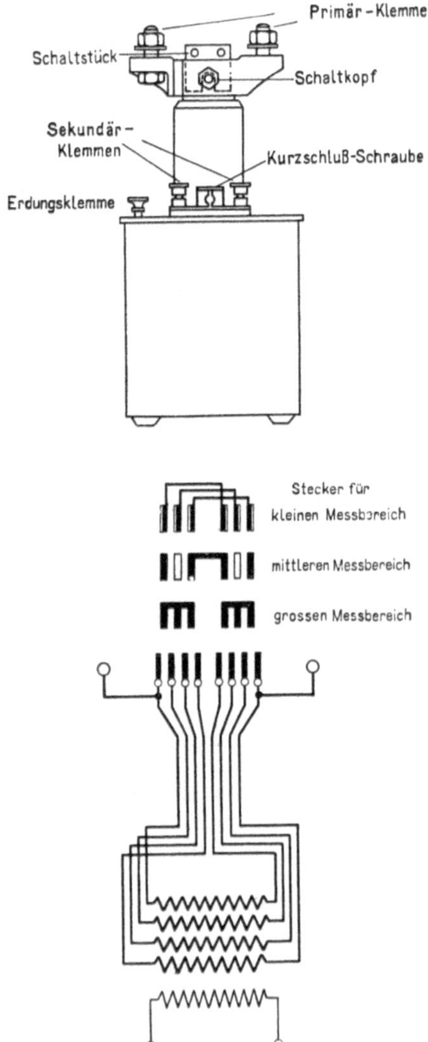

Innere Schaltung und Klemmenanordnung der Präzisions-Stromwandler Mtr 7.

b) Innere Schaltung der Stromwandler mit mehreren Meßbereichen.

Die verschiedenen Meßbereiche der Stromwandler werden durch Umschaltung auf der Primärseite erzielt. Zu diesem Zwecke ist die Primärwickelung in mehrere elektrisch gleichwertige Gruppen zerlegt, die beim kleinsten Strommeßbereich in Reihe, bei einem mittleren Meß=bereich in Gruppenschaltung und beim größten Meßbereich in Parallel=schaltung liegen.

Um die Umschaltung der einzelnen Wickelungsteile in einfacher Weise zu ermöglichen, sind ihre Enden nach einem zwischen den An=schlußklemmen befindlichen Schaltkopf geführt, wie es in der vor=stehenden Skizze angedeutet ist. Zur Herstellung der gewünschten Schaltung wird in diesen Schaltkopf ein Schaltstück eingeführt, das alle erforderlichen Verbindungen gleichzeitig herstellt. Der gute Kontakt zwischen den einzelnen Lamellen des Schaltkopfes und Schaltstückes wird durch eine seitlich angeordnete Druckschraube sichergestellt.

Da die einzelnen Wickelungsteile elektrisch vollkommen gleichwertig sind und in allen Schaltungen in gleicher Weise beansprucht werden, sind die verschiedenen Meßbereiche der Stromwandler auch elektrisch vollkommen gleichwertig.

c) Isolation.

Die Isolation der Typen Mtr 7 und Mtr 16 p ist als Masse=Isolation ausgeführt und reicht bei der Type Mtr 7 bis 12000 und bei der Type Mtr 16 p bis 30000 Volt Betriebsspannung aus. Die Type Mtr 11 ap besitzt keine besondere Primärwickelung und wird direkt um vorhandene Stromschienen herumgebaut. Hierbei ist für geeignete Isolation des jeweilig benutzten Primärleiters Sorge zu tragen.

Die **Isolationsprüfung** der Primärwickelung gegen Sekundär=wickelung und Gehäuse erfolgt mit der doppelten Spannung während der Dauer von 5 Minuten. Die Prüfspannung beträgt also 24000 Volt bei der Type Mtr 7 und 60000 Volt bei der Type Mtr 16. Die Sekundär=wickelung wird bei sämtlichen Typen gegen Gehäuse eine Minute lang mit 2000 Volt geprüft, so daß betriebsmäßig Potentialdifferenzen von **1000 Volt** zwischen Sekundärwickelung und Gehäuse zulässig sind.

d) Meßbereiche der Präzisions-Stromwandler.

Bei Benutzung eines Stromwandlers sind die Angaben der Meß-instrumente mit der Übersetzung des Stromwandlers zu multiplizieren. Beträgt der Primär-Meßbereich I Ampere und der Sekundär-Meß-bereich 5 Ampere, so wird

$$\frac{I}{5} = \text{Übersetzung des Stromwandlers.}$$

Die Meßbereiche der verschiedenen Typen sind nachstehend zu-sammengestellt.

Type	Höchste zulässige Betriebsspannung Volt	Meßbereiche primär Ampere	Meßbereiche sekundär Ampere	Über-setzung
Mtr 7d	12 000	5	5	1
		10	5	2
		25	5	5
		50	5	10
		100	5	20
		250	5	50
Mtr 7e	12 000	500	5	100
Mtr 7f		750	5	150
Mtr 7g		1500	5	300
Mtr 7	12 000	5; 10; 20	5	1; 2; 4
Mtr 7k		10; 20; 40	5	2; 4; 8
Mtr 7a		25; 50; 100	5	5; 10; 20
Mtr 7l		50; 100; 200	5	10; 20; 40
Mtr 7h		100; 200; 400	5	20; 40; 80
Mtr 7b		250; 500	5	50; 100
Mtr 7c		600; 1200	5	120; 240
Mtr 16p	30 000	5; 10; 20	5	1; 2; 4
Mtr 16kp		10; 20; 40	5	2; 4; 8
Mtr 16ap		25; 50; 100	5	5; 10; 20
Mtr 16lp		50; 100; 200	5	10; 20; 40
Mtr 11ap	je nach Isolation des verwendeten Primärleiters	2000	5	400
		2500	5	500
		3000	5	600

e) Zulässige Belastung.

Die zulässige sekundäre Belastung der Stromwandler beträgt für 50 Perioden bei vollem Strom 20 Voltampere, also 4 Volt Klemmenspannung bei 5 Ampere. Bei anderen Frequenzen ändert sie sich nahezu proportional der Frequenz. Entsprechend dieser verhältnismäßig hohen zulässigen Sekundärbelastung ist es gestattet, sekundär gleichzeitig Leistungsmesser und Strommesser in Reihe zu schalten. Um beim Anschluß weiterer Instrumente oder Zähler die zulässige Klemmenspannung von etwa 4 Volt nicht zu überschreiten, empfiehlt es sich, die jeweilig nicht benötigten Instrumente abwechselnd kurzzuschließen. Die folgende Tabelle gibt Aufschluß über den Eigenverbrauch der Stromspulen der vorher beschriebenen Meßinstrumente sowie einiger Siemens-Schuckertzähler bei 5 Ampere.

Instrumente für 5 Ampere	Klemmenspannung bei Frequenz 50	Klemmenspannung bei Frequenz 25	Leistungsfaktor bei Frequenz 50	Leistungsfaktor bei Frequenz 25
Präz.-Strommesser; Prüffeldtype . . .	1,3	1,3	1	1
Präz.-Leistungsmesser; Prüffeldtype .	0,26	0,24	0,92	0,98
Präz.-Strommesser; Laboratoriumstype	2,4	2,4	1	1
Präz.-Leistungsmesser; Laboratoriumstype	1,2	1,08	0,87	0,96
Betriebs-Strommesser mit Dreheisen-System	0,29	0,25	—	—
Betriebs-Leistungsmesser mit Eisenschluß-System	0,6	0,5	—	—
Zähler W 2; W 2 dn	1,5	1,5	0,3	0,55
Zähler W 10; W 10 dn; D 6	0,6	0,6	0,35	0,6
Zähler D 5	0,3	0,3	0,35	0,6

f) Eigenverbrauch der Stromwandler.

Der Eigenverbrauch der Präzisions-Stromwandler ist außerordentlich gering. Er beträgt bei den Typen Mtr 7 und Mtr 16p etwa **25 Watt** bei Vollast. Dieser Eigenverbrauch besteht in der Hauptsache aus den Kupferverlusten, die durch Stromwärme in der Primär- und Sekundärwickelung des Stromwandlers hervorgerufen werden. Die Eisenverluste sind infolge der geringen Sättigung des Eisens zu vernachlässigen. Der Eigenverbrauch der Stromwandler ändert sich daher mit dem **Quadrate der Stromstärke.**

g) Meßfehler der Stromwandler.

Die **Übersetzung** der Präzisions-Stromwandler ist bei 5 Ampere und einer Klemmenspannung von etwa 4 Volt auf mindestens 0,5% genau abgeglichen und bleibt von 100% bis herab auf 10% der Strombelastung konstant.

Die **Phasenverschiebung** zwischen dem Primärstrom und dem um 180° herumgeklappten Vektor des Sekundärstromes beträgt bei 50 Perioden für Vollast nur etwa 15 Minuten und bei 20% der Strombelastung nicht mehr als etwa 36 Minuten.

Der durch diese innere Phasenverschiebung des Stromwandlers bei Leistungsmessungen verursachte **Meßfehler** läßt sich in folgender Weise berechnen.

Bedeutet:

δ = Phasenverschiebungswinkel zwischen dem Primärstrom und dem herumgeklappten Vektor des Sekundärstromes,

φ = Phasenverschiebungswinkel zwischen dem zu messenden Strom und der Netzspannung (also $\cos\varphi$ = Netz-Leistungsfaktor),

I = Effektivwert des Stromes,

E = Effektivwert der Netzspannung,

so ist die zu messende tatsächliche Leistung

$$P = E \cdot I \cdot \cos\varphi$$

Bei Verwendung eines Stromwandlers mit Übersetzung 1 : 1 wird dagegen eine Leistung gemessen

$$P = E \cdot I \cdot \cos(\varphi \pm \delta)$$

Der durch den Stromwandler verursachte Fehler ist demnach:

$$F = E \cdot I \cdot \cos(\varphi \pm \delta) - E \cdot I \cdot \cos\varphi$$
$$= E \cdot I \cdot \cos\varphi \cdot (\cos\delta \mp \operatorname{tg}\varphi \cdot \sin\delta - 1)$$

Da δ sehr klein ist, wird $\cos\delta = 1$ und $\sin\delta = \delta$.

Dann wird

$$F = E \cdot I \cdot \cos\varphi \cdot (\delta \cdot \operatorname{tg}\varphi)$$

Setzt man δ anstatt im Bogenmaß als Winkel ein, so ist für das Bogenmaß der Wert $\frac{2\pi\delta}{360} = \frac{\pi\delta}{180}$ einzuführen. Wird schließlich δ

noch anstatt in Grad in Minuten eingesetzt, was bei den praktisch vorkommenden kleinen Winkeln angebracht ist, so ist der Wert $\frac{\pi\delta}{180 \cdot 60} = \frac{\pi\delta}{10\,800}$ in die obige Gleichung einzuführen, also:

$$F = E \cdot I \cdot \cos\varphi \left(\frac{\pi\delta}{10\,800} \cdot \operatorname{tg}\varphi\right)$$

Der prozentuale Fehler wird daher:

$$p = \frac{\pi\delta}{108} \cdot \operatorname{tg}\varphi = \delta \cdot \frac{\pi \operatorname{tg}\varphi}{108}$$

In diese Formel ist also der Phasenfehler δ des Stromwandlers direkt in Minuten einzusetzen. Der auf diese Weise berechnete prozentische Fehler ist bei induktiver Netzbelastung von der gemessenen Leistung zu subtrahieren, bei kapazitiver Netzlast dagegen zu addieren. Die Formel zeigt, daß sich der durch einen Stromwandler verursachte Meßfehler mit dem Wert von $\operatorname{tg}\varphi$ ändert, d. h. der Fehler ist um so größer, je größer die Phasenverschiebung des untersuchten Wechselstromsystems ist.

Beispiel.

Der Leistungsfaktor eines untersuchten Stromkreises sei $\cos\varphi = 0{,}5$, die Strombelastung des Stromwandlers sei hierbei 20% des Normalstromes. Hat der Stromwandler bei dieser Belastung einen Phasenfehler von $\delta = 30$ Minuten, so ergibt sich bei einer Leistungsmessung ein Fehler

$$p = \delta \cdot \frac{\pi \operatorname{tg}\varphi}{108} = \frac{30 \cdot 3{,}14 \cdot 1{,}732}{108} = 1{,}5\% \text{ des Sollwertes.}$$

Da ein normaler Leistungsmesser unter den vorliegenden besonders ungünstig gewählten Verhältnissen nur den zehnten Teil des Endausschlages geben würde, ist die Genauigkeit der Messung an sich nur gering, so daß diese durch den Stromwandler nicht wesentlich verkleinert wird.

h) Korrektion der Fehler.

Bei den meisten praktisch vorkommenden Messungen kann man die durch den Stromwandler verursachten Meßfehler vernachlässigen, da sie innerhalb der Ablesefehler der Meßinstrumente liegen. Nur bei besonders großen Phasenverschiebungen ist eine gewisse Vorsicht geboten, da hierbei die Meßfehler nach der vorstehend entwickelten

Formel eine erhebliche Größe bekommen können. In diesen Fällen und bei besonders genauen Messungen ist daher eine Korrektion der Fehler unter Umständen wünschenswert. Um die Korrektion in möglichst einfacher Weise ausführen zu können, werden den Präzisions-Stromwandlern **Korrektionskurven** beigegeben, die gleich den Gesamtfehler des Stromwandlers, also Phasenfehler + Übersetzungsfehler berücksichtigen. Die Gesamtfehler sind in diesen Kurven in Form eines Korrektionsfaktors angegeben und als Funktion der verschiedenen Strombelastungen des Stromwandlers aufgetragen. Da die Größe der von dem Stromwandler bei der Messung verursachten Phasenfehler von dem Phasenverschiebungswinkel (**tg** φ) des untersuchten Netzes abhängt, ergibt sich für jeden Netzleistungsfaktor **cos** φ eine besondere Kurve, die ihrerseits wieder nur für eine bestimmte Frequenz und eine bestimmte sekundäre Belastung des Stromwandlers gilt. Als Normalbelastung des Stromwandlers wurde hierbei entsprechend einer vollständigen Meßschaltung ein Leistungsmesser und ein Strommesser der Prüffeldtype angenommen. Man erhält auf diese Weise für jede Stromwandlertype eine Kurvenschar ähnlich der nachstehenden Abbildung:

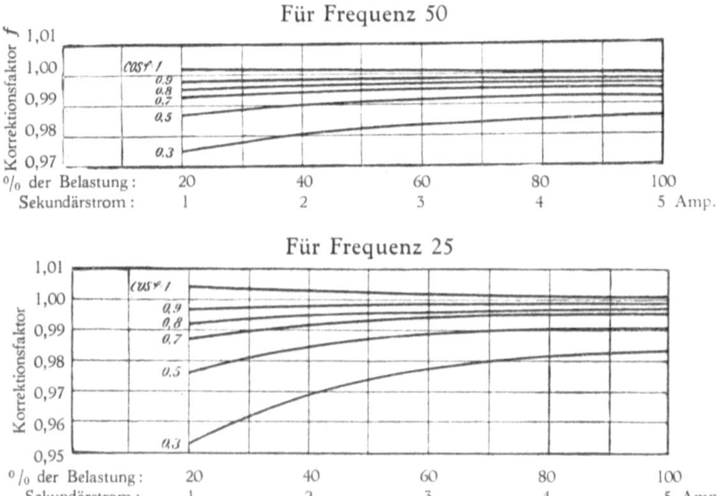

Zur Bestimmung der tatsächlichen Leistung stellt man zunächst die Strombelastung des Stromwandlers aus der Ablesung des Strommessers fest und berechnet aus den gemessenen Werten der Leistung, des Stromes und der Spannung den Netzleistungsfaktor **cos** φ. Dann entnimmt man der diesem Leistungsfaktor entsprechenden Kurve den Korrektionsfaktor f für die vorliegende Strombelastung. Mit diesem Korrektionsfaktor f ist dann die gemessene Leistung zu multiplizieren, um die tatsächliche Leistung zu erhalten, also

Gemessene Leistung $\times$ f = **Tatsächliche Leistung.**

Für die Korrektion der Angaben des Strommessers kann die Korrektionskurve für **cos** $\varphi = 1$ benutzt werden, da diese im wesentlichen nur den Übersetzungsfehler enthält, also

Gemessener Strom $\times$ f = **Tatsächlicher Strom.**

Von der **Kurvenform** sind die Angaben der Stromwandler praktisch unabhängig, solange die untersuchten Ströme keine Gleichstromkomponente enthalten. Ebensowenig findet eine Verzerrung der Kurvenform statt, so daß die Kurvenformen des Primärstromes und des Sekundärstromes vollkommen übereinstimmen.

i) Klemmenbezeichnungen.

Die Klemmenbezeichnung der Präzisions-Stromwandler ist nach den Vorschriften des Verbandes Deutscher Elektrotechniker ausgeführt. Demgemäß sind die Primärklemmen mit L_1 und L_2, die Sekundärklemmen mit l_1 und l_2 bezeichnet. Durch diese Bezeichnung ist gleichzeitig der gegenseitige Richtungssinn des Primärstromes und Sekundärstromes in der Weise festgelegt, daß ein primärer Momentanstrom in der Richtung L_1 L_2 einen sekundären Momentanstrom in der gleichen Richtung l_1 l_2 erzeugt. Es ist demgemäß im Stromwandler eine Vertauschung der sekundären Wickelungsenden vorgenommen, da sonst der Sekundärstrom in entgegengesetzter Richtung fließen müßte. Durch diese Vertauschung ergibt sich für alle Schaltbilder die wesentliche Vereinfachung, daß die für die Leistungsmesser geltenden Stromrichtungsregeln durch das Zwischenschalten eines Stromwandlers nicht geändert werden. Die im zweiten Teile des Buches angegebenen Schaltbilder sind durchweg so ausgeführt, daß die vom Stromerzeuger kommenden Leitungen stets in die Klemme L_1 führen und die entsprechende Sekundärklemme l_1 geerdet wird. Demgemäß ist bei den neueren Ausführungen der Stromwandler auch die Erdungsklemme des Gehäuses direkt neben der linken Sekundärklemme l_1 angebracht und durch eine lösbare Lasche mit dieser verbunden.

k) Besondere Betriebsvorschriften.

Bei Benutzung von Präzisions-Stromwandlern mit mehreren Meßbereichen ist darauf zu achten, daß vor Anschluß der Starkstromleitungen das gewählte Schaltstück in den Schaltkopf gesteckt und die seitliche Mutter zwecks besseren Kontaktes und Versteifung des lamellierten Schaltkopfes fest angezogen wird. Dann erst sind die Starkstrom- bzw. Hochspannungsleitungen an die Starkstromklemmen des Schaltkopfes zu legen. Die Anschlußschrauben müssen dabei zur Vermeidung einer schädlichen Erwärmung des Schaltkopfes mit besonderer Sorgfalt fest angezogen werden. Die Zuleitungen zu den Meßinstrumenten sind an die Sekundär-Klemmen anzuschließen (vgl. Seite 126).

Vor dem Einschalten der Primärwickelung muß die Sekundärwickelung des Stromwandlers stets geschlossen sein (vgl. Schaltregel 2 auf Seite 120), d. h. es müssen entweder die Meßinstrumente eingeschaltet oder es muß eine Kurzschlußverbindung zwischen den Sekundärklemmen hergestellt sein. Dies kann bei Niederspannung durch Einführen der Kurzschlußschraube in die zwischen den Sekundärklemmen befindlichen Kontaktstücke geschehen, bei Hochspannung wird man diese Verbindung zweckmäßig durch einen in entsprechender Entfernung vom Stromwandler liegenden Instrument-Abschalter mit selbsttätiger Kurzschlußverbindung ausführen (vgl. Seite 155). Das Offenlassen der Sekundärwickelung eines Stromwandlers ist unter allen Umständen zu vermeiden, da hierbei das Transformatoreisen übermäßig erhitzt und magnetisch ungünstig beeinflußt werden würde. Auch würde die dabei an den Sekundärklemmen auftretende hohe Spannung für den Beobachter gefährlich sein.

Das Umschalten des Stromwandlers auf einen anderen Meßbereich darf niemals unter Strom erfolgen, da hierdurch der Primärstrom unterbrochen würde. Der Stromwandler muß vielmehr vor der Umschaltung stets strom- und spannungslos gemacht werden. Dies geschieht zweckmäßig ebenfalls durch einen Stromabschalter mit selbsttätiger Kurzschluß-Vorrichtung, der in diesem Falle natürlich für die Primärspannung bemessen sein muß (vgl. Seite 155).

---

3. Präzisions-Spannungswandler.

a) Mechanischer Aufbau.

Auch bei den Präzisions-Spannungswandlern sind die Eisenkerne zur Erzielung möglichst guter elektrischer Eigenschaften vollkommen stoßfugenfrei ausgeführt. Die Sekundärwickelung für 100 Volt liegt innen, während die für Hochspannung bestimmte, oft mehrfach unterteilte Primärwickelung darüber liegt. Die Spannungswandler für ein und zwei Meßbereiche sind in runde Gehäuse, ähnlich denen der Schalttafel-Spannungswandler, eingebaut, während die für eine größere Anzahl Meßbereiche bestimmten umschaltbaren Spannungswandler viereckige Gehäuse mit Marmordeckplatte erhalten.

b) Innere Schaltung der Spannungswandler mit mehreren Meßbereichen.

Bei den **Typen Mtr 222p und 222ap** erfolgt die Umschaltung auf einen zweiten Meßbereich meistens nur auf der **Sekundärseite.** Die Sekundärwickelung ist hierbei in zwei elektrisch gleichwertige Spulengruppen zerlegt, die entweder parallel oder in Reihe geschaltet werden. Man erhält auf diese Weise zwei Spannungsmeßbereiche, die sich wie 2 : 1 verhalten (vgl. das Schaltbild auf Seite 138).

Bei den **Typen Mtr 40** erfolgt die Umschaltung im wesentlichen auf der **Primärseite.** Die Primärwickelung ist daher in mehrere elektrisch gleichwertige Wickelungsgruppen zerlegt, die bei der Umschaltung in Reihen-, Gruppen- oder Parallelschaltung verbunden werden (vgl. Seite 137). Die hierzu erforderlichen Umschaltungen werden durch kleine Schalthebel ausgeführt, die auf der Marmorplatte des Spannungswandlers angeordnet sind. Die Umschaltvorrichtung ist derartig gebaut, daß auch bei unrichtiger Stellung der Kontakthebel ein Kurzschluß einzelner Spulengruppen nicht vorkommen kann. Zur feineren Unterteilung der Meßbereiche sind meistens noch Abzweigungen der Sekundärwickelung vorgesehen.

Die Umschaltung der Meßbereiche darf, auch bei sekundärer Umschaltung, keinesfalls unter Spannung erfolgen, da jedes Hantieren am Spannungswandler wegen der Nähe der unter Hochspannung stehenden Teile lebensgefährlich ist.

Äußere Ansicht eines Präzisions-Spannungswandlers, Type Mtr 40, mit mehreren Meßbereichen.

Innerer Aufbau des obigen Spannungswandlers.

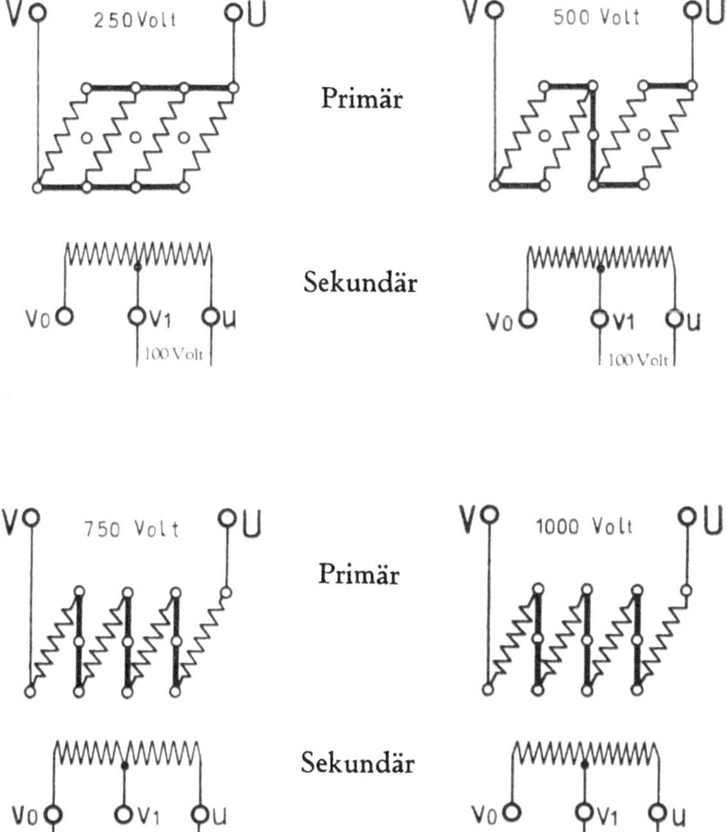

Innenschaltung eines Präzisions-Spannungswandlers Type Mtr 40 c.

Die Umschaltung erfolgt hierbei im wesentlichen auf der Primärseite.

Äußere Ansicht eines Präzisions-Spannungswandlers, Type Mtr 222p, mit einem Meßbereich.

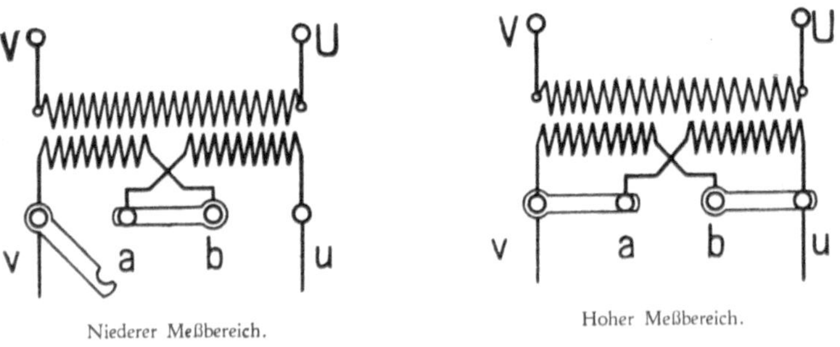

Niederer Meßbereich.

Hoher Meßbereich.

Innenschaltung des obigen Spannungswandlers, jedoch mit zwei durch sekundäre Umschaltung erreichten Meßbereichen.

c) Meßbereiche der Präzisions-Spannungswandler.

Type	Frequenz	Meßbereiche primär Volt	Meßbereiche sekundär Volt	Übersetzung
Mtr 221p	40—60	500	100	5
		1000	100	10
		2000	100	20
		3000	100	30
		4000	100	40
Mtr 222p	25—39	500	100	5
		1000	100	10
		2000	100	20
		3000	100	30
		4000	100	40
		5000	100	50
	40—60	5000	100	50
		6000	100	60
		7500	100	75
		10000	100	100
Mtr 222ap	25—39	6000	100	60
		7500	100	75
	40—60	12000	100	120
		15000	100	150
Mtr 40c	25—60	250; 500; 750; 1000	100	2,5; 5; 7,5; 10
Mtr 40a	25—60	1000; 1500; 2000; 2500; 3000; 4000; 5000; 6000	100	10; 15; 20; 25; 30; 40; 50; 60
Mtr 40	25—60	1000; 1500; 2000; 3000; 4000; 5000; 6000; 8000; 10000; 12000	100	10; 15; 20; 30; 40; 50; 60; 80; 100; 120

Die Meßbereiche können dauernd um 10%, kurzzeitig um 20% überlastet werden.

Die größeren Spannungswandlertypen Mtr 222 p und Mtr 222 ap können noch einen zweiten Meßbereich erhalten, der gleich der Hälfte des normalen Meßbereiches ist (vgl. Seite 138). Die Typen Mtr 40 haben eine größere Anzahl von Meßbereichen erhalten, um in jedem Falle einen möglichst nahe an der Betriebsspannung liegenden Meßbereich und damit einen möglichst großen Zeigerausschlag der angeschlossenen Meßinstrumente zu bekommen.

Bei Benutzung eines Spannungswandlers sind die Angaben der Meßinstrumente mit der Übersetzung des Spannungswandlers zu multiplizieren. Beträgt der Primär-Meßbereich E Volt und der Sekundär-Meßbereich 100 Volt, so wird $\frac{E}{100}$ = Übersetzung des Spannungswandlers.

Eine Korrektion der Übersetzung ist in den meisten Fällen nicht erforderlich (vgl. Seite 142).

d) Isolation.

Die Isolation aller Präzisions-Spannungswandler für Spannungen bis 15000 Volt ist als Masseisolation ausgeführt. An Stelle der früheren Rillenisolatoren werden jetzt entsprechend den neuen Vorschriften glatte Isolatoren benutzt (siehe Abbildung auf Seite 138).

Die Isolationsprüfung zwischen Primär- und Sekundärwickelung sowie zwischen Primärwickelung und Gehäuse erfolgt mit der doppelten Betriebsspannung während der Dauer von 5 Minuten. Die Sekundärwickelung wird gegen Gehäuse 1 Minute lang mit 2000 Volt geprüft.

e) Zulässige Belastung der Spannungswandler.

Die höchste zulässige Energieentnahme der Präzisions-Spannungswandler ist im Verhältnis zum Eigenverbrauch der Meßinstrumente so groß, daß selbst bei gleichzeitigem Anschluß mehrerer Meßinstrumente ein kaum merkbarer Spannungsabfall entsteht. In der Tabelle auf Seite 141 ist für die verschiedenen Typen sowohl die höchste zulässige Energieentnahme als auch die Energieentnahme angegeben, bei der ein Spannungsabfall von 1% eintritt. Da die Spannungsabfall-Kurve geradlinig verläuft, kann man sich aus der Tabelle für jede vorkommende Energieentnahme den Spannungsabfall berechnen. Der Eigenverbrauch der Spannungskreise der verschiedenen Meßinstrumente bei Anschluß an 100 Volt ist in der Tabelle auf Seite 142 angegeben.

Type	Meßbereich	Zulässige Energieentnahme bei 1 % Spannungsabfall und $\cos \varphi = 1$ in Voltampere		Maximal zulässige Energieentnahme in Voltampere		Spannungsabfall in % bei maximaler Energieentnahme $\cos \varphi = 1$		Eigenverbrauch bei Leerlauf in Watt	
		Frequenz		Frequenz		Frequenz		Frequenz	
	Volt	50 ca.	25 ca.	50 ca.	25 ca.	50 ca.	25 ca.	50 ca.	25 ca.
Mtr 221 p	**500 ÷ 4000**	40	—	200	—	5	—	8	4,5
Mtr 222 p	**5000 ÷ 10000**	150	—	300	—	2	—	20	—
	Sek. auf den kleineren Meßbereich umgeschaltet	60	—	150	—	2,5	—	8	—
	500 ÷ 5000	—	45	—	160	—	3,5	—	12
	Sek. auf den kleineren Meßbereich umgeschaltet	—	15	—	80	—	5,3	—	5
Mtr 222 ap	**12000 ÷ 15000**	220	—	500	—	2,3	—	25	—
	Sek. auf den kleineren Meßbereich umgeschaltet	80	—	250	—	3,1	—	10	—
	6000 ÷ 7500	—	75	—	300	—	4	—	14
	Sek. auf den kleineren Meßbereich umgeschaltet	—	25	—	150	—	6	—	6
Mtr 40 c	**250; 500; 1000**	50	50	300	300	6	6	6,3	9,5
	750	40	40	250	250	6	6	4	6
Mtr 40 a	**1000; 2000; 4000**	30	30	130	130	4,3	4,3	4	6
	1250; 2500; 5000	35	35	170	170	5	5	5	7,5
	1500; 3000; 6000	50	50	200	200	4	4	6,5	9,5
Mtr 40	**1000; 2000; 4000; 8000**	55	55	270	270	5	5	7	9,5
	1250; 2500; 5000; 10000	80	80	330	330	4,1	4,1	9	14
	1500; 3000; 6000; 12000	100	100	400	400	4	4	12	18,5
Mtr 40 b	**250; 500**	125	125	500	500	4	4	—	—
	1000; 2000; 4000	30	30	130	130	4,3	4,3	4	6
	1250; 2500; 5000	35	35	170	170	5	5	5	7,5
	1500; 3000; 6000	50	50	200	200	4	4	6,5	9,5

Instrumenttype	Eigenverbrauch in Voltampere Frequenz		Leistungsfaktor Frequenz	
	50	25	50	25
Präz.-Spannungsmesser, Prüffeldtype, mit Meßbereich 130 Volt	4,6	4,6	1	1
Präz.-Leistungsmesser der Prüffeldtype mit Meßbereich 90 Volt	3,3	3,3	1	1
Präz.-Spannungsmesser, Laboratoriumstype, mit Meßbereich 150 Volt	4,6	4,6	1	1
Präz.-Leistungsmesser der Laboratoriumstype mit Meßbereich 120 Volt	2,5	2,5	1	1
Betriebs-Spannungsmesser mit Dreheisen-System, Meßbereich 130 Volt . .	6,3	6,3	1	1
Betriebs-Leistungsmesser mit Eisenschluß-System, Meßbereich 120 Volt .	2,5	2,5	1	1
Zähler W 2	2,5	4,5	0,45	0,54
Zähler W 2 dn; W 10; D 5; D 6 . . .	2	4	0,67	0,60
Zungenfrequenzmesser	2	2	1	1

f) Eigenverbrauch der Spannungswandler.

Der Eigenverbrauch der Präzisions-Spannungswandler besteht in der Hauptsache aus den Eisenverlusten (Leerlaufwatt). Er bleibt daher bei primär umschaltbaren Spannungswandlern für die verschiedenen Meßbereiche konstant. Die Größe des Eigenverbrauches ergibt sich für die verschiedenen Typen aus der Tabelle auf Seite 141. Der Eigenverbrauch ist so gering, daß er in den meisten Fällen vernachlässigt werden kann.

g) Meßfehler der Spannungswandler.

Das **Übersetzungsverhältnis** wird bei einer sekundären Belastung von 10 Voltampere bei $\cos \varphi = 1$ auf mindestens 0,5 % genau abgeglichen. Es bleibt von 100 % bis 20 % des Meßbereiches praktisch konstant. Vorausgesetzt ist hierbei, daß nicht etwa die Meßinstrumente bei halber Spannung auf einen kleineren, halb so großen Meßbereich umgeschaltet werden. Hierdurch würde der Spannungswandler zweimal so stark belastet werden, so daß die durch Vergrößerung des Zeigerausschlages erhöhte Ablesegenauigkeit durch den größeren Spannungsabfall des Spannungswandlers aufgehoben wird.

Die **Phasenverschiebungsfehler** können praktisch vernachlässigt werden, sie betragen im allgemeinen weniger als 10 Minuten.

Eine Abhängigkeit von der **Kurvenform** ist bei Wechselspannungen, die keine Gleichstromkomponente enthalten, praktisch nicht vorhanden. Ebensowenig findet eine Verzerrung der Kurvenform statt, so daß die Kurvenformen des Primärstromes und des Sekundärstromes vollkommen übereinstimmen.

Innerhalb der auf den Spannungswandlern angegebenen Grenzen sind die Angaben von der Frequenz unabhängig.

h) Klemmenbezeichnungen.

Die Klemmenbezeichnung der Präzisions-Spannungswandler ist nach den Vorschriften des Verbandes Deutscher Elektrotechniker ausgeführt. Demgemäß sind die Primärklemmen mit ***V*** und ***U***, die Sekundärklemmen mit ***v*** und ***u*** bezeichnet. Durch diese Bezeichnungen ist gleichzeitig der gegenseitige Richtungssinn der Primärspannung und der Sekundärspannung in der Weise festgelegt, daß eine primäre Momentanspannung in der Richtung ***VU*** eine sekundäre Momentanspannung in der gleichen Richtung ***v u*** erzeugt. Es ist demgemäß im Spannungswandler eine Vertauschung der sekundären Wickelungsenden vorgenommen, da sonst die Spannungen in entgegengesetztem Sinne wirken müßten. Durch diese Vertauschung ergibt sich für alle Schaltbilder die wesentliche Vereinfachung, daß die für Leistungsmesser geltenden Stromrichtungsregeln durch das Zwischenschalten eines Spannungswandlers nicht geändert werden. Um eine möglichst übersichtliche Schaltung zu erzielen, sind bei den Präzisions-Spannungswandlern die Klemmen ***V*** und ***v*** links und die Klemmen ***U*** und ***u*** rechts angeordnet worden, so daß die zu erdende Sekundärklemme ***v*** des Präzisions-Spannungswandlers ebenso wie die entsprechende Sekundärklemme l_1 des Präzisions-Stromwandlers auf der linken Seite liegt. Werden bei Drehstrom-Messungen zwei Einphasen-Spannungswandler in *V*-Schaltung benutzt, so werden sie auf der Hochspannungsseite so angeschlossen, daß die beiden Klemmen ***V*** miteinander verbunden und über eine Sicherung an die gemeinsame Spannungsphase angelegt werden. Die entsprechenden Sekundärklemmen ***v*** sind hierbei durch die gemeinsame Erdungsleitung miteinander zu verbinden.

i) Besondere Betriebsvorschriften.

Es wird nachdrücklich empfohlen, die Spannungswandler entsprechend der Schaltregel 4 auf Seite 120 sowohl auf der Hochspannungsseite als auch auf der Niederspannungsseite zu sichern.

Die **Hochspannungs-Sicherungen auf der Primärseite** dienen dazu, die Anlage gegen Beschädigungen durch etwa auftretende Kurzschlüsse zu sichern. Um dies zu erreichen, muß die Sicherung auf der Primärseite für Wechselstrom zweipolig, für Drehstrom (ohne Unterschied der Schaltung) dreipolig ausgeführt werden. Die hierzu verwendeten Hochspannungs-Sicherungen für 2 Ampere Nennstrom schmelzen im allgemeinen bei einer Stromstärke von 4 Ampere ab. Aus dieser Abschmelzstromstärke ergibt sich, daß der Spannungswandler selbst durch diese Sicherungen vor Beschädigungen durch Überlastung nicht unbedingt geschützt werden kann. Die Wahl schwächerer Sicherungen ist aber nicht empfehlenswert, da diese infolge des Einschalte-Stromstoßes beim Einschalten zu leicht durchschmelzen würden. Die normalen 2-Ampere-Sicherungen werden indessen durch den Einschalte-Stromstoß nur in seltenen Fällen zum Abschmelzen gebracht und geben bei Kurzschlüssen immerhin noch einen gewissen Schutz für den Spannungswandler ab.

Die **Niederspannungs-Sicherungen auf der Sekundärseite** dienen zum Schutze des Spannungswandlers gegen Überlastung infolge falscher Schaltung, falscher Erdung oder Schluß in den Leitungen. **Zu sichern sind alle Sekundärleitungen, die nicht geerdet werden.** In den allermeisten Fällen genügt die Verwendung der 2-Ampere-Sicherung. Kommen höhere Belastungen als 200 Voltampere in Frage, so richtet sich die Wahl der Sicherung nach der auf Seite 141 für die einzelnen Typen angegebenen, höchsten zulässigen Energieentnahme; die Sicherungspatrone ist dann für den nächst höheren Normalstrom zu bemessen.

Beim **Inbetriebsetzen** ist zu beachten, daß die Spannungswandler entsprechend der Schaltregel 3 auf Seite 120 sekundär nur über einen hohen Widerstand geschlossen werden dürfen; sie können aber ebensogut offen bleiben.

II. Teil.

Meßschaltungen.

A. Allgemeines über Wechselstrom=Leistungsmessungen.

Die Leistung eines Wechselstromsystems kann direkt oder indirekt gemessen werden. Bei der direkten Messung liegen die Meßinstrumente direkt im Stromkreise bzw. an der zu messenden Spannung, während bei der indirekten Messung nur die Sekundärströme bzw. =spannungen eingeschalteter Meßwandler für die Messung verwendet werden. Beide Methoden können auch vereinigt werden, indem man entweder den Strom indirekt und die Spannung direkt oder den Strom direkt und die Spannung indirekt mißt.

a) Direkte Leistungsmessungen.

Für direkte Leistungsmessungen sind in erster Linie die dynamo=metrischen Präzisions=Instrumente der **Laboratoriumstype** bestimmt, die auf Seite 19 näher beschrieben sind. Mit dieser Instrumenttype können Messungen bei Stromstärken bis zu 400 Ampere ausgeführt werden. Für die Spannung gibt es praktisch keine obere Grenze, da sämtliche Instrumente dieser Type mit Hochspannungsausrüstung ver=sehen sind, wodurch die bei höheren Spannungen auftretenden Störungen durch elektrische Ladungserscheinungen vermieden werden. Die normalen Ausführungen sehen Widerstände für Spannungen bis zu 6000 Volt vor. Darüber hinaus wird man schon wegen der Ge=fahren bei der direkten Hochspannungsmessung kaum gehen, wenn nicht besondere Gründe, wie z. B. das Auftreten von erheblichen

Gleichstromkomponenten in der Strom- oder in der Spannungskurve (bei Messungen an Lichtbogenöfen), die Verwendung von Meßwandlern nicht ratsam erscheinen lassen.

b) Indirekte Leistungsmessungen.

Für indirekte Leistungsmessungen benutzt man die dynamometrischen Präzisions-Instrumente der **Prüffeldtype,** die auf Seite 51 beschrieben sind. Entsprechend den Sekundärmeßbereichen der Präzisions-Strom- und -Spannungswandler erhalten die Instrumente der Prüffeldtype nur einen Strommeßbereich von 5 Ampere und einen Spannungsmeßbereich von 100 bzw. 130 Volt. Die Möglichkeit, mit einem Instrument sowohl bei der Kontrolle als auch bei der Messung alle Meßbereiche beherrschen zu können, bedeutet einen wesentlichen Vorzug. Bei ambulanten Messungen ergibt sich hierdurch ferner eine erhebliche Verringerung der Transportkosten, da nur ein Satz Instrumente mitgeführt zu werden braucht. Da bei der indirekten Messung alle abzulesenden Instrumente nur Niederspannung führen und außerdem noch geerdet werden, sind alle Gefahren, Unbequemlichkeiten und meßtechnischen Schwierigkeiten der direkten Hochspannungsmessungen vermieden. Man sollte daher für Hochspannungsmessungen, wenn irgend möglich, stets Strom- und Spannungswandler verwenden.

c) Halbindirekte Leistungsmessungen.

Für mittlere Spannungen — bis etwa 600 Volt — ist es oft vorteilhaft, den **Strom indirekt** und die **Spannung direkt** zu messen. Die Stromwandler dienen dann nur als **Meßbereichwähler** und ermöglichen es, die Instrumente der Prüffeldtype für alle Strommeßbereiche in ähnlicher Weise zu benutzen, wie dies bei Gleichstrom durch Verwendung eines Instruments mit einer Reihe von äußeren Nebenschlüssen geschieht. Die Spannungen werden bei dieser Schaltung unter Benutzung äußerer Vorschaltwiderstände direkt gemessen. Um Potentialdifferenzen zwischen der Strom- und der Spannungsspule des Leistungsmessers zu vermeiden, ist es bei einer derartigen Schaltung stets erforderlich, die Primär- und die Sekundärwickelung des Stromwandlers kurz zu verbinden. Hierdurch erhalten die Instrumente das Potential der Primärleitung; es sind daher die gleichen Vorsichtsmaßregeln zu beachten wie bei der direkten Messung.

Die **direkte Messung des Stromes** und die **indirekte Messung der Spannung** kommen für normale Messungen kaum in Betracht. Bei Hochspannung würde eine derartige Schaltung zwar den Vorteil bieten, daß der Energieverbrauch der Spannungskreise wesentlich herabgedrückt wird. Um Potentialdifferenzen in den Meßinstrumenten zu vermeiden, müßte man jedoch die Primär- und Sekundärwickelung des Spannungswandlers kurz verbinden, so daß die Sekundärwickelung und die Meßinstrumente das Potential der Hochspannungsleitung bekämen. Der Spannungswandler und sämtliche angeschlossenen Instrumente müßten daher für die volle Betriebsspannung isoliert aufgestellt werden. Wegen der Gefahren, die eine direkte Hochspannungsmessung stets für den Beobachter birgt, wird man eine solche Schaltung nach Möglichkeit vermeiden und dafür die indirekte Strommessung anwenden. Bei der heutigen Vollkommenheit der Präzisions-Stromwandler liegt kein Grund vor, von der indirekten Strommessung abzusehen, wenn es sich nicht um Leistungen mit ungewöhnlich kleinem Leistungsfaktor handelt.

Bei der Ausführung der im folgenden angegebenen Schaltbilder ist in erster Linie auf möglichst gute Übersichtlichkeit der Schaltung Rücksicht genommen. Dies ist bei den Schaltungen für ambulante Messungen, die für jede Messung besonders aufgebaut werden müssen, von größter Wichtigkeit, besonders dann, wenn die auftretenden Meßfehler berücksichtigt werden sollen. Daher sind in einigen Fällen der Übersichtlichkeit wegen einige Leitungen mehr gezogen worden, als unbedingt erforderlich sind; jedoch ist hierdurch in keinem Fall ein Meßfehler bedingt. Besonders ist dies bei den Schaltungen für indirekte Messungen nach der Zwei- und Drei-Leistungsmesser-Methode der Fall, bei denen sich einesteils die geerdeten Leitungen zwischen Stromwandlern und Meßinstrumenten, andernteils die geerdeten Leitungen zwischen Spannungswandlern und Meßinstrumenten in je eine Leitung zusammenziehen lassen. Dies mag wohl bei ortsfesten Schaltanlagen, wo es auf Materialersparnis ankommt, zweckmäßig sein, bei den Schaltungen für ambulante Messungen kann jedoch die Ersparnis einiger Leitungen nicht ins Gewicht fallen, weil sie auf Kosten der Übersichtlichkeit der Schaltung erfolgt.

B. Schalter für Leistungsmessungen.

a) Stromumschalter.

Die Stromumschalter dienen dazu, die Strommeßgeräte ohne Stromunterbrechung aus einer Leitung herauszunehmen und in eine andere einzuschalten. Um dies zu ermöglichen, erhalten diese Schalter eine selbsttätige Kurzschlußvorrichtung, durch die die Schalterkontakte beim Herausnehmen der Schaltmesser kurzgeschlossen und beim Einlegen der Schaltmesser getrennt werden. Die Kurzschlußvorrichtung besteht aus einem segmentförmigen Schaltstück, das durch einen Mitnehmerstift des Schaltmessers betätigt wird. Da die für dieses Schaltstück vorgesehenen Hilfskontakte die gleichen Abmessungen haben wie die Schalterkontakte, kann die Kurzschlußvorrichtung dauernd den vollen Nennstrom des Schalters tragen.

Im Schaltbild *a* auf Seite 153 ist die normale Verwendung des Stromumschalters dargestellt. Das Meßgerät kann bei dieser Schaltung wahlweise in die obere oder untere Leitung eingeschaltet werden, ohne daß der Strom in diesen Leitungen unterbrochen wird. Die Mittelstellung des Schalters kann bei den Niederspannungsschaltern zum Abschalten des Meßgerätes benutzt werden. Das Schaltbild *b* zeigt die Verwendung des Umschalters als Stromwender. Die Wendung des Instrumentstromes geschieht auch hier ohne Unterbrechung des Hauptstromes. In der Mittelstellung ist das Meßgerät vollständig abgetrennt, also strom- und spannungslos. In Schaltbild *c* endlich dient der Umschalter als Meßbereichwähler. Hierbei können zwei Meßgeräte mit verschiedenen Meßbereichen wahlweise eingeschaltet oder kurzgeschlossen werden.

Die Ausführung der Schalter geht aus den umstehenden Abbildungen hervor. Die Schalter werden für Niederspannung und für Hochspannung ausgeführt. Die Niederspannungsausführung kann für Spannungen bis 750 Volt benutzt werden. Die Hochspannungs-Umschalter für Spannungen bis 15 000 Volt werden durch einen besonders geerdeten Bedienungshebel gefahrlos in Tätigkeit gesetzt. Um hierbei den Schaltweg des Hebels zu verkürzen, haben diese Schalter zwei im rechten Winkel zueinander stehende Schaltmesser erhalten. Außer der normalen Niederspannungsausführung wird noch ein dreipoliger

Niederspannungs-Stromumschalter
für Spannungen bis 750 Volt.

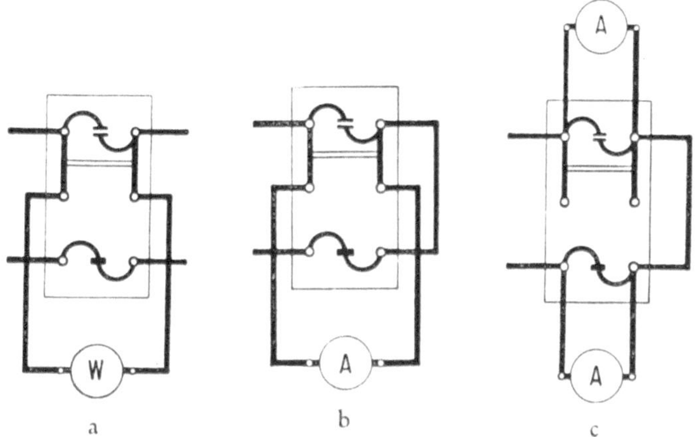

Schaltungen für Stromumschalter.

a) Verwendung als Stromumschalter; b) Verwendung als Stromwender; c) Verwendung als Meßbereichumschalter.

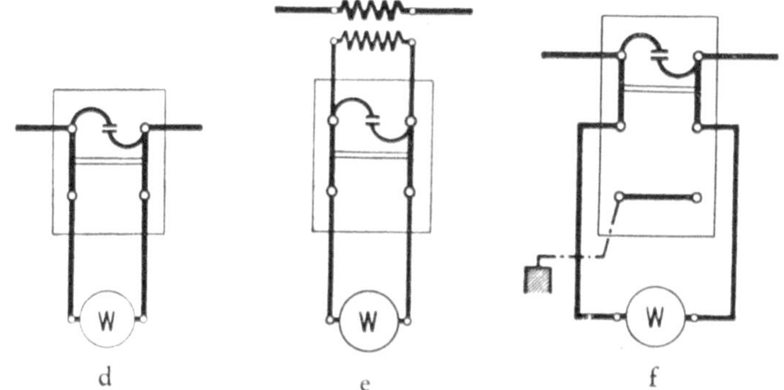

Schaltungen für Stromabschalter.

d) Abschalter für direkte Messungen; e) Abschalter auf der Sekundär-seite von Stromwandlern; f) Erdungsabschalter.

Hochspannungs-Stromumschalter
für Spannungen bis 15000 Volt.

Stromumschalter hergestellt. Der dritte Pol dieses Schalters dient zur gleichzeitigen Umschaltung einer Spannungsmeßleitung auf einen anderen Netzpol. Die zuletzt genannte Umschaltung findet naturgemäß mit Stromunterbrechung statt.

b) Stromabschalter.

Die Stromabschalter dienen dazu, die Strommeßgeräte ohne Stromunterbrechung aus einer Leitung herauszunehmen oder sie in dieselbe Leitung einzuschalten. Zu diesem Zweck erhalten die Abschalter eine selbsttätige Kurzschlußvorrichtung, durch die die Schalterkontakte beim Herausnehmen der Schaltmesser kurzgeschlossen und beim Einlegen der Schaltmesser getrennt werden. Die Kurzschlußvorrichtung ist in gleicher Weise ausgebildet wie die im vorhergehenden Abschnitt beschriebene Kurzschlußvorrichtung der Stromumschalter.

Im Schaltbild *d* auf Seite 153 ist die normale Verwendung des Abschalters für direkte Messungen dargestellt. Hierbei kann der Abschalter dazu benutzt werden, die Meßgeräte während längerer Meßpausen ohne Störung des Betriebes stromlos zu machen, man kann aber die Abschalter auch dazu verwenden, die stromlos gemachten Meßgeräte ohne Betriebsunterbrechung gefahrlos auf einen anderen Meßbereich umzuschalten. Mit Spannungswickelungen versehene Instrumente wie Leistungsmesser und Leistungsfaktormesser müssen allerdings hierbei auch spannungslos gemacht werden, d. h. es müssen die vom anderen Netzpol kommenden Spannungsleitungen abgetrennt werden. Dies geschieht entweder durch Herausnehmen der Sicherungen oder durch Verwendung der im nachstehenden Abschnitt beschriebenen Spannungsabschalter. Besonders wichtig ist die im Schaltbild *e* dargestellte Verwendung des Abschalters auf der Sekundärseite von Stromwandlern, da hier ein unbeabsichtigtes Öffnen des Sekundärkreises eine Beschädigung des Stromwandlers zur Folge haben würde. Das Schaltbild *f* endlich zeigt die Verwendung des Abschalters bei Hochspannung. Um auch hier die Gefahr beim Berühren der abgeschalteten Meßgeräte zu beseitigen, wird zweckmäßig ein Erdungsabschalter benutzt, der die abgetrennten Meßgeräte selbsttätig an Erde legt. Natürlich müssen etwaige Spannungsleitungen der Meßgeräte vor dem Betätigen des

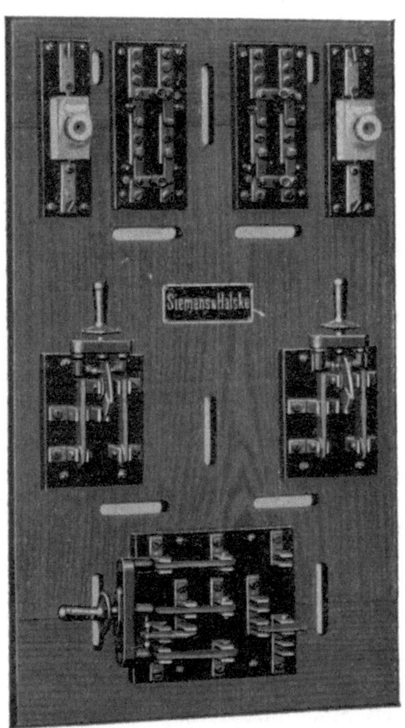

Universal-Schalttafel für Leistungsmessungen.

Auf der Schalttafel sind sämtliche für die Sekundärseite von Meßwandlern erforderlichen Schalter und Sicherungen angebracht. Die Leitungsverbindungen werden von Fall zu Fall entsprechend der gewählten Schaltung hergestellt. Die Leitungen werden hierbei durch die Schlitze nach hinten durchgeführt, so daß die Schaltfläche frei bleibt.

Erdungsabschalters durch Herausnehmen der Hochspannungssiche= rungen vom Netz abgetrennt sein. Die Ausführung der Stromabschalter ist im wesentlichen die gleiche wie bei den im vorhergehenden Abschnitt beschriebenen Stromumschaltern.

c) Spannungsabschalter.

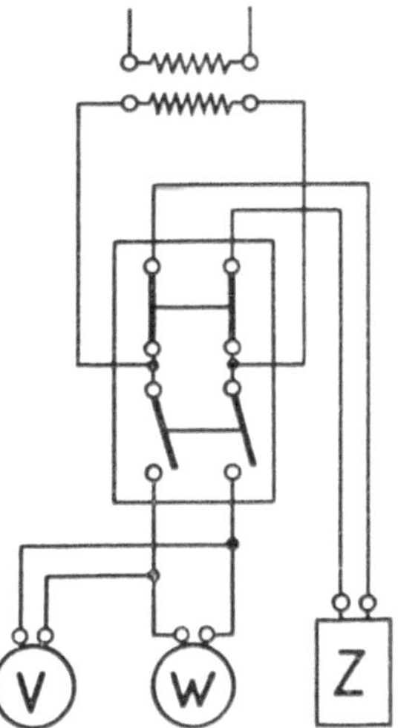

Die Spannungsabschalter dienen dazu, die Spannungsmeßgeräte wahlweise von der Netzspannung bzw. von der Sekundärseite der Spannungswandler abzuschalten. Die Sekundärwickelung des Spannungs= wandlers bleibt bei abgeschalteten Instrumenten naturgemäß offen.

Die Verwendung dieser Schalter ergibt sich ohne weiteres aus dem obenstehenden Schaltbild. Als besonders zweckmäßig erweist sich dieser Schalter für Dauerversuche, bei denen Zähler bzw. aufzeichnende In= strumente in Verbindung mit Präzisions=Instrumenten benutzt werden. Die Präzisions=Instrumente werden dann nur zur Kontrolle bzw. Eichung der anderen Instrumente zeitweilig eingeschaltet, während jene dauernd angeschlossen bleiben.

d) Spannungswender.

Zum Umkehren des Spannungsstromes werden zweckmäßig nur die in die Leistungsmesser eingebauten Spannungswender benutzt. Die Spannungswendung erfolgt hierbei ohne Unterbrechung des Spannungskreises. Hieraus ergibt sich der Vorteil, daß gefährliche Potentialdifferenzen zwischen der Stromspule und der Spannungsspule des Leistungsmessers, die bei den mit Stromunterbrechung arbeitenden Spannungswendern im Augenblick des Abschaltens durch ungleichzeitiges Öffnen der Schalterkontakte entstehen können, in jedem Falle vermieden werden. Aus dem gleichen Grunde kann der eingebaute Spannungswender ohne weiteres auch für Hochspannung benutzt werden, sofern die Bedienung des Schalterknebels durch einen besonderen, für die volle Spannung isolierten Handgriff erfolgt. Ein weiterer wesentlicher Vorteil des eingebauten Spannungswenders ist darin zu sehen, daß durch ihn die äußere Schaltung nach Möglichkeit vereinfacht wird.

C. Einphasenstrom-Leistungsmessungen.

1. Direkte Messungen.

a) Leistungsformel und Schaltungen.

Bei der direkten Messung ergibt sich die Leistung eines Einphasen-Systems unmittelbar aus den Angaben des Leistungsmessers (vgl. Seite 38 u. 78). Die gemessene **Leistung** beträgt demnach:

$$\boldsymbol{P = C \cdot c \cdot \alpha} \qquad \text{Watt.}$$

Zur Bestimmung des Leistungsfaktors ist außer der Leistungsmessung noch die Messung des Stromes und der Spannung erforderlich. Ist I der gemessene Strom und E die gemessene Spannung, so ist der **Leistungsfaktor**

$$\cos\varphi = \frac{P}{E \cdot I}$$

Da der Leistungsfaktor in den meisten Fällen bestimmt werden muß, wird man in einer vollständigen Meßschaltung stets auch Strom- und Spannungsmesser vorsehen. Es ergeben sich dann unter Beachtung der auf Seite 35 und 76 angegebenen Schaltregeln die beiden **Normalschaltungen** auf Seite 160. Bei diesen sind die Schaltregeln in folgender Weise berücksichtigt:

Bei beiden Schaltungen sind die Vorschaltwiderstände an diejenige Spannungsklemme angeschlossen, die nicht mit der Stromspule verbunden ist. Infolgedessen beträgt die Spannung zwischen der festen Stromspule und der beweglichen Spannungsspule des Leistungsmessers höchstens 30 Volt (entsprechend der 1000-Ohm-Klemme des Leistungsmessers). Die Schaltregel 1 ist also erfüllt. Entsprechend der Schaltregel 2 tritt der vom links liegenden Stromerzeuger kommende Strom in zwei benachbarte Strom- und Spannungsklemmen des Leistungsmessers (z. B. die beiden linken Klemmen) ein, so daß der Zeigerausschlag im richtigen Sinne erfolgen muß. Die vom anderen Leitungspol in die Meßschaltung führende Spannungsleitung ist nach Schaltregel 3 gesichert.

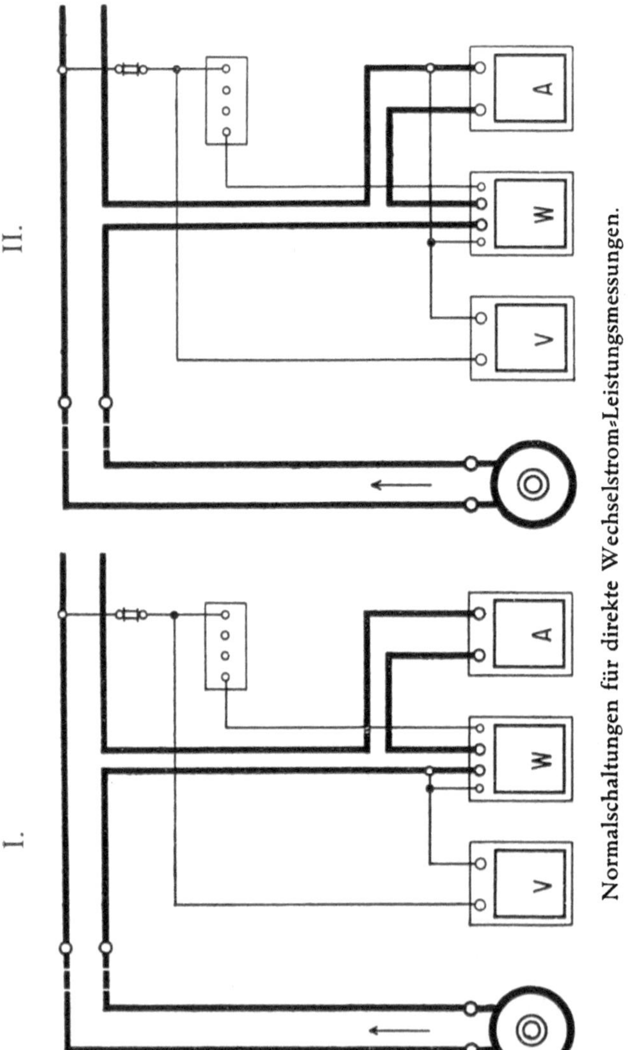

Normalschaltungen für direkte Wechselstrom-Leistungsmessungen.

b) Eigenverbrauch der Meßschaltung.

Die beiden nebenstehenden Normalschaltungen unterscheiden sich nur durch den Anschluß der Spannungsleitungen, die einmal vor den Strommeßgeräten, also auf der Stromerzeugerseite der Schaltung, und das andere Mal hinter den Strommeßgeräten, also auf der Stromverbraucherseite angeschlossen sind. Die bei beiden Schaltungen gemessenen Spannungen unterscheiden sich daher um den Spannungsabfall in den Strom-Meßinstrumenten. Die gemessenen Ströme sind bei beiden Schaltungen ebenfalls verschieden, da der von den Spannungs-Meßgeräten verbrauchte Strom bei Schaltung I nicht durch die Stromspule des Leistungsmessers fließt, während er bei Schaltung II mitgemessen wird. Hierbei ergeben sich bei den Messungen folgende Unterschiede:

Bei der **Untersuchung eines Stromerzeugers** wird bei **Schaltung I** zwar die richtige Spannung gemessen, aber der gemessene Strom ist zu klein, da der Stromverbrauch der Spannungs-Meßgeräte nicht mitgemessen wird. Die gemessene Leistung ist also um den Eigenverbrauch des Spannungskreises des Leistungsmessers und den Eigenverbrauch des Spannungsmessers zu klein. Bei **Schaltung II** wird zwar der gesamte vom Stromerzeuger kommende Strom gemessen, dafür ist aber die gemessene Spannung um den Spannungsabfall in den Strom-Meßgeräten zu klein. Infolgedessen ist auch die gemessene Leistung um den Eigenverbrauch der Stromspule des Leistungsmessers und den Eigenverbrauch des Strommessers zu klein.

Bei der **Untersuchung eines Stromverbrauchers** wird bei **Schaltung I** der gesamte vom Stromverbraucher aufgenommene Strom gemessen. Die gemessene Spannung ist aber um den Spannungsabfall in den Strom-Meßgeräten zu hoch. Die vom Leistungsmesser angezeigte Leistung ist also um den Eigenverbrauch der Stromspule des Leistungsmessers und den des Strommessers zu hoch. Bei **Schaltung II** wird zwar die richtige Klemmenspannung am Stromverbraucher gemessen, dafür ist aber der gemessene Strom um den Stromverbrauch der Spannungs-Meßgeräte zu hoch. Die gemessene Leistung ist daher um den Eigenverbrauch des Spannungskreises des Leistungsmessers und den Eigenverbrauch des Spannungsmessers zu hoch.

Um die **Wahl der zweckmäßigsten Schaltung** zu erleichtern, sind die Korrektionsglieder für beide Schaltungen umstehend tabellarisch zusammengestellt.

Es soll gemessen werden die Leistung des	Schaltung	Die **wirkliche Leistung** ergibt sich aus gemessener Leistung	Bei höheren Spannungen treten die kleinsten Fehler auf bei Schaltung*)
Stromerzeugers	I	+ {Eigenverbrauch des Spannungsmessers und des Spannungskreises des Leistungsmessers}	II
	II	+ {Eigenverbrauch des Strommessers und der Stromspule des Leistungsmessers}	
Stromverbrauchers	I	− {Eigenverbrauch des Strommessers und der Stromspule des Leistungsmessers}	I
	II	− {Eigenverbrauch des Spannungsmessers und des Spannungskreises des Leistungsmessers}	

Für die meisten praktischen Fälle kann man auf eine Korrektion des gemessenen Wertes verzichten, wenn man die Schaltung wählt, die die kleinsten Fehler ergibt. Sollen für besonders genaue Messungen namentlich kleinerer Leistungen die Fehler berücksichtigt werden, so sind die Schaltungen vorzuziehen, bei denen der Energieverbrauch des Spannungskreises des Leistungsmessers und des Spannungsmessers als Korrektionsglieder auftreten. Dies ergibt auf der einen Seite den Vorteil, daß sich die Korrektionsglieder aus den bekannten Widerständen nach der Beziehung $E^2 : R$ leicht berechnen lassen, andererseits aber ist das Korrektionsglied für eine ganze Messungsreihe mit konstanter Spannung konstant.

c) Rechnungsbeispiel.

Es soll die von einem Wechselstrommotor aufgenommene Leistung bestimmt werden. Die Netzspannung beträgt 500 Volt. Nach vorheriger Schätzung ergab sich ein Höchststrom von 50 Ampere, es wurden daher Instrumente der Laboratoriumstype, und zwar ein Leistungsmesser für 50 Ampere mit 1000-Ohm-Klemme und 150-teiliger Skala nebst äußerem

*) Wird zur Strommessung ein dynamometrischer Strommesser benutzt, so ist dieser während der Leistungsmessung mittels des Stöpsels kurzzuschließen.

Vorschaltwiderstand für 600 Volt, ein Strommesser für 50 Ampere und ein Spannungsmesser für 600 Volt gewählt. Wie groß ist die Leistung, wenn der Leistungsmesser einen Ausschlag von 90 Skalenteilen ergibt?

Instrument-Konstante des Leistungsmessers (vgl. Seite 34): $c = \frac{50 \cdot 30}{150} = 10$

Widerstands-Konstante (vgl. Seite 37): $C = \frac{600}{30} = 20$

Die Leistung beträgt also:

$$P = C \cdot c \cdot \alpha = 20 \cdot 10 \cdot 90 = 18000 \text{ Watt.}$$

Während der Messung zeigte der Spannungsmesser eine Spannung von 500 Volt, der Strommesser einen Strom von 42,5 Ampere. Der Leistungsfaktor des Motors ergibt sich hieraus zu

$$\cos \varphi = \frac{P}{E \cdot I} = \frac{18000}{500 \cdot 42,5} = 0,85$$

Die durch den Eigenverbrauch der Instrumente bei der Leistungsmessung nach **Schaltung I** verursachten Fehler betragen:

Eigenverbrauch der Stromspule des Leistungsmessers (bei vollem Strome etwa 4 Watt; vgl. Seite 35): $4 \cdot \frac{42,5^2}{50^2} = 2,9$ Watt

Eigenverbrauch des Strommessers (bei vollem Strome etwa 50 Watt; vgl. S. 49): $50 \cdot \frac{42,5^2}{50^2} = 36$ Watt

Da der Eigenverbrauch des elektrodynamischen Strommessers verhältnismäßig hoch ist, wird man den Strommesser während der Ablesung des Leistungsmessers durch den Kurzschlußstöpsel kurzschließen. Es ist daher als Fehler nur der Eigenverbrauch der Stromspule des Leistungsmessers, also 2,9 Watt, zu berücksichtigen. Der hierdurch verursachte Fehler beträgt nur 0,016 % der gemessenen Leistung und kann vernachlässigt werden.

Bei Anwendung der **Schaltung II** würden sich folgende Fehler ergeben:

Eigenverbrauch des Leistungsmesser-Spannungskreises (Widerstand $C \cdot 1000$ Ohm; vgl. S. 37): $\frac{E^2}{R} = \frac{500^2}{20 \cdot 1000} = 12,5$ Watt

Eigenverbrauch des Spannungsmessers (Widerstand etwa 20000 Ohm; vgl. Seite 43): $\frac{E^2}{R} = \frac{500^2}{20000} = 12,5$ Watt

Summe 25 Watt

Der Leistungsmesser würde also bei Schaltung II um 25 Watt zuviel anzeigen, was einem Fehler von 0,14 % entspricht. Der Fehler ist demnach größer als bei Schaltung I.

2. Indirekte Messungen.

a) Leistungsformel und Schaltungen.

Bei der indirekten Leistungsmessung mit Strom- und Spannungswandlern sind die Angaben des Leistungsmessers (vgl. Seite 61 und 77) noch mit den Übersetzungen der Meßwandler zu multiplizieren (vgl. Seite 128 und 140). Die **gemessene Leistung** beträgt demnach:

$$P = \frac{I}{5} \cdot \frac{E}{100} \cdot c \cdot \alpha \qquad \text{Watt.}$$

Der **Leistungsfaktor** ergibt sich aus dem gemessenen Strome I und der gemessenen Spannung E

$$\cos \varphi = \frac{P}{E \cdot I}$$

Bei besonders genauen Messungen müssen noch die Übersetzungs- und Phasenverschiebungsfehler des Stromwandlers berücksichtigt werden, die in den Korrektionskurven der Stromwandler angegeben sind (vgl. Seite 132). Man bestimmt zu diesem Zweck den Leistungsfaktor $\cos \varphi$ und entnimmt aus der diesem Leistungsfaktor entsprechenden Korrektionskurve den Korrektionsfaktor f für die vorliegende Strombelastung des Stromwandlers. Die **korrigierte Leistung** beträgt dann:

$$P = \frac{I}{5} \cdot \frac{E}{100} \cdot c \cdot \alpha \cdot f \qquad \text{Watt.}$$

Eine Korrektion der Angaben des Spannungswandlers ist nicht erforderlich, weil die durch ihn verursachten Fehler verschwindend klein sind.

Unter Berücksichtigung der Schaltregeln für Instrumente und Meßwandler ergeben sich für indirekte Messungen die **Normalschaltungen** auf Seite 165. Die Schaltregeln für Meßwandler (vgl. Seite 119) sind hierbei in der folgenden Weise berücksichtigt:

Nach Schaltregel 5 sind die Sekundärwickelungen der Strom- und Spannungswandler geerdet. An diese Erdleitung sind noch die Gehäuse der Meßwandler anzuschließen, die im Schaltbild nicht angedeutet sind. Die Spannungswandler sind nach Schaltregel 4 auf der Primärseite allpolig gesichert, während auf der Sekundärseite nur die nicht geerdete Leitung gesichert ist. Bei der Inbetriebsetzung der Schaltung sind noch die Schaltregeln 1 bis 3 zu beachten. Schaltregel 1 dient der persönlichen

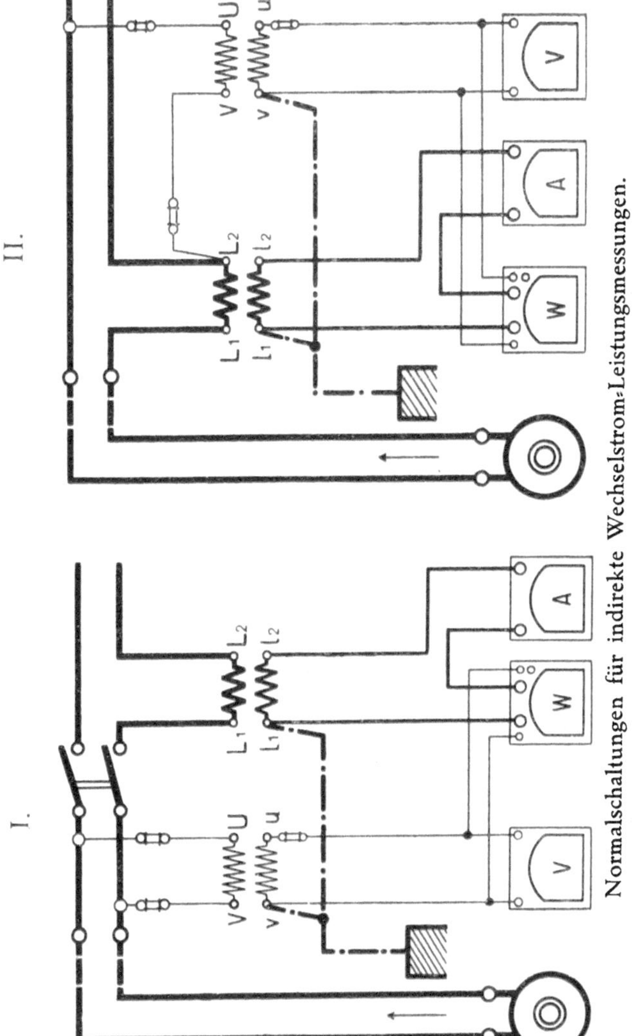

Normalschaltungen für indirekte Wechselstrom-Leistungsmessungen.

Sicherheit des Beobachters, während die Schaltregeln 2 und 3 eine Beschädigung der Meßwandler durch falsche Bedienung verhüten sollen.

b) Eigenverbrauch der Meßschaltung.

Die beiden Schaltungen auf Seite 165 unterscheiden sich nur durch den Anschluß des Spannungswandlers, der einmal vor und das andere Mal hinter dem Stromwandler angeschlossen ist. Die bei beiden Schaltungen gemessenen Spannungen unterscheiden sich daher nur durch den Spannungsabfall, der in dem mit den Strom-Meßinstrumenten belasteten Stromwandler auftritt. Die gemessenen Ströme sind ebenfalls in beiden Schaltungen verschieden, da der Stromverbrauch des mit den Spannungs-Meßinstrumenten belasteten Spannungswandlers nur bei Schaltung II mitgemessen wird. Die sich für die Messungen hieraus ergebenden Unterschiede entsprechen den Angaben auf Seite 161. Zu dem Eigenverbrauch der Spannungs-Meßinstrumente kommt noch der Eigenverbrauch des Spannungswandlers hinzu, der im wesentlichen aus den Eisenverlusten besteht (Leerlaufwatt, vgl. Seite 142). Zu dem Eigenverbrauch der Strom-Meßgeräte ist noch der Eigenverbrauch des Stromwandlers zu addieren, der im wesentlichen aus Kupferverlusten besteht. (Vgl. Seite 129.)

Um die **Wahl der zweckmäßigsten Schaltung** zu erleichtern, sind die Korrektionsglieder für beide Schaltungsmöglichkeiten nachstehend tabellarisch zusammengestellt.

Es soll gemessen werden die Leistung des	Schaltung	Die **wirkliche Leistung** ergibt sich aus gemessener Leistung	Die kleinsten Fehler treten auf bei Schaltung
Stromerzeugers	I	+ {Eigenverbrauch des Spannungswandlers, des Spannungsmessers und des Spannungskreises des Leistungsmessers}	I
	II	+ {Eigenverbrauch des Stromwandlers, des Strommessers und der Stromspule des Leistungsmessers}	
Stromverbrauchers	I	— {Eigenverbrauch des Stromwandlers, des Strommessers und der Stromspule des Leistungsmessers}	II
	II	— {Eigenverbrauch des Spannungswandlers, des Spannungsmessers und des Spannungskreises des Leistungsmessers}	

Für die meisten praktischen Fälle kann man auf eine Korrektion des gemessenen Wertes verzichten, sofern die zu messende Leistung nicht zu klein ist. Bei kleineren Leistungen wird man sich am besten durch eine Überschlagsrechnung ein Bild von der Größe der auftretenden Fehler machen. Ergibt sich hierbei, daß man von einer Korrektion der gemessenen Werte absehen kann, so wird man die Schaltung wählen, die die kleinsten Fehler ergibt. Da der Eigenverbrauch des Stromwandlers im allgemeinen größer ist als der des Spannungswandlers, wird man diejenigen Schaltungen nehmen, bei denen der Eigenverbrauch des Spannungswandlers als Fehlergröße auftritt. Bei der Untersuchung von **Generatoren** ist dies **bei Schaltung I** der Fall. Diese Schaltung hat für Generatoren den weiteren Vorteil, daß man deren Spannung messen kann, bevor der vor den Stromwandlern liegende Hauptschalter eingelegt ist. Bei der Untersuchung von **Motoren** gibt **Schaltung II** die kleineren Fehler. Auch wenn man bei besonders genauen Messungen kleinerer Leistungen die Fehler durch eine Korrektion berücksichtigen will, sind die angegebenen Schaltungen vorzuziehen, da sich die Korrektionsgröße leichter berechnen läßt und bei allen Messungen mit konstanter Spannung die gleiche Größe hat.

c) Rechnungsbeispiel.

Es soll die von einem Wechselstrommotor aufgenommene Leistung bestimmt werden. Die Netzspannung beträgt 6000 Volt, die Frequenz ist gleich 50. Nach vorheriger Schätzung ergibt sich ein Höchststrom von 50 Ampere. Zur Messung werden die Instrumente der Prüffeldtype, und zwar ein Leistungsmesser für 5 Ampere, 90 Volt mit 150-teiliger Skala, ein Strommesser für 5 Ampere mit 100-teiliger Skala und ein Spannungsmesser für 130 Volt benutzt. Diese Instrumente werden an einen Präzisions-Spannungswandler für 6000 : 100 Volt und einen Präzisions-Stromwandler für 50 : 5 Ampere, entsprechend dem Schaltbild auf Seite 165, angeschlossen. Wie groß ist die gemessene Leistung, wenn der Leistungsmesser einen Ausschlag von 130 Skalenteilen gibt?

Instrument-Konstante des Leistungsmessers (vgl. Seite 58): $c = \frac{5 \cdot 90}{150} = 3$

Übersetzung des Stromwandlers (mit 5 Ampere Sekundärstrom): $\frac{I}{5} = \frac{50}{5}$

Übersetzung des Spannungswandlers (mit 100 Volt Sekundärspannung): $\frac{E}{100} = \frac{6000}{100}$

Die Leistung beträgt also:

$$P = \frac{I}{5} \cdot \frac{E}{100} \cdot c \cdot \alpha = \frac{50}{5} \cdot \frac{6000}{100} \cdot 3 \cdot \alpha = 1800 \cdot \alpha \text{ Watt.}$$

Für einen Ausschlag von 130 Skalenteilen beträgt demnach die Leistung

$$P = 1800 \cdot 130 = 234000 \text{ Watt.}$$

Bei der Messung zeigte der Spannungsmesser einen Ausschlag von 99,5 Skalenteilen, die Netzspannung betrug also

$$99{,}5 \cdot \frac{6000}{100} = 5970 \text{ Volt.}$$

Der Strommesser gab an der 100-teiligen Skala (vgl. Seite 66) einen Ausschlag von 88 Skalenteilen, so daß der Strom

$$88 \cdot \frac{50}{100} = 44 \text{ Ampere}$$

betrug.

Der Leistungsfaktor des Motors ergibt sich hieraus

$$\cos\varphi = \frac{P}{E \cdot I} = \frac{234000}{5970 \cdot 44} = 0{,}89$$

Bei **Schaltung II,** die nach dem Vorhergehenden bei dieser Messung am günstigsten ist, ergeben sich durch den Eigenverbrauch der Instrumente und Meßwandler folgende Fehler:

Eigenverbrauch des Spannungswandlers (Leerlaufwatt bei Frequenz 50; vgl. Seite 142): 6,5 Watt

Eigenverbrauch d. Leistungsmesser-Spannungskreises (Widerstand für 90 Volt 3000 Ohm; vgl. Seite 57): $\frac{E^2}{R} = \frac{99{,}5^2}{3000} = 3{,}3$ Watt

Eigenverbrauch des Spannungsmessers (für Meßbereich 130 Volt etwa 2200 Ohm; vgl. Seite 65): $\frac{E^2}{R} = \frac{99{,}5^2}{2200} = 4{,}5$ Watt

Summe 14,3 Watt

Der hierdurch verursachte prozentuale Fehler beträgt

$$\frac{14{,}3 \cdot 100}{234000} = 0{,}006\,\%$$

der gemessenen Leistung und kann vollständig vernachlässigt werden.

Bei **Schaltung I** würden sich folgende Fehler ergeben:

Eigenverbrauch des Stromwandlers (bei Vollast 25 Watt; vgl. Seite 129):	$25 \cdot \frac{44^2}{50^2} = 19{,}4$ Watt
Eigenverbrauch der Stromspule des Leistungsmessers (bei vollem Strome etwa 1,3 Watt; vgl. Seite 59):	$1{,}3 \cdot \frac{44^2}{50^2} = 1{,}0$ „
Eigenverbrauch des Strommessers (bei vollem Strome etwa 6,5 Watt; vgl. Seite 67):	$6{,}5 \cdot \frac{44^2}{50^2} = 5{,}0$ „
	Summe 25,4 Watt

Der Fehler ist also größer als bei Schaltung II, kann aber in diesem Falle ebenfalls vernachlässigt werden.

3. Halbindirekte Messungen.

a) Leistungsformel und Schaltungen.

Bei der halbindirekten Messung mit Stromwandlern als Strom-Meßbereichwählern und Vorschaltwiderständen für den Spannungskreis ergibt sich die **gemessene Leistung** nach den Angaben auf Seite 63 und 128 bzw. 78 und 128

$$\boldsymbol{P} = \frac{\boldsymbol{I}}{5} \cdot \boldsymbol{C} \cdot \boldsymbol{c} \cdot \boldsymbol{\alpha} \qquad \textbf{Watt.}$$

Der **Leistungsfaktor** wird aus dem ebenfalls gemessenen Strome I und der gemessenen Spannung E berechnet

$$\cos\varphi = \frac{P}{E \cdot I}$$

Bei besonders genauen Messungen müssen noch die Übersetzungs- und Phasenverschiebungsfehler der Stromwandler berücksichtigt werden. Dies geschieht in der gleichen Weise, wie auf Seite 132 angegeben worden ist. Die **korrigierte Leistung** beträgt dann

$$P' = \frac{I}{5} \cdot C \cdot c \cdot \alpha \cdot f \qquad \text{Watt.}$$

Für die Ausführung der Messung ergeben sich die **Normalschaltungen** auf Seite 171. Die Schaltregeln für Leistungsmesser sind hierbei in folgender Weise berücksichtigt:

Nach der Meßwandler-Schaltregel 6 auf S. 121 ist die Primärwickelung des Stromwandlers mit der Sekundärwickelung kurz verbunden, so daß schädliche Potentialdifferenzen im Leistungsmesser vermieden sind (vgl. Schaltregel 1 auf Seite 59 bzw. 76). Durch diese Verbindung $L_1 - l_1$ bzw. $L_2 - l_2$ erhalten aber auch die angeschlossenen Meßinstrumente das Potential der zugehörigen Primärleitung; es sind daher die gleichen Vorsichtsmaßregeln zu beachten wie bei der direkten Messung. Da die Klemmen des Stromwandlers stets so bezeichnet sind, daß die Stromrichtung zwischen den Klemmen L_1 und L_2 die gleiche ist wie zwischen den Klemmen l_1 und l_2, wird der Leistungsmesser entsprechend der Schaltregel 2 auf Seite 60 bzw. 76 einen richtigen Ausschlag in die Skala hinein geben. Nach Schaltregel 3 ist endlich die vom anderen Leitungspol in die Meßschaltung führende Spannungsleitung gesichert.

Die **Höhe der zulässigen Spannung** ist für diese Schaltung durch die Stärke der Isolation zwischen der Sekundärwickelung und dem Gehäuse des Stromwandlers gegeben. Bei den Präzisions-Stromwandlern wird die Isolation zwischen Sekundärwickelung und Gehäuse mit 2000 Volt geprüft, so daß betriebsmäßig Spannungsdifferenzen bis zu 1000 Volt zulässig sind. Normalerweise wird die Schaltung für Spannungen bis 600 Volt angewendet. Soll die Schaltung ausnahmsweise (z. B. bei sehr niedrigen Frequenzen, für die die Spannungswandler sehr groß und schwer ausfallen) für höhere Spannungen benutzt werden, so sind die Stromwandler und sämtliche angeschlossenen Meßgeräte für die volle Betriebsspannung isoliert aufzustellen. Zur Vermeidung von störenden Ladungserscheinungen sind hierbei die mit Hochspannungs-Ausrüstung versehenen Instrumente der Laboratoriumstype zu benutzen (vgl. Seite 22). Die Messung ist dann als direkte Hochspannungsmessung aufzufassen.

b) Eigenverbrauch der Meßschaltung.

Die beiden Schaltungen auf Seite 171 unterscheiden sich nur durch den Anschluß der Spannungsleitungen, die einmal vor und das andere Mal hinter dem Stromwandler angeschlossen eind. Die bei beiden Schaltungen gemessenen Spannungen unterscheiden sich daher durch den Spannungsabfall des mit den Strom-Meßinstrumenten belasteten Stromwandlers. Die vom Leistungsmesser gemessenen Ströme sind ebenfalls verschieden, da der Stromverbrauch des Spannungskreises des Leistungsmessers und des Spannungsmessers nur bei Schaltung II mitgemessen wird. Die sich hieraus für die Messung ergebenden Unterschiede entsprechen den Angaben auf Seite 161 und 166.

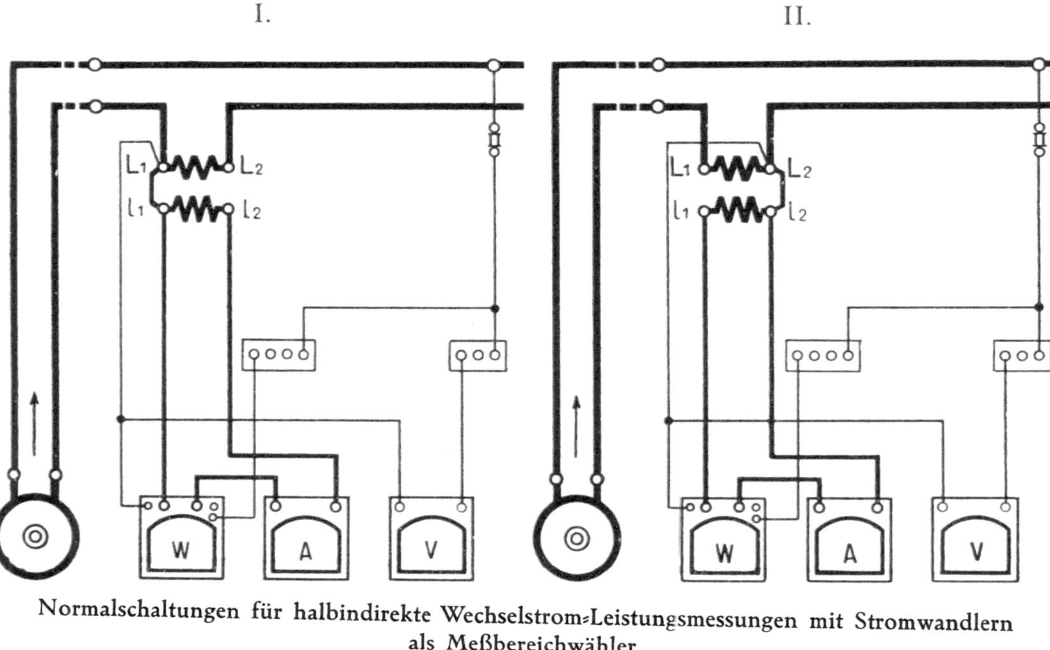

Normalschaltungen für halbindirekte Wechselstrom-Leistungsmessungen mit Stromwandlern als Meßbereichwähler.

Um die **Wahl der zweckmäßigsten Schaltung** zu erleichtern, sind in der folgenden Tabelle die Korrektionsglieder für beide Schaltungsmöglichkeiten zusammengestellt.

Es soll gemessen werden die Leistung des	Schaltung	Die **wirkliche Leistung** ergibt sich aus gemessener Leistung	Die kleinsten Fehler treten auf bei Schaltung
Stromerzeugers	I	+ {Eigenverbrauch des Spannungsmessers und des Spannungskreises des Leistungsmessers}	I
	II	+ {Eigenverbrauch des Stromwandlers, des Strommessers und der Stromspule des Leistungsmessers}	
Stromverbrauchers	I	— {Eigenverbrauch des Stromwandlers, des Strommessers und der Stromspule des Leistungsmessers}	II
	II	— {Eigenverbrauch des Spannungsmessers und des Spannungskreises des Leistungsmessers}	

Für die meisten praktischen Fälle kann man auf eine Korrektion des gemessenen Wertes verzichten, wenn man die Schaltung wählt, die die kleinsten Fehler ergibt. Da für Spannungen bis 1000 Volt der Eigenverbrauch des Stromwandlers erheblich höher ist als der Eigenverbrauch der Spannungskreise, so werden diejenigen Schaltungen die günstigsten sein, bei denen der Eigenverbrauch des Spannungskreises des Leistungsmessers und des Spannungsmessers als Fehlergröße auftritt. Diese Schaltungen sind auch dann vorteilhaft, wenn bei besonders genauen Messungen die Korrektionen berücksichtigt werden sollen, da sich die Korrektionsglieder einfacher berechnen lassen.

c) Rechnungsbeispiel.

Es soll die von einem Wechselstrommotor aufgenommene Leistung bestimmt werden. Die Netzspannung beträgt 210 Volt. Nach einer Überschlagsrechnung beträgt der Strom etwa 50 Ampere. Zur Messung sollen die Instrumente der Prüffeldtype, und zwar ein Leistungsmesser für 5 Ampere, 90 Volt, mit 1000=Ohm=Klemme und 150=teiliger Skala, ein Strommesser für 5 Ampere mit 100=teiliger Skala und ein Spannungs=messer für 130 Volt benutzt werden. Für den Leistungsmesser ist ein Vorschaltwiderstand für 240 Volt zum Anschluß an die 1000=Ohm=Klemme, für den Spannungsmesser ein Vorschaltwiderstand für 260 Volt zu verwenden. Die Stromspule des Leistungsmessers und der Strom=messer werden entsprechend dem Schaltbild auf Seite 171 an einen Präzisions=Stromwandler für 50 : 5 Ampere angeschlossen.

Wie groß ist die Leistung, wenn der Leistungsmesser einen Aus=schlag von 100 Skalenteilen gibt?

Instrument=Konstante des Leistungsmessers (für 5 Ampere; 1000 Ohm; vgl. Seite 58): $c = \frac{5 \cdot 30}{150} = 1$

Widerstands=Konstante (für 240 Volt; vgl. Seite 37): $C = \frac{240}{30} = 8$

Übersetzung des Stromwandlers (mit 5 Ampere Sekundärstrom): $\frac{I}{5} = \frac{50}{5} = 10$

Die Leistung beträgt dann:

$$P = \frac{I}{5} \cdot C \cdot c \cdot \alpha = \frac{50}{5} \cdot 8 \cdot 1 \cdot \alpha = 80 \cdot \alpha \text{ Watt}$$

Für einen Ausschlag von 100 Skalenteilen ergibt sich demnach eine Leistung: $P = 80 \cdot 100 =$ **8000 Watt.**

Bei der Messung zeigte der Spannungsmesser einen Ausschlag von 104 Skalenteilen, die Klemmenspannung des Motors betrug also $2 \cdot 104 =$ **208 Volt.** Der Strommesser gab an der 100=teiligen Skala einen Ausschlag von 90 Skalenteilen, so daß der Strom

$$90 \cdot \frac{50}{100} = \mathbf{45\ Ampere}$$

betrug. Der Leistungsfaktor des Motors ist demnach

$$\cos \varphi = \frac{P}{E \cdot I} = \frac{8000}{208 \cdot 45} = 0{,}86$$

Bei **Schaltung II,** die für die vorliegende Messung am günstigsten ist, ergeben sich durch den Eigenverbrauch der Meßgeräte folgende Fehler:

Eigenverbrauch des Spannungs=kreises des Leistungsmessers (Widerstand $C \cdot 1000$ Ohm; vgl. Seite 62): $\frac{E^2}{R} = \frac{208^2}{8 \cdot 1000} = 5{,}4$ Watt

Eigenverbrauch des Spannungsmessers mit Vorschaltwiderstand (Gesamtwiderstand etwa 4400 Ohm; vgl. Seite 65): $\frac{E^2}{R} = \frac{208^2}{4400} = 9{,}8$ Watt

Summe 15,2 Watt

Der hierdurch verursachte prozentuale Fehler beträgt nur 0,19 %, er kann daher vernachlässigt werden.

Bei **Schaltung I** würden sich folgende Fehler ergeben:

Eigenverbrauch des Stromwandlers (bei voller Last etwa 25 Watt; vgl. Seite 129): $25 \cdot \frac{45^2}{50^2} = 20$ Watt

Eigenverbrauch der Stromspule des Leistungsmessers (bei vollem Strome etwa 1,3 Watt; vgl. Seite 59): $1{,}3 \cdot \frac{45^2}{50^2} = 1{,}1$ „

Eigenverbrauch des Strommessers (bei vollem Strome etwa 6,5 Watt; vgl. Seite 67): $6{,}5 \cdot \frac{45^2}{50^2} = 5{,}3$ „

Summe 26,4 Watt

Dies entspricht einem Fehler von 0,33 % des gemessenen Wertes; die Schaltung ist also für diese Messung ungünstiger als Schaltung II. Die Fehler würden erst bei der für die Prüffeldtype zulässigen Höchstspannung von etwa 600 Volt bei den beiden Schaltungen gleich groß werden.

D. Drehstrom-Leistungsmessungen.

1. Zwei-Leistungsmesser-Methode.

a) Entwickelung der Leistungsformel.

Die Leistung eines Drehstrom-Systems kann als Summe dreier Wechselstrom-Leistungen dargestellt werden. Bezeichnet man mit i_1, i_2, i_3 die Momentanwerte der Ströme in den drei Leitungen und mit e_1, e_2, e_3 die Momentanwerte der Phasenspannungen, die bei Sternschaltung zwischen Nullpunkt und Netzleitern auftreten, so wird der Momentanwert der Leistung

$$P = e_1 \cdot i_1 + e_2 \cdot i_2 + e_3 \cdot i_3$$

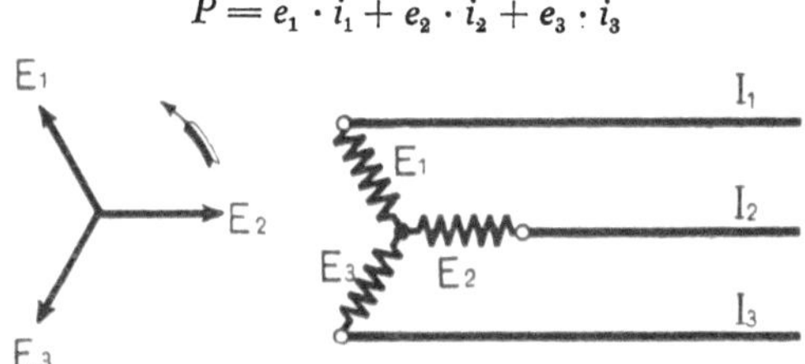

Für ein Drehstrom-Dreileiter-System gilt stets die Beziehung

$$i_1 + i_2 + i_3 = 0$$
$$i_2 = -(i_1 + i_3)$$

Es wird also $P = e_1 \cdot i_1 - e_2 \cdot i_1 - e_2 \cdot i_3 + e_3 \cdot i_3$

$$P = i_1 \cdot (e_1 - e_2) + i_3 \cdot (e_3 - e_2).$$

Die Klammerausdrücke $(e_1 - e_2)$ und $(e_3 - e_2)$ der obigen Gleichung stellen nichts anderes dar als die verketteten Spannungen, die durch Gegeneinanderschalten von zwei Phasenspannungen entstanden sind. Aus der Gleichung folgt daher, daß sich die Leistung eines Dreileiter-Drehstrom-Verbrauchers oder -Erzeugers als Summe zweier Wechselstromleistungen darstellen läßt, die sich aus zwei Netzströmen und den zugehörigen verketteten Spannungen ergeben. Die Messung der Leistung eines Drehstrom-Dreileiter-Systems muß also auch ganz allgemein mit zwei Leistungsmessern möglich sein, wobei es ganz gleichgültig ist, ob

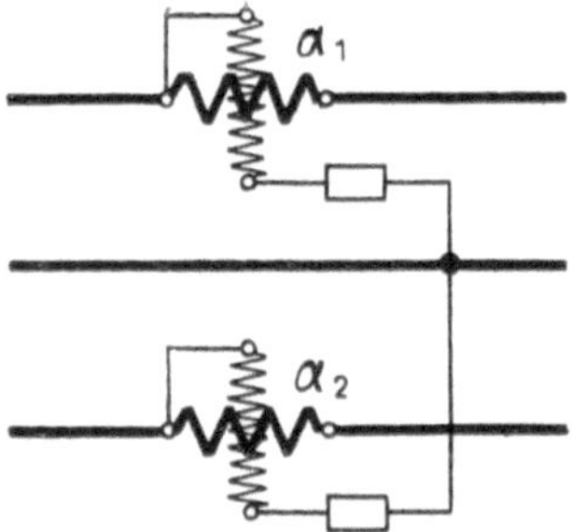

Stern= oder Dreieckschaltung vorliegt. Die zur Messung verwendeten Lei=stungsmesser können natürlich den einzelnen Impulsen der Momentan=leistungen nicht folgen, sondern stellen sich auf einen mittleren Wert, die mittlere Leistung, ein. Die mittlere Leistung ergibt sich aus den Aus=schlägen α_1 und α_2 der beiden Lei=stungsmesser

$$\boldsymbol{P} = \boldsymbol{C} \cdot \boldsymbol{c} \cdot (\alpha_1 + \alpha_2) \qquad \text{Watt.}$$

Da bei der Zwei=Leistungsmesser=Methode Phasenstrom und ver=kettete Spannung gemessen werden, sind bei dem Leistungsfaktor 1 des Drehstrom=Systems Strom und gemessene Spannung um 30^0 verschoben. Die Instrumente zeigen daher bei vollem Strom, voller Spannung und bei $\cos \varphi = 1$ nur 0,866 des maximalen Ausschlages. Aus dem oben=stehenden Diagramm, das allerdings nur für gleiche Belastung der drei Zweige gilt, geht weiter hervor, daß bei einem Netzleistungsfaktor $\cos \varphi = 0{,}866$ (entsprechend einer Phasenverschiebung von $\varphi = 30^0$ zwischen Phasenstrom und Phasenspannung) der eine Leistungsmesser seinen maximalen Ausschlag zeigt, während der andere entsprechend einer tatsächlichen Verschiebung von 60^0 nur den halben Ausschlag gibt.

Bei einem Netzleistungsfaktor $\cos \varphi = 0{,}5$, also $\varphi = 60^0$, zeigt der eine Leistungsmesser, entsprechend einer tatsächlichen Phasenver=schiebung von 30^0 zwischen gemessenem Strom und gemessener Span=nung, wieder 0,866 des vollen Ausschlags, während der andere ent=sprechend einer Phasenverschiebung von $60^0 + 30^0 = 90^0$ den Ausschlag Null gibt. Bei noch größerer Phasenverschiebung gibt der eine Leistungs=messer negativen Ausschlag, d. h. die eine Leistung wird negativ. Man muß daher bei der Messung den Spannungskreis des Leistungsmessers wenden, um einen Ausschlag in die Skala hinein zu erhalten. Die Gesamt=leistung ergibt sich jetzt als Differenz der beiden gemessenen Leistungen

$$\boldsymbol{P} = \boldsymbol{C} \cdot \boldsymbol{c} \cdot (\alpha_1 - \alpha_2) \qquad \text{Watt.}$$

Die Schaulinien auf Seite 178 zeigen, wie sich die Ausschläge der beiden Leistungsmesser und die Gesamtleistung des Drehstrom=Systems ändern, wenn man unter Konstanthalten von Strom und

Vektordiagramme

über das Verhalten der Leistungsmesser
bei der
Zwei≈Leistungsmesser≈Methode.

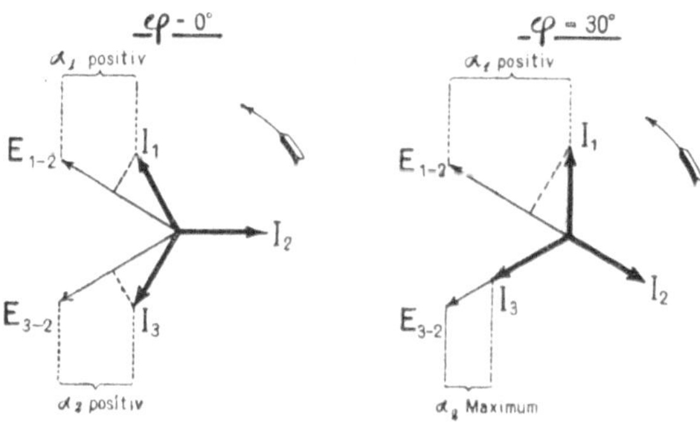

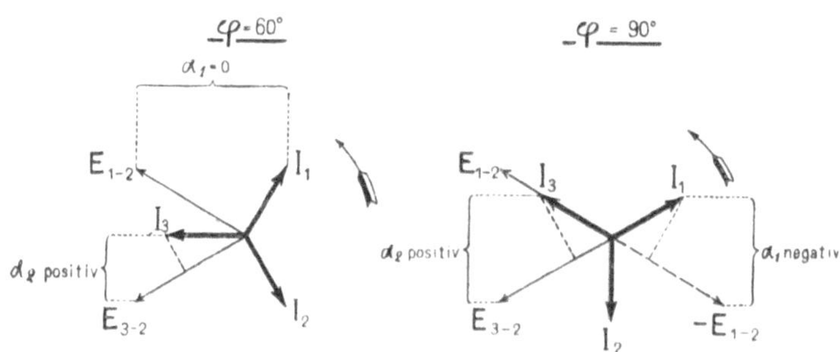

Schaulinien über das Verhalten der Leistungsmesser bei der Zwei-Leistungsmesser-Methode.

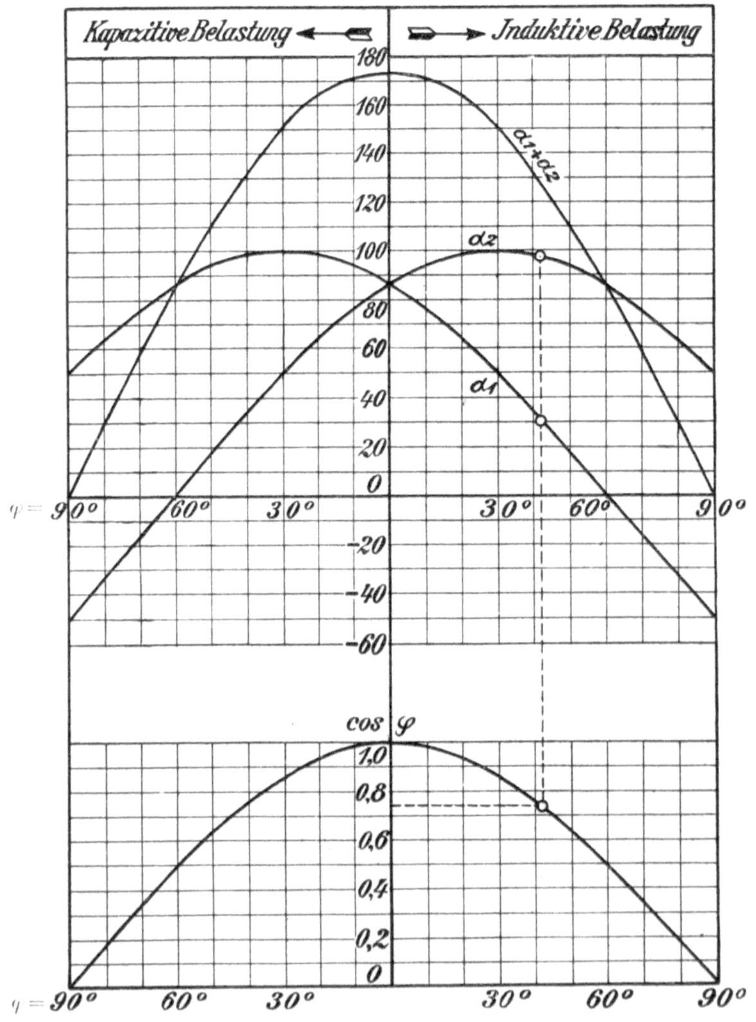

Spannung die Phasenverschiebung des Netzes von 0 bis 90° Voreilung bzw. Nacheilung ändert. Um während der Messung in jedem Augenblick Klarheit zu haben, ob die Ausschläge der beiden Leistungsmesser zu addieren oder voneinander zu subtrahieren sind, kann man folgende Regel beachten:

Bei vollkommen symmetrischer Schaltung der beiden Leistungsmesser sind die Ausschläge zusammenzuzählen, wenn man an beiden Instrumenten gleichgerichtete Ausschläge (in die Skala hinein) erhält. Muß man dagegen an dem einen Leistungsmesser die Spannung wenden, um einen Ausschlag in die Skala hinein zu erhalten, so ist der kleinere Ausschlag von dem größeren abzuziehen.

Bei dieser Regel ist vorausgesetzt, daß die Leistungsmesser vollkommen gleichartig gebaut sind, so daß sie bei gleichsinnigem Anschluß und gleicher Stellung der etwa eingebauten Spannungswender stets einen gleichsinnigen Ausschlag geben. Diese Voraussetzung trifft bei allen neueren Präzisions-Leistungsmessern der Siemens & Halske A.-G. zu.

b) Bestimmung des mittleren Leistungsfaktors.

Der Begriff des mittleren Leistungsfaktors eines Drehstrom-Systems hat naturgemäß nur dann eine physikalische Bedeutung, wenn die drei Phasen annähernd gleichmäßig belastet sind. Zur Bestimmung des mittleren Leistungsfaktors muß man außer der Leistung noch die Ströme und die Spannungen messen. Streng genommen sind hierzu 3 Strommesser und 3 Spannungsmesser erforderlich. Bei reiner Motorenbelastung sind indessen die drei Ströme annähernd gleich groß. Man begnügt sich daher, der einfacheren Schaltung wegen, zumeist mit der Messung nur zweier Ströme und zweier Spannungen. Sind die beiden gemessenen Ströme annähernd gleich groß, so muß bei reiner Motorenbelastung auch der dritte Strom annähernd die gleiche Größe haben. Sind also außer der Leistung P zwei Ströme I_1 und I_2 sowie zwei verkettete Spannungen E_1 und E_2 gemessen, so ergibt sich der mittlere Leistungsfaktor aus der Leistung und den Mittelwerten der abgelesenen Ströme und Spannungen

$$\cos\varphi = \frac{P}{\sqrt{3} \cdot E_{\text{mittel}} \cdot I_{\text{mittel}}}$$

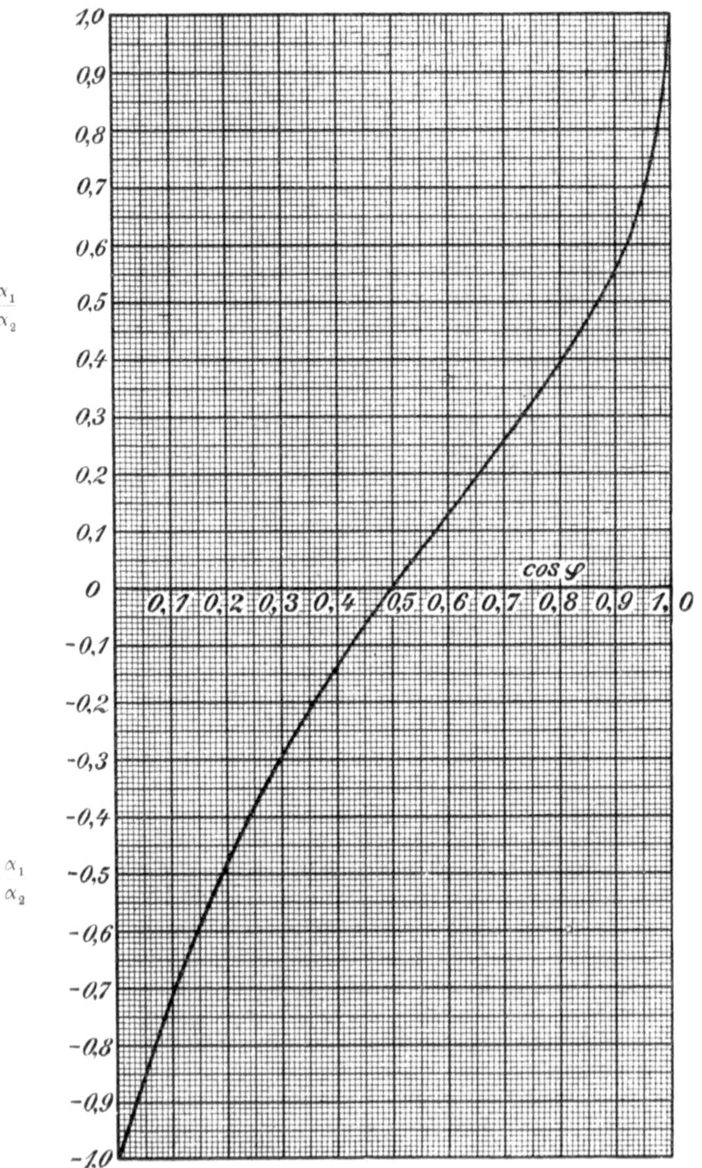
1,0
0,9
0,8
0,7
0,6
0,5
0,4
0,3
0,2
0,1
0
-0,1
-0,2
-0,3
-0,4
-0,5
-0,6
-0,7
-0,8
-0,9
-1,0
$\frac{\alpha_1}{\alpha_2}$
$-\frac{\alpha_1}{\alpha_2}$
cos φ
0,1 0,2 0,3 0,4 0,5 0,6 0,7 0,8 0,9 1,0

Man kann den Leistungsfaktor $\cos\varphi$ auch ohne Strom= und Spannungsmessungen direkt aus den Zeigerausschlägen der beiden Leistungsmesser bestimmen. Aus dem Kurvenbilde auf Seite 178 geht hervor, daß bei annähernd gleicher Belastung der drei Phasen jedem Netzleistungsfaktor ein bestimmtes Verhältnis der Zeigerausschläge α_1 und α_2 entspricht. Man kann daher die Verhältniswerte $\alpha_1 : \alpha_2$ direkt als Funktion des Netzleistungsfaktors auftragen, wie dies auf dem Kurvenblatt auf Seite 180 ausgeführt ist. Bildet man nun bei einer be= liebigen Messung das Verhältnis des kleineren Zeigerausschlages des Leistungsmessers zum größeren unter Berücksichtigung der Vorzeichen, so kann man für diesen Wert $\alpha_1 : \alpha_2$ aus der nebenstehenden Kurve den Leistungsfaktor unmittelbar entnehmen. Die obere Hälfte der Kurve ist zu benutzen, wenn man bei beiden Messungen gleichgerichtete Ausschläge erhalten hat, während die untere Hälfte dann gilt, wenn bei einer der beiden Messungen der Strom im Spannungskreis des Leistungs= messers hat gewendet werden müssen, um einen Ausschlag in die Skala hinein zu erhalten. Hat man das Kurvenblatt nicht zur Hand, so kann man sich den Leistungsfaktor aus der Beziehung

$$\operatorname{tg}\varphi = \sqrt{3} \cdot \frac{\alpha_1 - \alpha_2}{\alpha_1 + \alpha_2}$$

berechnen, wobei α_1 den größeren und α_2 den kleineren Ausschlag des Leistungsmessers bedeutet.

Die vorstehende Methode zur direkten Bestimmung des Leistungs= faktors läßt sich auch mit einem Leistungsmesser ausführen, dessen Spannungskreis man mit Hilfe eines Umschalters nacheinander an die

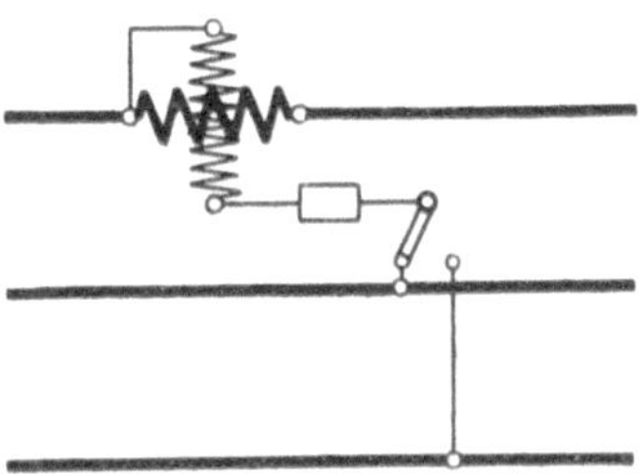

beiden anderen Leitungen legt. Man liest dann die bei den beiden Schalterstellungen auftretenden Zeigerausschläge α_1 und α_2 ab, bildet

Vektordiagramme

über das Verhalten des Leistungsmessers
bei der Schaltung zur
direkten Bestimmung des Leistungsfaktors
(vgl. Seite 45).

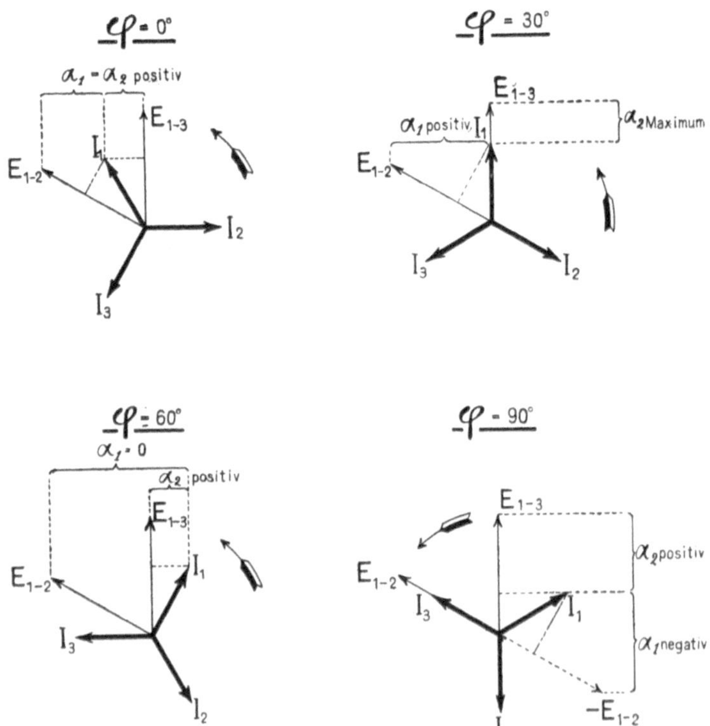

wieder das Verhältnis $\alpha_1 : \alpha_2$ und entnimmt den Leistungsfaktor cos φ dem Kurvenbilde. Die Richtigkeit dieser Schaltung folgt ohne weiteres aus dem Vergleich der nebenstehenden Diagramme mit den auf Seite 177 angegebenen.

Handelt es sich nur darum, qualitativ festzustellen, ob eine Phasenverschiebung vorhanden ist und in welchem Sinne sie wirkt (z. B. bei Synchronmotoren), so schaltet man die Stromspule des Leistungsmessers in eine Phase und legt den Spannungskreis an die beiden anderen Phasen. Die gemessene Spannung ist dann um 90° gegen den Strom verschoben, d. h. der Leistungsmesser gibt bei einem Leistungsfaktor 1 des Netzes, also bei $\varphi = 0$, keinen Ausschlag. Je nach dem Sinne der im Netz wirkenden Phasenverschiebung schlägt der Leistungsmesser nach rechts oder nach links aus. Die Größe des Zeigerausschlages ist hierbei durch die Funktion $E \cdot I \cdot \sin \varphi$ gegeben. Um ein Überschlagen der Spannung zwischen Strom- und Spannungsspule des Leistungsmessers zu vermeiden, ist es erforderlich, bei dieser Schaltung einen Spannungswandler zu verwenden.

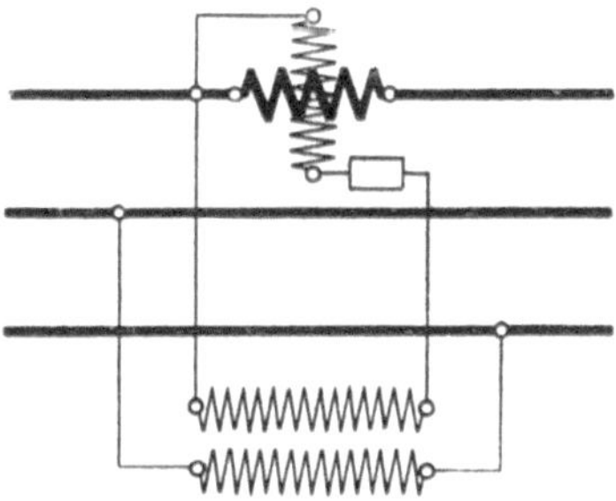

Alle die vorstehend genannten Methoden zur Bestimmung der mittleren Phasenverschiebung sind nur anwendbar, wenn die Belastung der drei Phasen annähernd gleich groß ist, wie dies bei Motoren zumeist der Fall ist. Treten bei einer Messung erhebliche Verschiedenheiten der drei Phasenbelastungen auf, d. h. sind die gemessenen Ströme erheblich voneinander verschieden, so verliert der Begriff eines mittleren Leistungsfaktors seine physikalische Bedeutung. Da eine bestimmte Definition für diesen jetzt rein rechnerischen Begriff zurzeit noch nicht vorliegt, soll auch hier nicht näher auf seine Bestimmung eingegangen werden. Es sei nur darauf hingewiesen, daß es in diesem Falle ratsam ist, die Leistungsfaktoren der drei Phasen einzeln zu bestimmen. Bei vorhandenem Nullpunkt des Drehstrom-Systems ist dies mit Hilfe der Drei-Leistungsmesser-Methode leicht möglich (vgl. Seite 202).

c) Schaltungen für direkte Messungen nach der Zwei-Leistungsmesser-Methode.

Bei der direkten Messung nach der Zwei-Leistungsmesser-Methode ergibt sich die Leistung unmittelbar aus den Angaben der beiden Leistungsmesser (vgl. Seite 38 bzw. 78). **Die gemessene Leistung** beträgt demnach:

$$\boldsymbol{P = C \cdot c} \cdot (\alpha_1 \pm \alpha_2) \qquad \textbf{Watt.}$$

Aus den Mittelwerten der abgelesenen Ströme und Spannungen folgt bei nahezu gleicher Strombelastung **der mittlere Leistungsfaktor** (vgl. Seite 179)

$$\cos\varphi = \frac{P}{\sqrt{3} \cdot E_{\text{mittel}} \cdot I_{\text{mittel}}}$$

Für die Berechnung der durch den **Eigenverbrauch der Meßinstrumente** verursachten Fehler gilt das gleiche, was auf Seite 161 bis 163 für direkte Einphasenstrom-Leistungsmessungen entwickelt worden ist. Da zwei Sätze gleicher Instrumente vorhanden sind, ist auch der Eigenverbrauch für beide Instrumentsätze in Rechnung zu ziehen. Man wird jedoch in den weitaus meisten Fällen von einer Korrektion absehen können, wenn man die Schaltung so wählt, daß die kleinsten Fehler auftreten.

Eine **vollständige Meßschaltung** für direkte Messungen ist auf Seite 185 abgebildet. Bei dieser Schaltung sind die Schaltregeln (vgl. Seite 35 bzw. 76) in gleicher Weise berücksichtigt, wie es auf Seite 159 ausführlich beschrieben ist. Wird die Schaltung genau nach dem Schaltbild ausgeführt, so folgt aus der Stellung der eingebauten Spannungswender ohne weiteres, ob die Zeigerausschläge α_1 und α_2 der beiden Leistungsmesser zu addieren bzw. zu subtrahieren sind.

Eine **Meßschaltung mit Stromumschalter** ist auf Seite 186 angegeben. Bei dieser wird der Leistungsmesser mit Hilfe des auf Seite 151 beschriebenen Stromumschalters aus einer Leitung in die andere umgeschaltet. Die beiden Messungen, die bei der vollständigen Meßschaltung gleichzeitig ausgeführt werden, werden hierbei nacheinander mit einem Satz von Instrumenten vorgenommen. Hieraus folgt für die Anwendung der Schaltung die Bedingung, daß sich die Belastung in der Zeit zwischen den beiden Messungen nicht ändert. Man überzeugt sich hiervon durch Wiederholung der ersten Messung am Schlusse jeder Meßreihe.

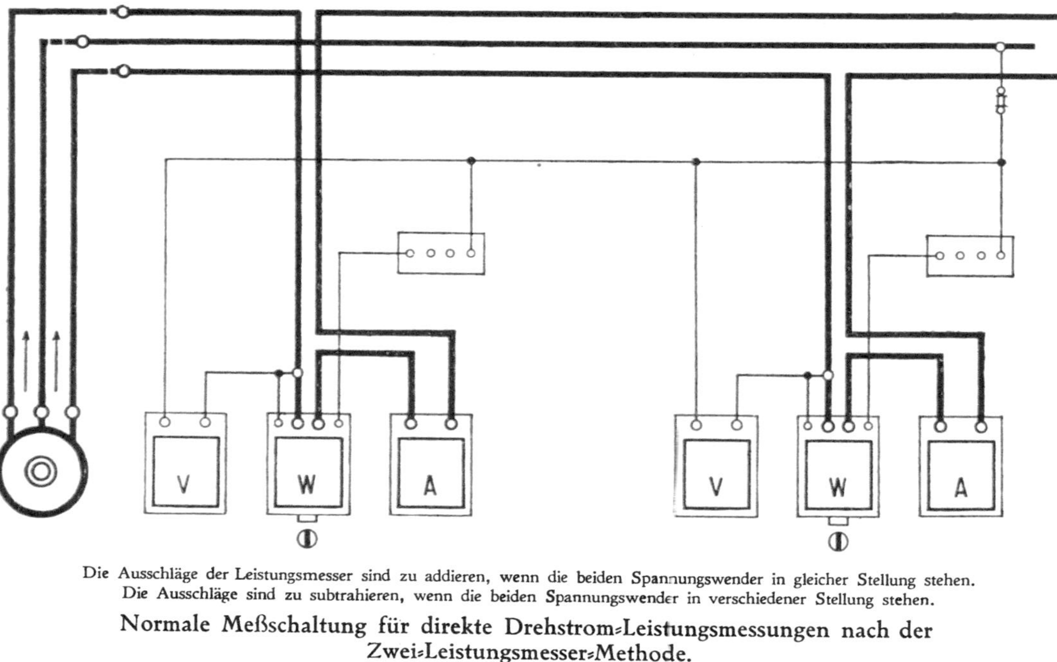

Die Ausschläge der Leistungsmesser sind zu addieren, wenn die beiden Spannungswender in gleicher Stellung stehen.
Die Ausschläge sind zu subtrahieren, wenn die beiden Spannungswender in verschiedener Stellung stehen.

Normale Meßschaltung für direkte Drehstrom=Leistungsmessungen nach der Zwei=Leistungsmesser=Methode.

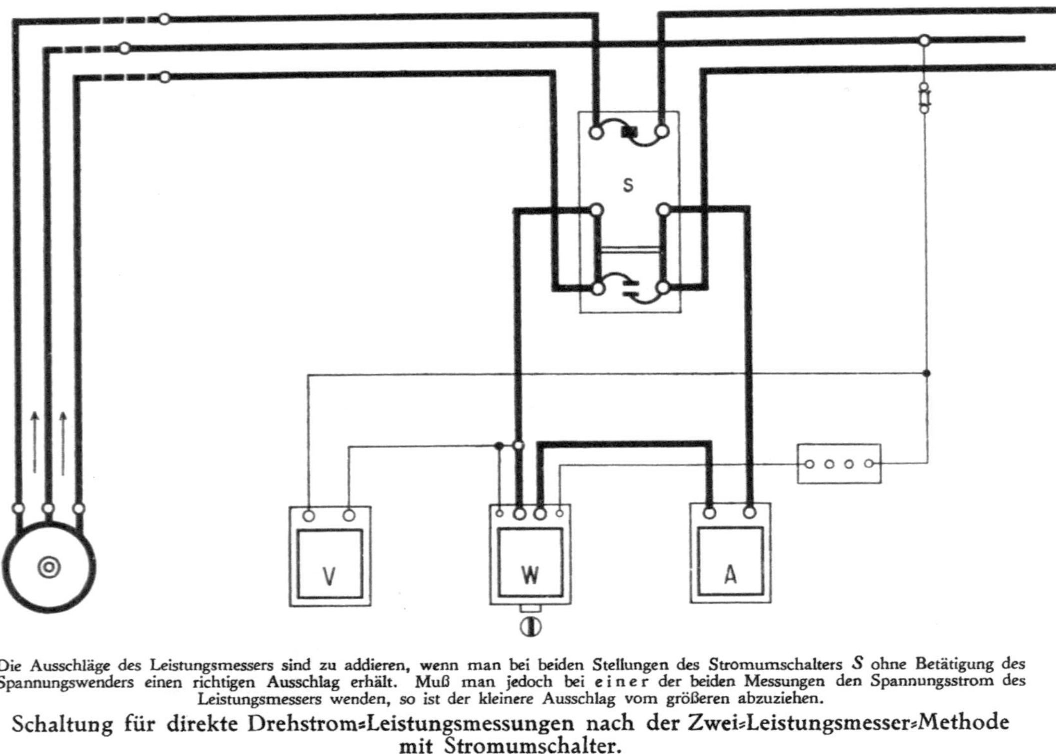

Die Ausschläge des Leistungsmessers sind zu addieren, wenn man bei beiden Stellungen des Stromumschalters *S* ohne Betätigung des Spannungswenders einen richtigen Ausschlag erhält. Muß man jedoch bei e i n e r der beiden Messungen den Spannungsstrom des Leistungsmessers wenden, so ist der kleinere Ausschlag vom größeren abzuziehen.

Schaltung für direkte Drehstrom-Leistungsmessungen nach der Zwei-Leistungsmesser-Methode mit Stromumschalter.

d) Schaltungen für indirekte Messungen nach der Zwei=Leistungsmesser=Methode.

Bei der indirekten Leistungsmessung mit Strom= und Spannungs=wandlern sind die Angaben der beiden Leistungsmesser (vgl. Seite 61 bzw. 77) noch mit den Übersetzungen der Meßwandler (vgl. Seite 128 und 140) zu multiplizieren. **Die gemessene Leistung** beträgt demnach:

$$P = \frac{I}{5} \cdot \frac{E}{100} \cdot c \cdot (\alpha_1 \pm \alpha_2) \qquad \text{Watt.}$$

Aus den Mittelwerten der abgelesenen Ströme und Spannungen folgt bei nahezu gleicher Strombelastung **der mittlere Leistungs-faktor** (vgl. Seite 179)

$$\cos \varphi = \frac{P}{\sqrt{3} \cdot E_{\text{mittel}} \cdot I_{\text{mittel}}}$$

Bei besonders genauen Messungen ist noch **der Eigenverbrauch der Meßschaltung** zu berücksichtigen. Die Art dieser Berechnung ergibt sich ohne weiteres aus den Angaben auf Seite 166. Da es sich im vorliegenden Falle um zwei vollständig gleiche Instrumentsätze handelt, genügt es, die Rechnung für einen Satz durchzuführen und das Ergebnis mit 2 zu multiplizieren. In den meisten Fällen wird man jedoch von einer Korrektion der gemessenen Werte ganz absehen können, wenn man die Schaltung so wählt, daß die kleinsten Fehler auftreten. Die Berücksichtigung der Phasenverschiebungs= und Über=setzungsfehler der Stromwandler ist in einem besonderen Abschnitt auf Seite 200 ausführlich behandelt. Eine Korrektion der Angaben der Spannungswandler ist nicht erforderlich.

Eine **vollständige Meßschaltung** für indirekte Messungen ist auf Seite 189 abgebildet. Bei dieser Schaltung sind die Schaltregeln (vgl. Seite 59 bzw. 76 sowie Seite 119) in der gleichen Weise berücksichtigt, wie es auf Seite 169 ausführlich beschrieben ist. Wird die Schaltung genau nach dem Schaltbild ausgeführt, so folgt aus der Stellung der eingebauten Spannungswender ohne weiteres, ob die Zeigerausschläge α_1 und α_2 der beiden Leistungsmesser zu addieren oder zu substrahieren sind.

Die entsprechenden **Meßschaltungen mit Stromumschalter** sind auf Seite 190 und 191 angegeben. Bei diesen Schaltungen werden die beiden Messungen, die bei der vollständigen Schaltung gleichzeitig aus=geführt werden, nacheinander vorgenommen. Hieraus ergibt sich für die Anwendung dieser Schaltungen die Bedingung, daß sich die zu messende Belastung in der Zeit zwischen den beiden Messungen nicht ändert. Es wird demnach eine sehr gleichmäßige Belastung vorausgesetzt. Die für die Ausführung der Schaltungen erforderlichen Stromumschalter sind auf Seite 151 beschrieben. Die auf Seite 190 angegebene **Umschaltung auf der Hochspannungsseite** ergibt die billigste Meßanordnung, da nur ein Satz Instrumente und je ein Strom- und ein Spannungswandler erforderlich sind. Es besteht jedoch hierbei der Nachteil, daß der zu bedienende Schalter direkt an der Hochspannung liegt. Dieser Nachteil wird durch die **Umschaltung auf der Niederspannungsseite,** die im Schaltbild auf der Seite 191 angegeben ist, vermieden. Für diese Schaltung sind allerdings zwei Strom- und zwei Spannungswandler erforderlich, so daß die Meßschaltung etwas teurer wird. Dies sollte man aber für den Vorteil der ungefährlichen Bedienung in Kauf nehmen. Die Erdung kann bei dieser Schaltung in der normalen Weise ausgeführt werden, wenn man die für die beiden Stellungen des Stromumschalters notwendige Umschaltung der Spannungsleitungen durch einen besonderen Spannungsumschalter vornimmt. Da die Schaltstellungen des Stromumschalters und des Spannungsumschalters einander stets entsprechen, kuppelt man zweckmäßig die Hebel der beiden Schalter, wie das bei dem dreipoligen Stromumschalter der Siemens & Halske A.-G. ausgeführt ist. Die Schaltung wird bei Verwendung dieses Schalters sehr übersichtlich und ermöglicht ein sehr bequemes und gefahrloses Arbeiten.

Die Schaltbilder auf Seite 192 und 193 zeigen die **Anwendung der Abschalter.** Die Abschaltung auf der Hochspannungsseite ist dann erforderlich, wenn man die Meßwandler ohne Betriebsunterbrechung auf einen anderen Meßbereich umschalten will. Für die Abschaltung der Stromwandler werden zweckmäßig die auf Seite 155 beschriebenen Erdungsabschalter benutzt. Die Spannungswandler kann man, falls nicht in der Anlage vorhandene Trennschalter benutzt werden sollen, durch Herausziehen der Hochspannungssicherungen spannungslos machen. Dies muß natürlich mit Hilfe einer Isolierzange und mit entsprechender Vorsicht geschehen. Die auf Seite 193 angegebene Abschaltung auf der Niederspannungsseite ermöglicht es, die Meßinstrumente während längerer Meßpausen von den Meßwandlern abzuschalten. Durch die Stromabschalter wird hierbei eine Unterbrechung des Sekundärkreises des Stromwandlers, die zu einer Beschädigung des Wandlers führen würde, sicher vermieden. Die Spannungsabschalter ermöglichen es, die Spannungskreise etwa eingeschalteter weiterer Meßgeräte von den Spannungswandlern beliebig abzutrennen (vgl. auch Seite 157).

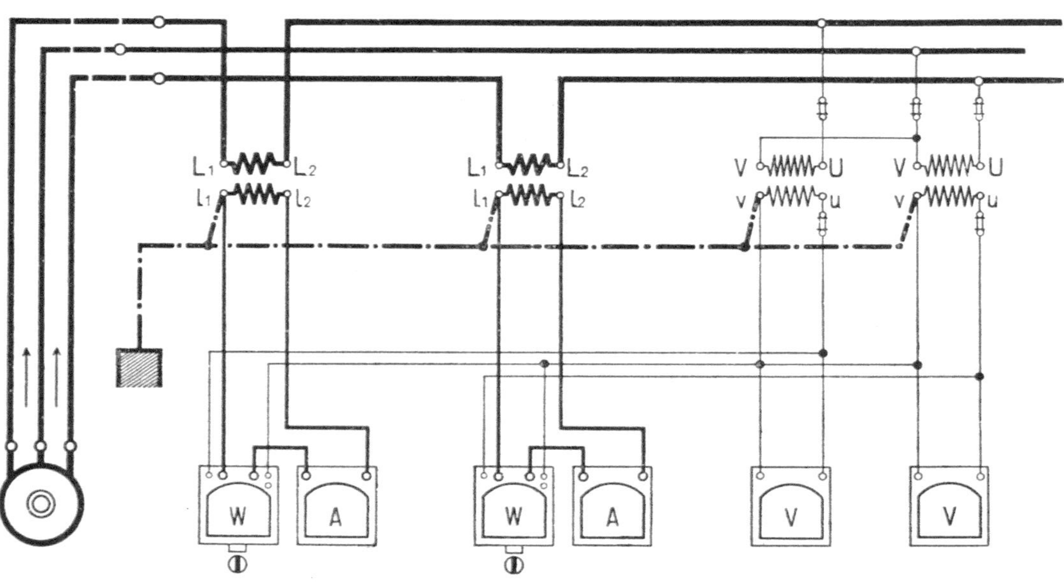

Die Ausschläge der Leistungsmesser sind zu addieren, wenn die beiden Spannungswender in gleicher Stellung stehen. Die Ausschläge sind zu subtrahieren, wenn die Spannungswender in verschiedener Stellung stehen.

Normale Schaltung für indirekte Drehstrom-Leistungsmessungen nach der Zwei-Leistungsmesser-Methode.

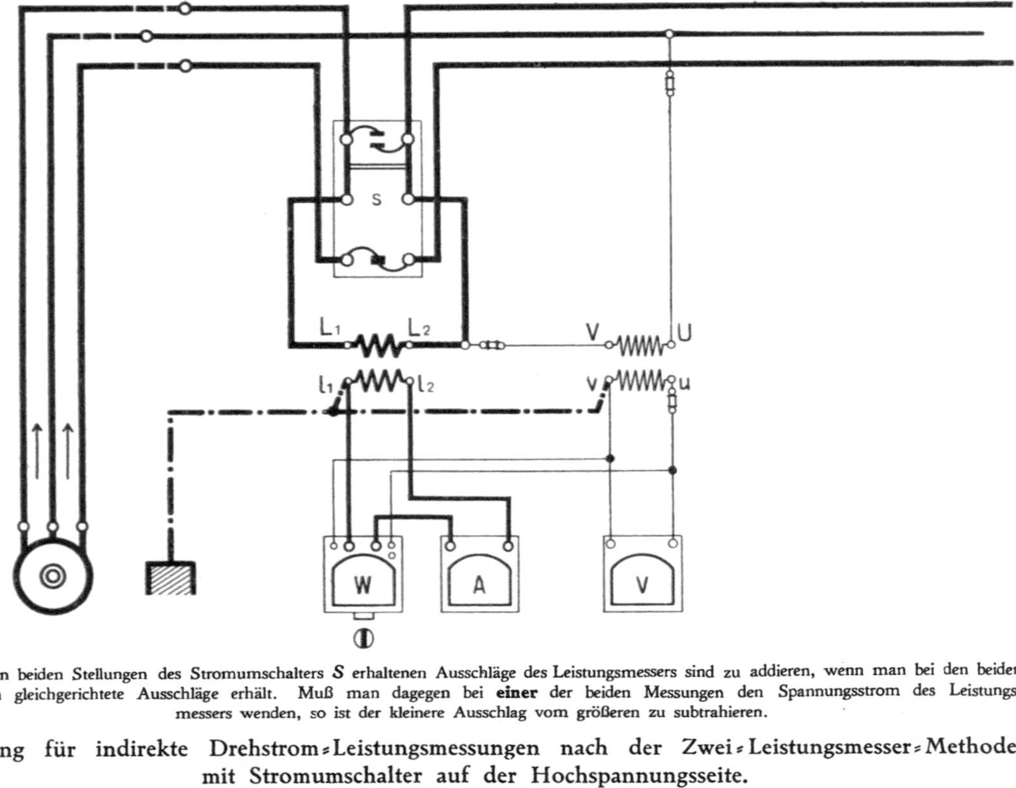

Die bei den beiden Stellungen des Stromumschalters ***S*** erhaltenen Ausschläge des Leistungsmessers sind zu addieren, wenn man bei den beiden Messungen gleichgerichtete Ausschläge erhält. Muß man dagegen bei **einer** der beiden Messungen den Spannungsstrom des Leistungsmessers wenden, so ist der kleinere Ausschlag vom größeren zu subtrahieren.

Schaltung für indirekte Drehstrom=Leistungsmessungen nach der Zwei=Leistungsmesser=Methode, mit Stromumschalter auf der Hochspannungsseite.

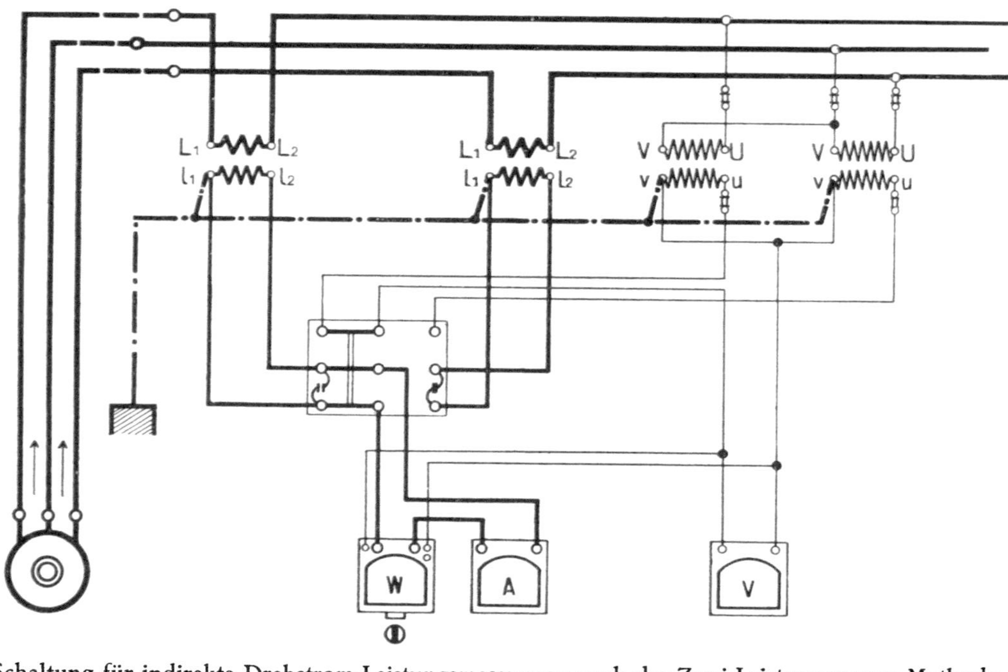

Schaltung für indirekte Drehstrom=Leistungsmessungen nach der Zwei=Leistungsmesser=Methode, mit Stromumschalter auf der Niederspannungsseite.

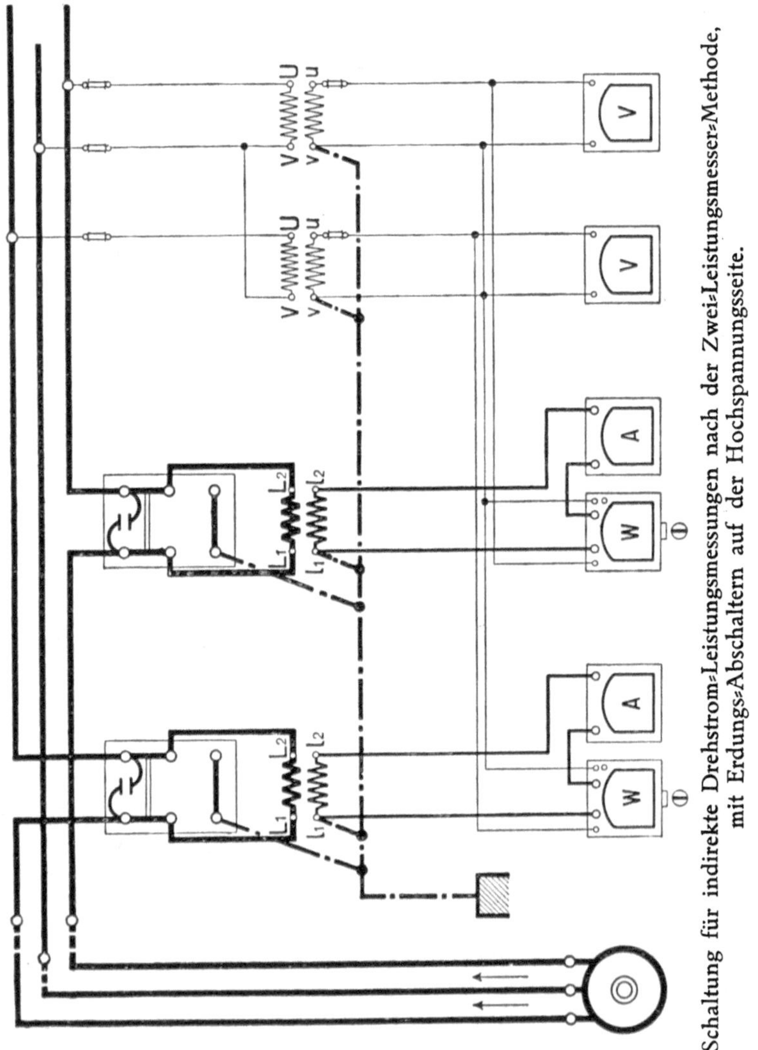

Schaltung für indirekte Drehstrom-Leistungsmessungen nach der Zwei-Leistungsmesser-Methode, mit Erdungs-Abschaltern auf der Hochspannungsseite.

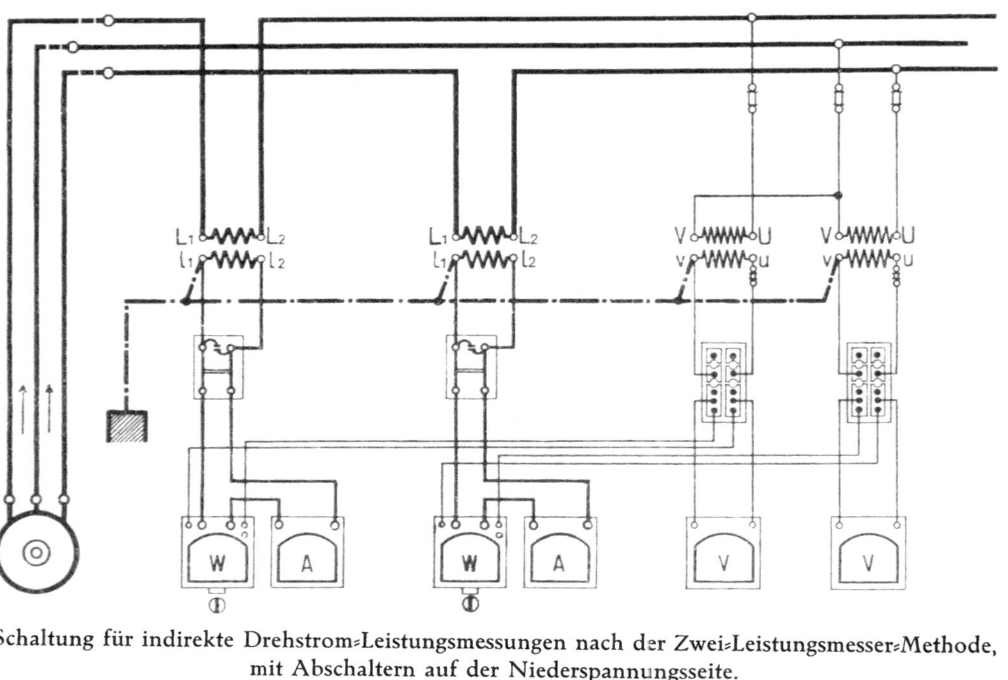

Schaltung für indirekte Drehstrom=Leistungsmessungen nach der Zwei=Leistungsmesser=Methode, mit Abschaltern auf der Niederspannungsseite.

e) Schaltungen für halbindirekte Messungen nach der Zwei-Leistungsmesser-Methode.

Bei der halbindirekten Leistungsmessung mit Stromwandlern als Strommeßbereichwählern und Vorschaltwiderständen für die Spannungskreise der Leistungsmesser sind die Angaben der beiden Leistungsmesser (vgl. Seite 63 bezw. 78) noch mit der Übersetzung der Stromwandler zu multiplizieren (vgl. Seite 128). **Die gemessene Leistung** beträgt also:

$$\boldsymbol{P} = \frac{\boldsymbol{I}}{5} \cdot \boldsymbol{C} \cdot \boldsymbol{c} \cdot (\alpha_1 \pm \alpha_2) \qquad \textbf{Watt.}$$

Aus den Mittelwerten der gemessenen Ströme und Spannungen folgt bei nahezu gleicher Strombelastung **der mittlere Leistungsfaktor** (vgl. Seite 179)

$$\cos\varphi = \frac{P}{\sqrt{3} \cdot E_{\text{mittel}} \cdot I_{\text{mittel}}}$$

Bei besonders genauen Messungen sind die abgelesenen Werte noch zu korrigieren. Der **Eigenverbrauch der Meßschaltung** ergibt sich in entsprechender Weise aus den Entwickelungen auf Seite 170. Die Phasenverschiebungs- und Übersetzungsfehler der Stromwandler sind auf Seite 200 ausführlich behandelt.

Eine **vollständige Meßschaltung** für halbindirekte Messungen ist auf Seite 195 angegeben. Bei dieser Schaltung sind die Schaltregeln (vgl. Seite 59 bzw. 76 und 119) in der gleichen Weise berücksichtigt, wie es auf Seite 169 ausführlich beschrieben ist. Wird die Schaltung genau nach dem Schaltbild ausgeführt, so folgt aus der Stellung der eingebauten Spannungswender ohne weiteres, ob die Zeigerausschläge α_1 und α_2 der beiden Leistungsmesser zu addieren oder zu subtrahieren sind.

Die entsprechenden **Schaltungen mit Stromumschaltern** sind auf Seite 196 und 197 angegeben. Für die Anwendung dieser Schaltungen gelten die im vorhergehenden Abschnitt angeführten Voraussetzungen. Die Umschaltung auf der Primärseite erfordert nur einen Stromwandler, aber einen für den vollen Primärstrom bemessenen Umschalter. Da dieser Umschalter nur für Stromstärken bis 600 Ampere ausgeführt wird, ist für erweiterungsfähige Meßeinrichtungen die Umschaltung auf der Sekundärseite vorzuziehen. Diese ermöglicht auch ohne weiteres den Übergang zu Hochspannungsmessungen mit Strom- und Spannungswandlern.

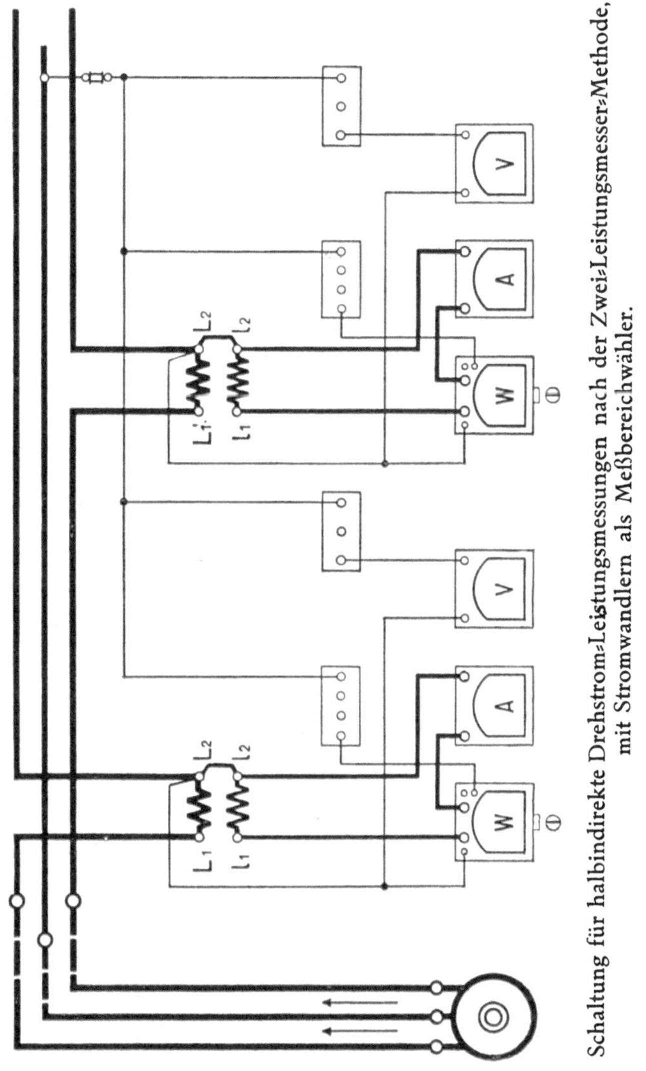

Schaltung für halbindirekte Drehstrom-Leistungsmessungen nach der Zwei-Leistungsmesser-Methode, mit Stromwandlern als Meßbereichwähler.

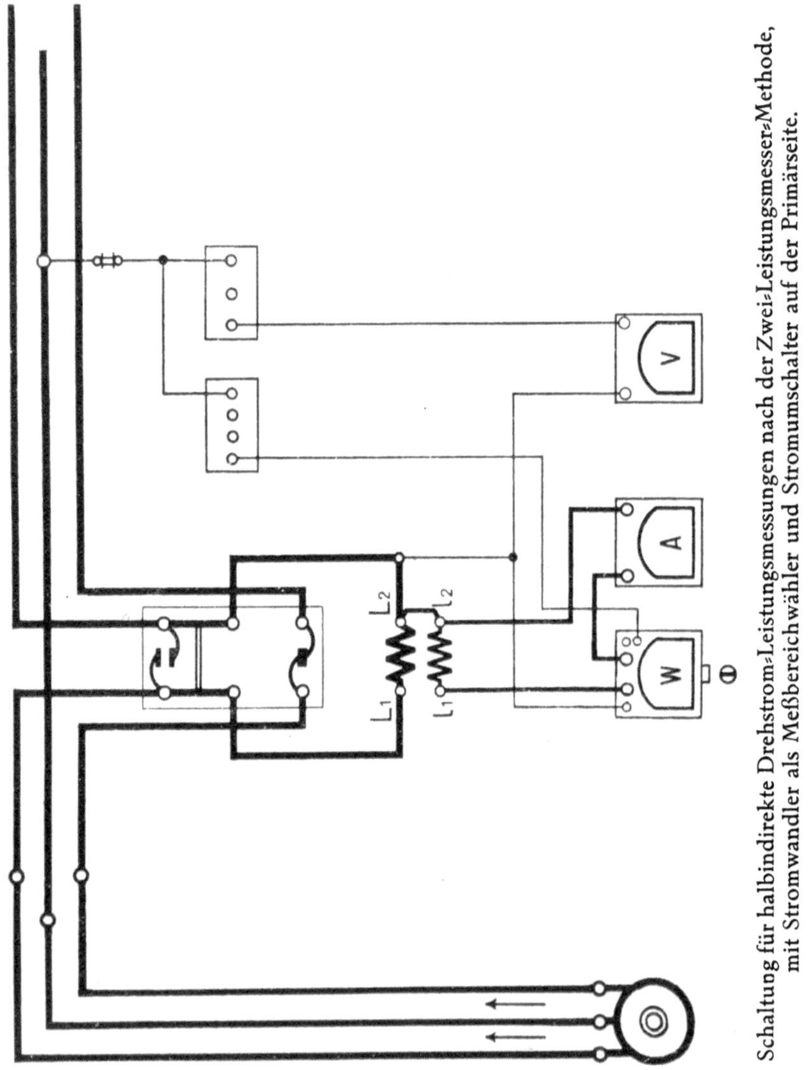

Schaltung für halbindirekte Drehstrom-Leistungsmessungen nach der Zwei-Leistungsmesser-Methode, mit Stromwandler als Meßbereichwähler und Stromumschalter auf der Primärseite.

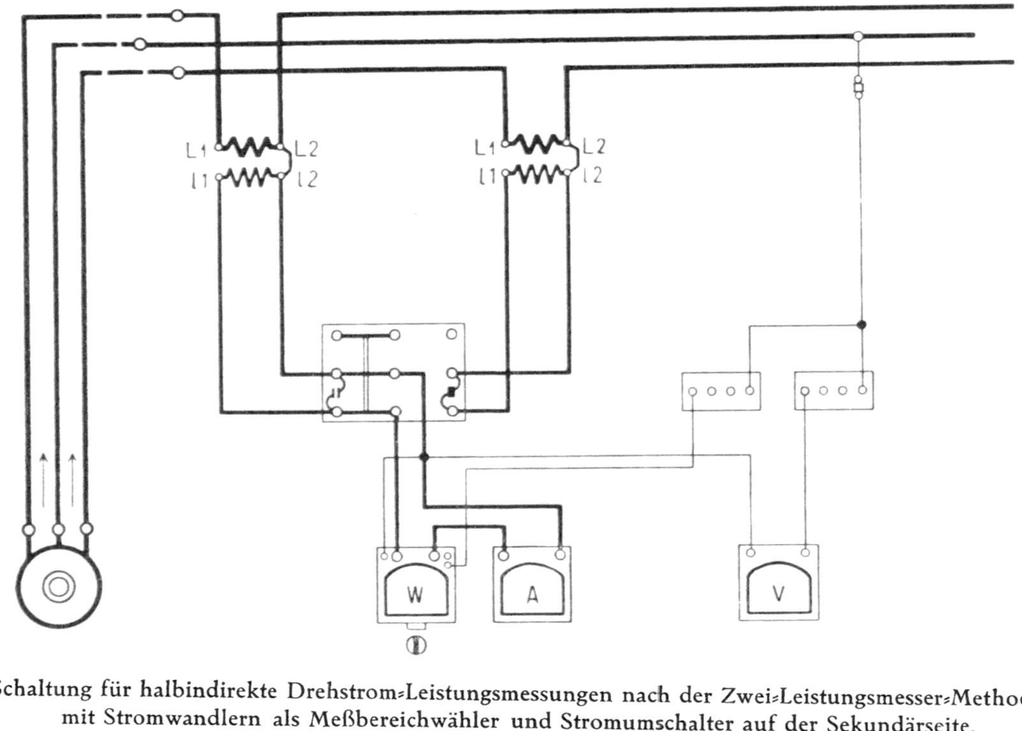

Schaltung für halbindirekte Drehstrom-Leistungsmessungen nach der Zwei-Leistungsmesser-Methode, mit Stromwandlern als Meßbereichwähler und Stromumschalter auf der Sekundärseite.

f) Messung des dritten Stromes und der dritten Spannung.

Ergibt sich bei einer Prüfung nach der Zwei-Leistungsmesser-Methode eine erhebliche Verschiedenheit der beiden gemessenen Ströme, so kann man hieraus nicht ohne weiteres auf die Größe des dritten Stromes schließen. In diesem Falle ist zur näheren Untersuchung der vorhandenen Unsymmetrie eine **Messung des dritten Stromes** wünschenswert. Bei der direkten Messung wird man hierzu einfach drei Strommesser verwenden. Bei der indirekten Messung wird man jedoch einen dritten Stromwandler wegen der erhöhten Kosten der Meßeinrichtung gern vermeiden. Die Messung des dritten Stromes ist auch mit den vorhandenen zwei Stromwandlern bei entsprechender Schaltung ohne Schwierigkeiten möglich. Da der dritte Strom stets die geometrische Summe der beiden anderen Ströme ist, braucht man nur die Sekundärseiten der beiden Stromwandler im richtigen Sinne parallel zu schalten. Bei der Umschaltung ist jedoch streng darauf zu achten, daß keine Unterbrechung der Sekundärwickelungen der Stromwandler erfolgt. Man führt daher diese Umschaltung zweckmäßig mit einem Stromabschalter (vgl. Seite 155) aus. Die selbsttätige Kurzschlußvorrichtung des Schalters dient hierbei dazu, nach erfolgter Parallelschaltung der Sekundärwickelungen der Stromwandler den einen Instrumentsatz (im Schaltbild auf der linken Seite) abzutrennen, so daß der Strommesser des zweiten Instrumentsatzes den dritten Strom anzeigt.

Sind die drei Ströme verschieden, so ist auch zu erwarten, daß die drei Spannungen verschieden groß sind. Zur **Messung der dritten Spannung** verwendet man bei der direkten Messung einen dritten Spannungsmesser. Bei der indirekten Messung kann man mit zwei Spannungswandlern auskommen und die dritte Spannung als geometrische Summe der beiden anderen Spannungen messen. Da die beiden Spannungswandler in *V*-Schaltung liegen, ist es nur erforderlich, den Spannungsmesser an die beiden freien Enden (*u*) der *V*-Schaltung zu legen. Man kann hierzu einen beliebigen Umschalthebel mit Stromunterbrechung benutzen. In dem nebenstehenden Schaltbild werden die Umschaltungen zur Messung von drittem Strom und dritter Spannung gleichzeitig vorgenommen. Es wird hierzu ein normaler dreipoliger Stromumschalter (vgl. Seite 155) verwendet.

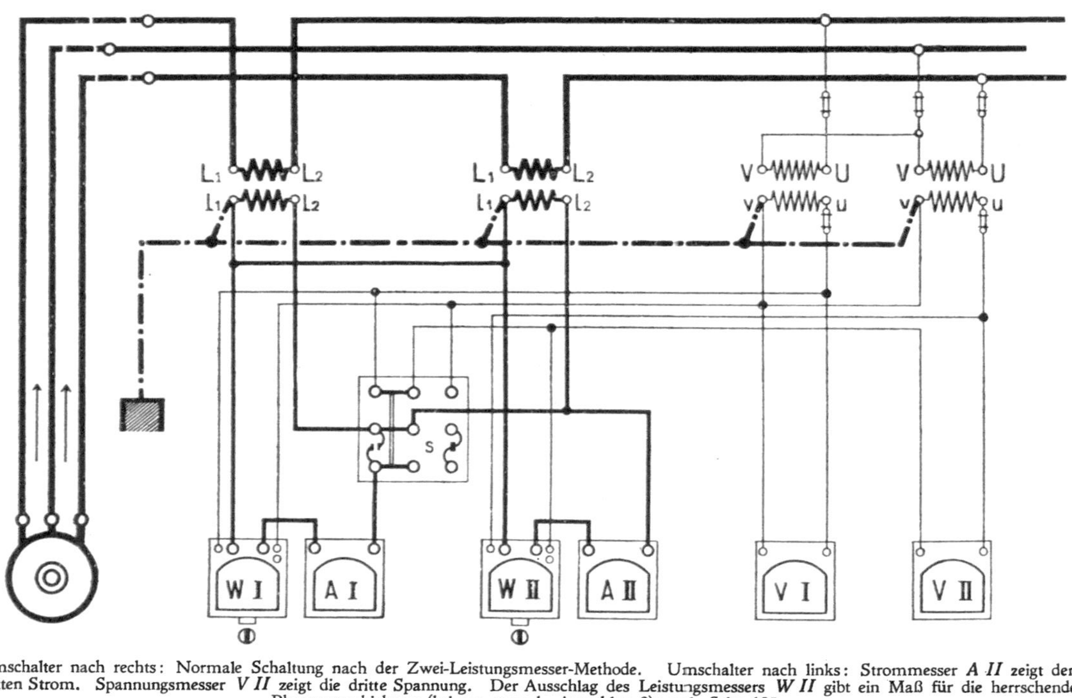

Umschalter nach rechts: Normale Schaltung nach der Zwei-Leistungsmesser-Methode. Umschalter nach links: Strommesser *A II* zeigt den dritten Strom. Spannungsmesser *V II* zeigt die dritte Spannung. Der Ausschlag des Leistungsmessers *W II* gibt ein Maß für die herrschende Phasenverschiebung (bei $\cos \varphi = 1$, Ausschlag 0); vgl. Seite 183.

Schaltung für indirekte Drehstrom=Leistungsmessungen nach der Zwei=Leistungsmesser=Methode, mit dreipoligem Stromumschalter zur Messung des dritten Stromes und der dritten Spannung.

g) Berücksichtigung der Fehler der Meßwandler.

Die Berücksichtigung der **Phasenverschiebungs- und Übersetzungsfehler der Stromwandler** bietet bei der Zwei-Leistungsmesser-Methode Schwierigkeiten, da die den Stromwandlern beigegebenen Korrektionskurven nicht ohne weiteres verwendet werden können. Um die Fehler aus den Kurven entnehmen zu können, muß man zunächst die Größe und die Richtung der Phasenverschiebung zwischen Strom und Spannung in jedem der beiden Leistungsmesser einzeln bestimmen. Hierzu wird in den meisten Fällen die Aufzeichnung eines Diagrammes erforderlich sein. Hat man auf diese Weise die Leistungsfaktoren für die beiden Ausschläge α_1 und α_2 der beiden Leistungsmesser gefunden, so kann man aus den diesen Leistungsfaktoren entsprechenden Korrektionskurven für die entsprechenden Strombelastungen die Korrektionsfaktoren f_1 und f_2 entnehmen. Die Leistung wird dann

$$P = \frac{I}{5} \cdot \frac{E}{100} \cdot c \cdot (\alpha_1 \cdot f_1 \pm \alpha_2 \cdot f_2)$$

Bei **annähernd gleichmäßiger Belastung** der drei Phasen des Drehstrom-Systems kann man einen Korrektionsfaktor f_D für Drehstrom vorausberechnen, der ohne weiteres für die Summe bzw. Differenz der beiden Ausschläge gilt:

$$\alpha_1 \cdot f_1 + \alpha_2 \cdot f_2 = (\alpha_1 + \alpha_2) \cdot f_D$$

$$f_D = \frac{\alpha_1 \cdot f_1 + \alpha_2 \cdot f_2}{\alpha_1 + \alpha_2}$$

Die **Berechnung dieses Korrektionsfaktors** f_D kann unabhängig von dem tatsächlichen Werte der beiden Ausschläge α_1 und α_2 vorgenommen werden. Da das Verhältnis der beiden Leistungsmesser-Ausschläge für jeden Netzleistungsfaktor cos φ bekannt ist, kann man entsprechende Proportionalitätswerte für α_1 und α_2 in die Rechnung einführen, die man für jeden Netzleistungsfaktor aus dem Kurvenbilde auf Seite 178 entnehmen kann. Diese Werte sind in der folgenden Tabelle angegeben und können ohne weiteres für alle Strombelastungen unverändert in die Rechnung eingesetzt werden. Die diesen Ausschlägen entsprechenden Leistungsfaktoren an den beiden Leistungmessern sind ebenfalls aus der Tabelle zu entnehmen (vgl. Seite 177). Aus den diesen Leistungsfaktoren entsprechenden Korrektionskurven der Stromwandler entnimmt man für die vorliegende Strombelastung die zugehörigen Korrektionsfaktoren f_1 und f_2 und setzt sie in die obige Gleichung zur Berechnung von f_D ein.

Netzleistungsfaktor $\cos\varphi_{mittel}$	LeistungsmesserAusschläge α_1	α_2	f_1 ist zu entnehmen aus Kurve für		f_2 ist zu entnehmen aus Kurve für	
$\cos\varphi = 1$	86,6	86,6	$\cos\varphi_1 = 0{,}866$	N	$\cos\varphi_2 = 0{,}866$	V
$= 0{,}9$	56,2	99,7	$= 0{,}562$	N	$= 0{,}997$	V
$= 0{,}8$	39,3	99,3	$= 0{,}393$	N	$= 0{,}993$	N
$= 0{,}7$	25,0	96,4	$= 0{,}250$	N	$= 0{,}964$	N
$= 0{,}6$	11,9	91,9	$= 0{,}119$	N	$= 0{,}919$	N
$= 0{,}5$	0	86,6	—	—	$= 0{,}866$	N
$= 0{,}4$	−11,3	80,4	$= 0{,}113$	V	$= 0{,}804$	N
$= 0{,}3$	−21,6	73,7	$= 0{,}216$	V	$= 0{,}737$	N
$= 0{,}2$	−31,7	66,3	$= 0{,}317$	V	$= 0{,}663$	N
$= 0{,}1$	−41,2	57,8	$= 0{,}412$	V	$= 0{,}578$	N

V = Kurven für voreilenden Strom, N = Kurven für nacheilenden Strom.

Führt man diese Rechnung für einen bestimmten Netzleistungsfaktor $\cos\varphi_{mittel}$ bei verschiedenen Strombelastungen der Stromwandler aus, so bilden die berechneten Werte eine Drehstrom-Korrektionskurve für diesen Netzleistungsfaktor. Für die anderen vorkommenden Netzleistungsfaktoren führt man dann die Rechnung in gleicher Weise aus und erhält auf diese Weise eine Kurvenschar zur Korrektion der Meßwandler bei Drehstrom gleicher Belastung.

Die Anwendung der so berechneten Korrektionskurven für Drehstrom ist dann sehr einfach: Man bestimmt sich zunächst den mittleren Netzleistungsfaktor. Dies geschieht am einfachsten, indem man das Verhältnis $\alpha_1 : \alpha_2$ aus den beiden gemessenen Ausschlägen bildet und den zugehörigen Leistungsfaktor aus dem Kurvenbilde auf Seite 180 entnimmt. Aus der diesem Netzleistungsfaktor entsprechenden Drehstrom-Korrektionskurve entnimmt man für die vorliegende, am Strommesser abgelesene Strombelastung der Stromwandler den Korrektionsfaktor f_D; dann wird die Leistung

$$P = \frac{I}{5} \cdot \frac{E}{100} \cdot c \cdot (\alpha_1 \pm \alpha_2) \cdot f_D \qquad \text{Watt.}$$

2. Drei-Leistungsmesser-Methode.

a) Entwickelung der Leistungsformel.

Bei der Drei-Leistungsmesser-Methode liegt in jeder Leitung ein Leistungsmesser. Die Spannungskreise der drei Leistungsmesser sind in Sternschaltung zu einem künstlichen Nullpunkt verbunden. Wird für die Widerstände der drei Spannungskreise keinerlei Voraussetzung gemacht, dann liegt auch der künstliche Nullpunkt an einer beliebigen Stelle; er braucht also nicht mit dem tatsächlichen Nullpunkt des Drehstrom-Systems zusammenzufallen. Die Leistung des Drehstrom-Systems ist in jedem Falle die Summe der von den drei Leistungsmessern gemessenen Leistungen, wobei die gemessenen Einzelleistungen jedoch nicht gleich den Leistungen der drei Phasen sein müssen.

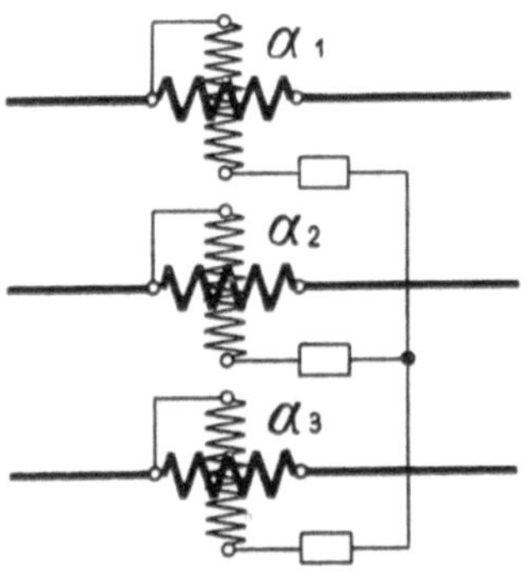

Dabei ist vollkommen gleichgültig, ob der untersuchte Stromerzeuger bzw. Stromverbraucher in Stern oder in Dreieck geschaltet ist.

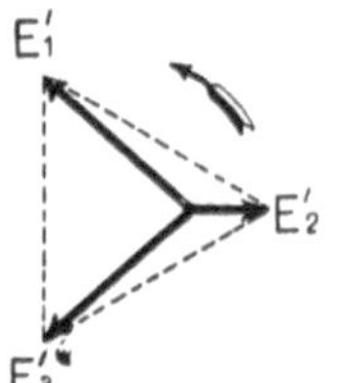

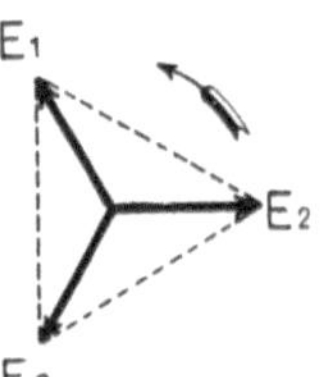

Bezeichnen:

e'_1, e'_2, e'_3 = Momentanwerte der gemessenen Spannungen E'_1, E'_2, E'_3 bei künstlichem, beliebig liegendem Nullpunkt,

e_1, e_2, e_3 = Momentanwerte der Phasenspannungen E_1, E_2, E_3 des Drehstrom-Systems,

i_1, i_2, i_3 = Momentanwerte der Ströme in den drei Leitungen,

so wird der Momentanwert der gemessenen Leistung:

$$P = e'_1 \cdot i_1 + e'_2 \cdot i_2 + e'_3 \cdot i_3$$

Ferner gilt für jedes Drehstrom-Dreileiter-System die Beziehung:

$$i_2 = -(i_1 + i_3)$$

Es wird also: $P = e_1' \cdot i_1 - e_2' \cdot i_1 - e_2' \cdot i_3 + e_3' \cdot i_3$

$$P = i_1 \cdot (e_1' - e_2') + i_3 \cdot (e_3' - e_2')$$

Die Klammerausdrücke $(e_1' - e_2')$ bedeuten nichts anderes als die resultierenden Spannungen, die durch Gegeneinanderschalten der gemessenen Spannungen entstanden sind (vgl. Figur auf Seite 202). Diese resultierenden Spannungen sind, wie aus dem Diagramm ersichtlich ist, in jedem Falle gleich den verketteten Spannungen, d. h. den Netzspannungen. Die Gleichung entspricht daher vollkommen der auf Seite 175 abgeleiteten Gleichung für die Zwei=Leistungsmesser=Methode. Es ist von Interesse, daß auch das Diagramm direkt auf die Zwei=Leistungsmesser=Methode hinführt. Denkt man sich, daß der Widerstand des Spannungskreises des mittleren Leistungsmessers und damit die Phasenspannung E_2' (vgl. Diagramm auf Seite 202) immer kleiner und schließlich gleich Null wird, so werden die Spannungen E_1' und E_3' gleich der verketteten Spannung, und der Ausschlag α_2 des mittleren Leistungsmessers wird gleich Null. Die Gesamtleistung des Drehstrom=Systems wird also in diesem Falle durch die Ausschläge α_1 und α_3 der beiden anderen Leistungsmesser bestimmt, die Netzstrom und Netzspannung messen.

Bei **Messungen in Drehstrom=Dreileiteranlagen** wählt man die Widerstände der drei Spannungszweige gleich groß. Der künstliche Nullpunkt wird daher stets annähernd dem tatsächlichen Nullpunkt des Drehstrom=Systems entsprechen. Die erforderliche Größe der Widerstände ergibt sich dann aus der Phasenspannung $E_p = E : \sqrt{3}$. Dann folgt die Leistung des Drehstrom=Systems aus den Zeigerausschlägen α_1, α_2 und α_3 der drei Leistungsmesser

$$\boldsymbol{P = C \cdot c} \cdot (\alpha_1 + \alpha_2 + \alpha_3) \qquad \textbf{Watt.}$$

Die Drei=Leistungsmesser=Methode hat vor der Zwei=Leistungsmesser=Methode den Vorteil, daß durch den Einbau gleicher Instrumente in alle drei Leitungen die Symmetrie gewahrt und die Gleichheit der Klemmenspannungen am Stromverbraucher nicht gestört wird. Dies ist z. B. bei Messungen an Kleinmotoren von großem Wert. Bei Messungen unter normalen Verhältnissen ist indessen der Vorteil einer vollkommen symmetrischen Schaltung nicht so schwerwiegend, daß man dagegen die Unbequemlichkeiten, die durch die Ablesung dreier Instrumente entstehen, sowie die höheren Kosten der Meßschaltung in Kauf nehmen sollte. Die Schaltung wird daher für Drehstrom=Dreileitersysteme nur wenig angewendet.

Bei **Messungen in Drehstrom-Vierleiteranlagen** wählt man die Widerstände der drei Spannungszweige ebenfalls gleich groß, schließt aber den Sternpunkt der Widerstände an den Nulleiter des Drehstrom-Systems an. Da die Spannungszweige dann an der tatsächlichen Phasenspannung liegen, sind auch die gemessenen Einzelleistungen gleich den Leistungen der drei Phasen. Die Gesamtleistung des Drehstrom-Systems ist gleich der Summe der drei Phasenleistungen:

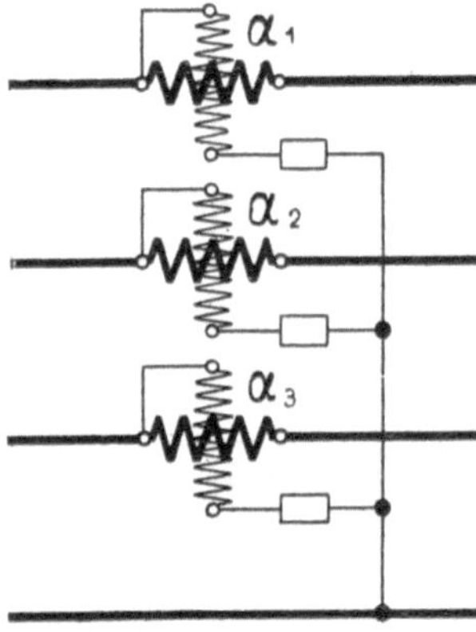

$$\boldsymbol{P} = \boldsymbol{C} \cdot \boldsymbol{c} \cdot (\alpha_1 + \alpha_2 + \alpha_3) \text{ Watt.}$$

Für die Berechnung der erforderlichen Vorschaltwiderstände und der Widerstands-Konstante C ist hierbei naturgemäß die Phasenspannung $E_p = E : \sqrt{3}$ maßgebend. Es sei noch darauf hingewiesen, daß die Drei-Leistungsmesser-Methode das einzig mögliche exakte Meßverfahren für Drehstrom-Vierleitersysteme ist. Die Zwei-Leistungsmesser-Methode ist hierbei entwicklungsgemäß nicht anwendbar, da die Bedingungsgleichung $i_2 = -(i_1 + i_3)$ für diese Meßmethode durch den im Nulleiter fließenden Ausgleichstrom hinfällig wird.

b) Bestimmung des mittleren Leistungsfaktors.

Zur Bestimmung des mittleren Leistungsfaktors eines annähernd gleichmäßig belasteten Drehstrom-Vierleitersystems ist die Messung der drei Ströme und Spannungen erforderlich (vgl. Seite 179). Bezeichnet I_{mittel} den Mittelwert aus den drei gemessenen Strömen und $E_{p\,\text{mittel}}$ den Mittelwert aus den drei gemessenen Phasenspannungen, so ist der mittlere Leistungsfaktor des Systems

$$\cos \varphi_{\text{mittel}} = \frac{P}{3 \cdot E_{p\,\text{mittel}} \cdot I_{\text{mittel}}}$$

Ein derartig berechneter mittlerer Leistungsfaktor hat jedoch nur dann Bedeutung, wenn die drei Phasen annähernd gleichartig belastet sind. Treten erhebliche Verschiedenheiten der drei Phasenbelastungen auf, so kann man nur den Leistungsfaktor einer jeden Phase bestimmen:

$$\cos \varphi_1 = \frac{C \cdot c \cdot \alpha_1}{E_{p1} \cdot I_1}; \quad \cos \varphi_2 = \frac{C \cdot c \cdot \alpha_2}{E_{p2} \cdot I_2}; \quad \cos \varphi_3 = \frac{C \cdot c \cdot \alpha_3}{E_{p3} \cdot I_3}$$

c) Schaltungen für direkte Messungen nach der Drei-Leistungsmesser-Methode.

Bei der direkten Messung ergibt sich **die gemessene Leistung** unmittelbar aus den Zeigerausschlägen der drei Leistungsmesser (vgl. Seite 38 bzw. 78).

$$\boldsymbol{P} = \boldsymbol{C} \cdot \boldsymbol{c} \cdot (\alpha_1 + \alpha_2 + \alpha_3) \qquad \textbf{Watt.}$$

Für die Berechnung der erforderlichen Vorschaltwiderstände und der Widerstands-Konstante C ist naturgemäß die Phasenspannung $E : \sqrt{3}$ maßgebend.

Aus den Mittelwerten der abgelesenen Ströme und Spannungen folgt bei nahezu gleicher Strombelastung der **mittlere Leistungsfaktor** (vgl. Seite 179)

$$\cos \varphi_{\text{mittel}} = \frac{P}{3 \cdot E_{p\,\text{mittel}} \cdot I_{\text{mittel}}}$$

Für die Berechnung der durch den **Eigenverbrauch der Meßinstrumente** verursachten Fehler gilt das gleiche, was auf Seite 161 für Einphasenstrom-Leistungsmessungen entwickelt worden ist. Da drei Sätze gleicher Instrumente vorhanden sind, ist naturgemäß auch der Eigenverbrauch für drei Instrumentsätze in Rechnung zu ziehen. Bei annähernd gleichmäßiger Belastung genügt es, den für einen Instrumentsatz ermittelten Eigenverbrauch, mit 3 multipliziert, in die Rechnung einzusetzen. Man wird jedoch in den weitaus meisten Fällen von einer Korrektion ganz absehen können, falls man die Schaltung so wählt, daß die kleinsten Fehler auftreten.

Die **Meßschaltungen** ergeben sich unter Beachtung der auf Seite 35 bzw. 76 angeführten Schaltregeln in gleicher Weise, wie es im vorhergehenden Abschnitt für die Zwei-Leistungsmesser-Methode entwickelt worden ist. Auf Seite 206 ist eine vollständige Meßschaltung mit drei Instrumentsätzen angegeben. Wenn die Belastung konstant ist, oder wenn es sich nur um die Messung der drei Einzelleistungen handelt, kann man die drei Messungen, die bei der vollständigen Meßschaltung gleichzeitig ausgeführt werden, auch nacheinander mit nur einem Instrumentsatz vornehmen. Die hierzu erforderlichen Umschaltungen werden zweckmäßig mit zwei Stromumschaltern (vgl. Seite 151) vorgenommen, wie es das Schaltbild auf Seite 207 zeigt. Allerdings ist hierbei noch mehr als bei den Meßschaltungen auf Seite 186 darauf Rücksicht zu nehmen, daß sich die Belastung während der drei nacheinander ausgeführten Messungen erheblich ändern kann. Es ist daher bei der Anwendung dieser dreifachen Umschaltung einige Vorsicht geboten.

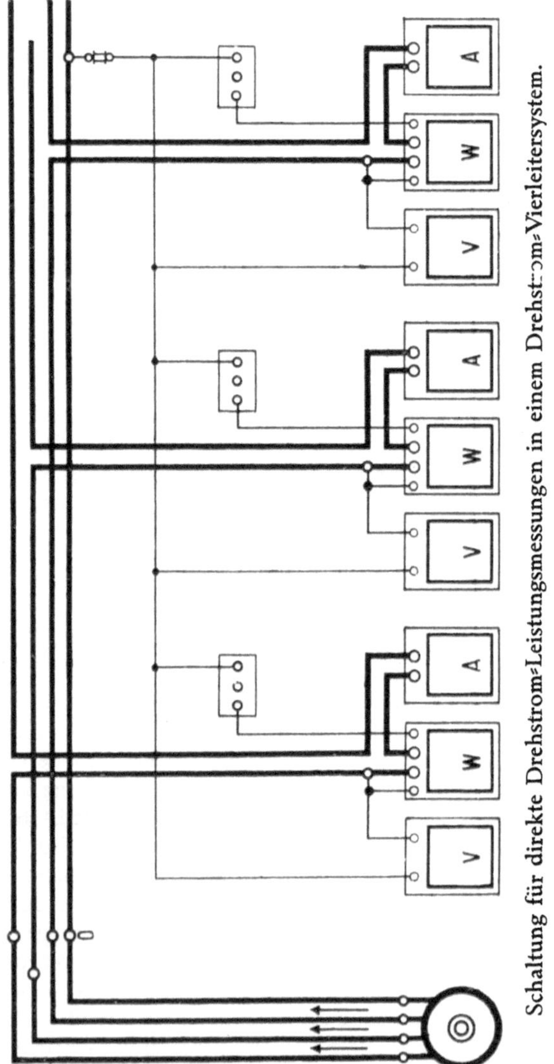

Schaltung für direkte Drehstrom=Leistungsmessungen in einem Drehstrom=Vierleitersystem.

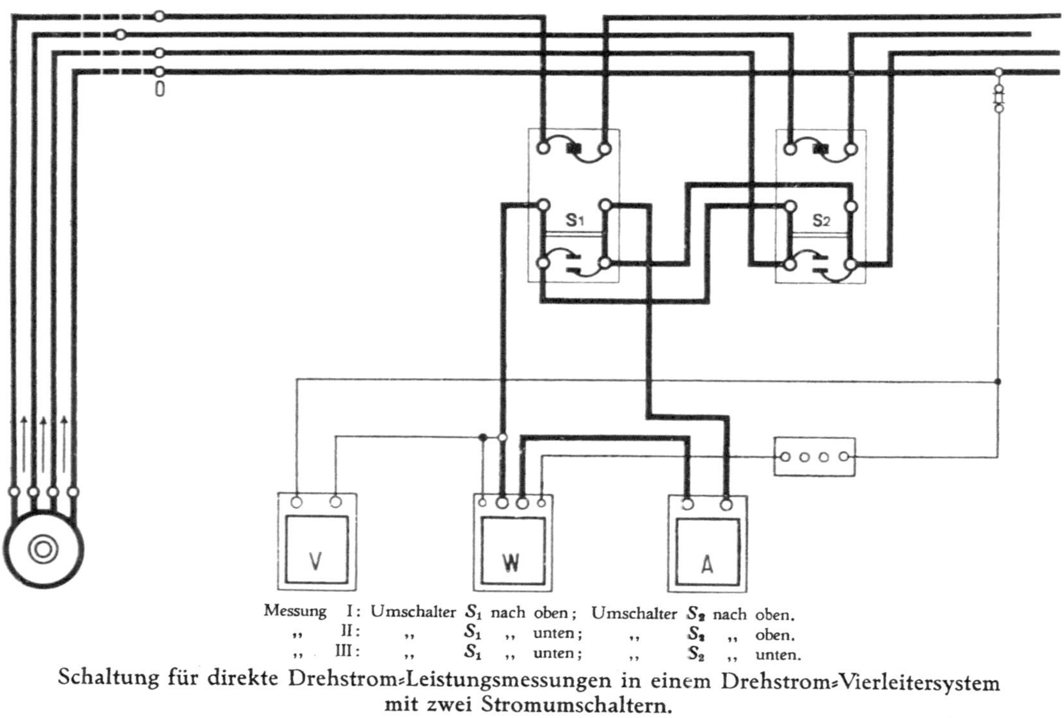

Messung I: Umschalter S_1 nach oben; Umschalter S_2 nach oben.
" II: " S_1 " unten; " S_2 " oben.
" III: " S_1 " unten; " S_2 " unten.

Schaltung für direkte Drehstrom-Leistungsmessungen in einem Drehstrom-Vierleitersystem mit zwei Stromumschaltern.

d) Schaltungen für indirekte Messungen nach der Drei-Leistungsmesser-Methode.

Bei der indirekten Messung mit Strom- und Spannungswandlern sind die Angaben der Leistungsmesser (vgl. Seite 61 bzw. 77) noch mit den Übersetzungen der Meßwandler (vgl. Seite 128 und 140) zu multiplizieren. Die **gemessene Leistung** beträgt demnach:

$$P = \frac{I}{5} \cdot \frac{E_p}{100} \cdot c \cdot (\alpha_1 + \alpha_2 + \alpha_3) \qquad \text{Watt.}$$

Die Spannungswandler sind hierbei nur für die Phasenspannung E_p zu bemessen.

Der **mittlere Leistungsfaktor** ergibt sich in gleicher Weise wie bei der direkten Messung aus den gemessenen Strömen und Spannungen. Die Ablesungen der Strom- bzw. Spannungsmesser sind hierbei natürlich ebenfalls mit den Übersetzungen der Strom- bzw. Spannungswandler zu multiplizieren.

$$\cos \varphi_{\text{mittel}} = \frac{P}{3 \cdot E_{p\,\text{mittel}} \cdot I_{\text{mittel}}}$$

Bei besonders genauen Messungen ist noch der **Eigenverbrauch der Meßschaltung** zu berücksichtigen. Die Art dieser Berechnung ergibt sich ohne weiteres aus den Angaben auf Seite 166. Da es sich um drei vollständig gleiche, annähernd gleichmäßig belastete Meßgerätsätze handelt, genügt es, die Rechnung für einen Satz durchzuführen und das Ergebnis mit 3 zu multiplizieren. In den meisten Fällen wird man jedoch den Eigenverbrauch der Meßschaltung vernachlässigen können, wenn man die Schaltung so wählt, daß die kleinsten Fehler auftreten (vgl. Seite 166). Die Berücksichtigung der Phasenverschiebungs- und Übersetzungsfehler der Stromwandler erfolgt mit Hilfe der den Stromwandlern beigegebenen Korrektionskurven in der gleichen Weise wie bei Einphasenstrom. Eine Korrektion der Angaben der Spannungswandler ist nicht erforderlich.

Die **Meßschaltungen** ergeben sich in ähnlicher Weise, wie dies bei der Zwei-Leistungsmesser-Methode (vgl. Seite 187) entwickelt worden ist. Auf Seite 209 ist eine vollständige Meßschaltung mit drei Sätzen von Instrumenten angegeben, während auf Seite 210 und 211 die entsprechenden Schaltungen mit Stromumschaltern auf der Hochspannungs- bzw. Niederspannungsseite dargestellt sind.

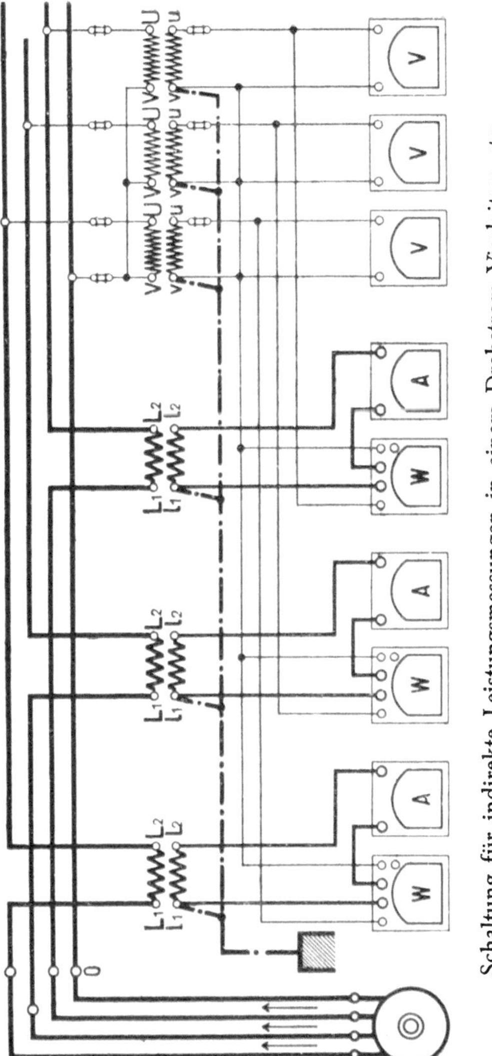

Schaltung für indirekte Leistungsmessungen in einem Drehstrom-Vierleitersystem.

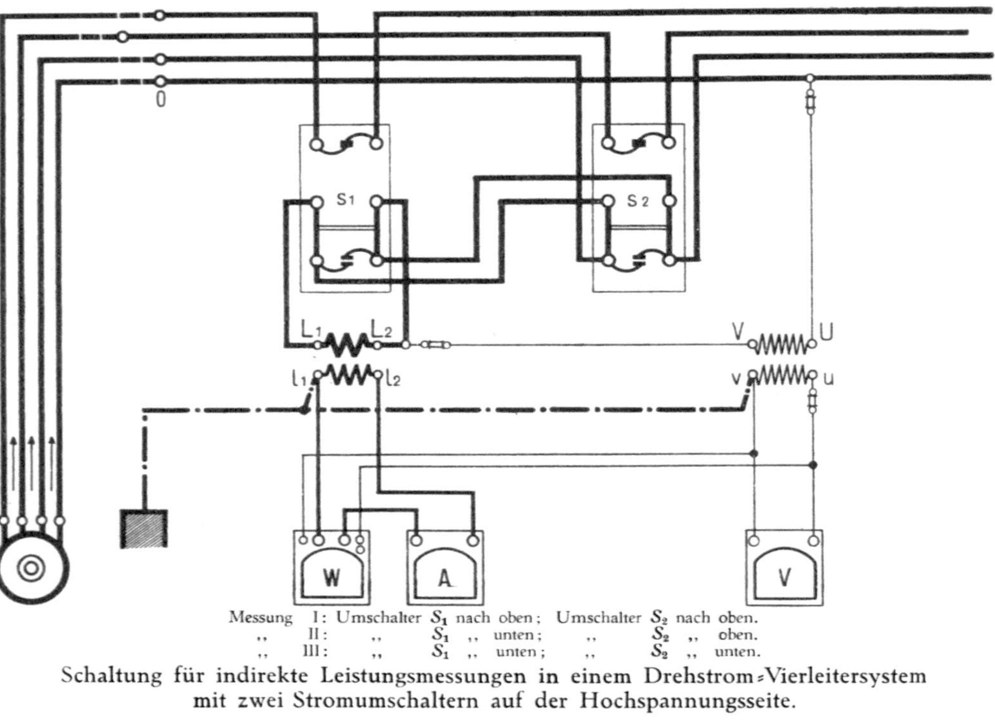

Messung I: Umschalter S_1 nach oben; Umschalter S_2 nach oben.
,, II: ,, S_1 ,, unten; ,, S_2 ,, oben.
,, III: ,, S_1 ,, unten; ,, S_2 ,, unten.

Schaltung für indirekte Leistungsmessungen in einem Drehstrom-Vierleitersystem mit zwei Stromumschaltern auf der Hochspannungsseite.

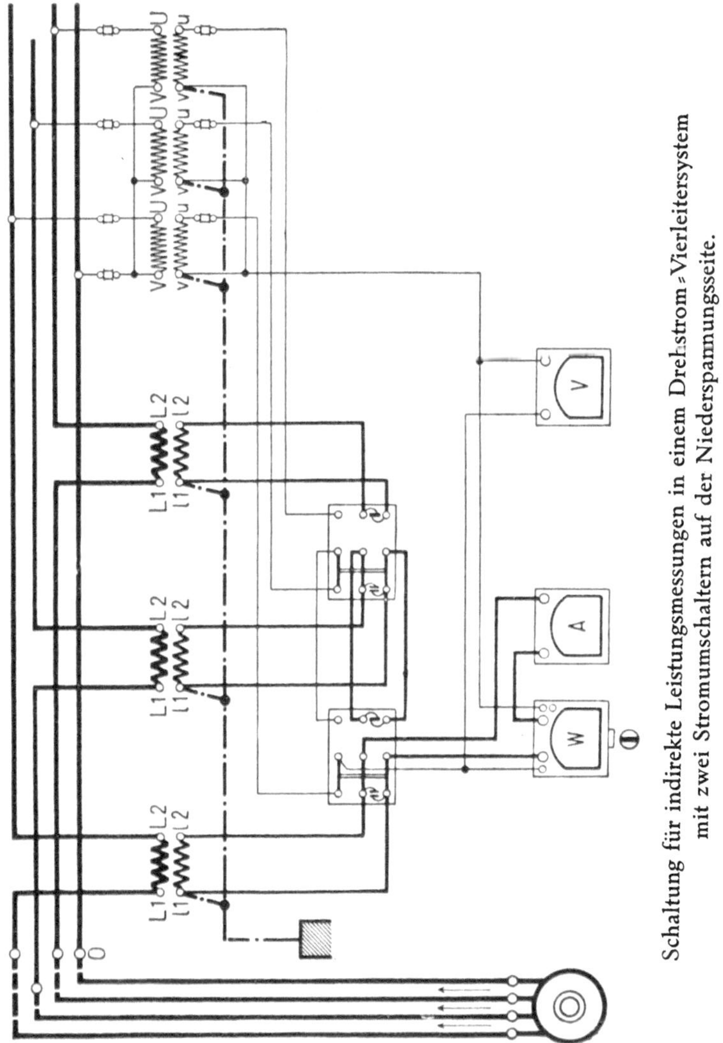

Schaltung für indirekte Leistungsmessungen in einem Drehstrom-Vierleitersystem mit zwei Stromumschaltern auf der Niederspannungsseite.

e) Schaltungen für halbindirekte Messungen nach der Drei-Leistungsmesser-Methode.

Bei der halbindirekten Leistungsmessung mit Stromwandlern als Strom-Meßbereichwählern und mit Vorschaltwiderständen für die Spannungskreise der Leistungsmesser sind die Angaben der Leistungsmesser (vgl. Seite 63 bezw. 78) noch mit der Übersetzung der Stromwandler (vgl. Seite 128) zu multiplizieren. Die **gemessene Leistung** des Drehstrom-Vierleitersystems beträgt also

$$P = \frac{I}{5} \cdot C \cdot c \cdot (\alpha_1 + \alpha_2 + \alpha_3) \qquad \text{Watt.}$$

Aus den Mittelwerten der Ströme und Spannungen folgt bei nahezu gleichmäßiger Belastung ein **mittlerer Leistungsfaktor** (vgl. Seite 179)

$$\cos \varphi_{\text{mittel}} = \frac{P}{3 \cdot E_{p\,\text{mittel}} \cdot I_{\text{mittel}}}$$

Bei besonders genauen Messungen sind die abgelesenen Werte noch zu korrigieren. Der **Eigenverbrauch der Meßschaltung** ergibt sich in gleicher Weise, wie dies auf Seite 170 für Einphasenstrom-Leistungsmessungen entwickelt worden ist, jedoch ist die Rechnung für die drei Instrumentsätze durchzuführen. Die Berücksichtigung der Phasenverschiebungs- und Übersetzungsfehler der Stromwandler erfolgt mittels der den Stromwandlern beigegebenen Korrektionskurven ebenso wie bei Einphasenstrom.

Eine **vollständige Meßschaltung** für halbindirekte Messungen ist auf Seite 213 angegeben. Für die Ausführung der Schaltung gilt das gleiche, was auf Seite 170 über halbindirekte Einphasenstrom-Leistungsmessungen gesagt wurde. Bei konstanter Belastung können die drei Messungen, die bei der vollständigen Meßschaltung gleichzeitig stattfinden, auch nacheinander vorgenommen werden. Die entsprechenden **Meßschaltungen mit Stromumschaltern** sind auf den folgenden Seiten 214 und 215 angegeben. Die Umschaltung auf der Primärseite ergibt die billigste Meßschaltung, ihre Anwendung ist aber wegen der Größe der Schalter auf mittlere Stromstärken beschränkt. Die Umschaltung auf der Sekundärseite vermeidet diesen Nachteil und ist daher für erweiterungsfähige Meßeinrichtungen vorzuziehen. Allerdings ist auch hierbei stets darauf Rücksicht zu nehmen, daß sich die Belastung während der drei nacheinander auszuführenden Messungen erheblich ändern kann. Man wird daher diese Umschaltung nur dann anwenden, wenn das Hauptgewicht auf die Messung der Belastung der einzelnen Phasen gelegt wird.

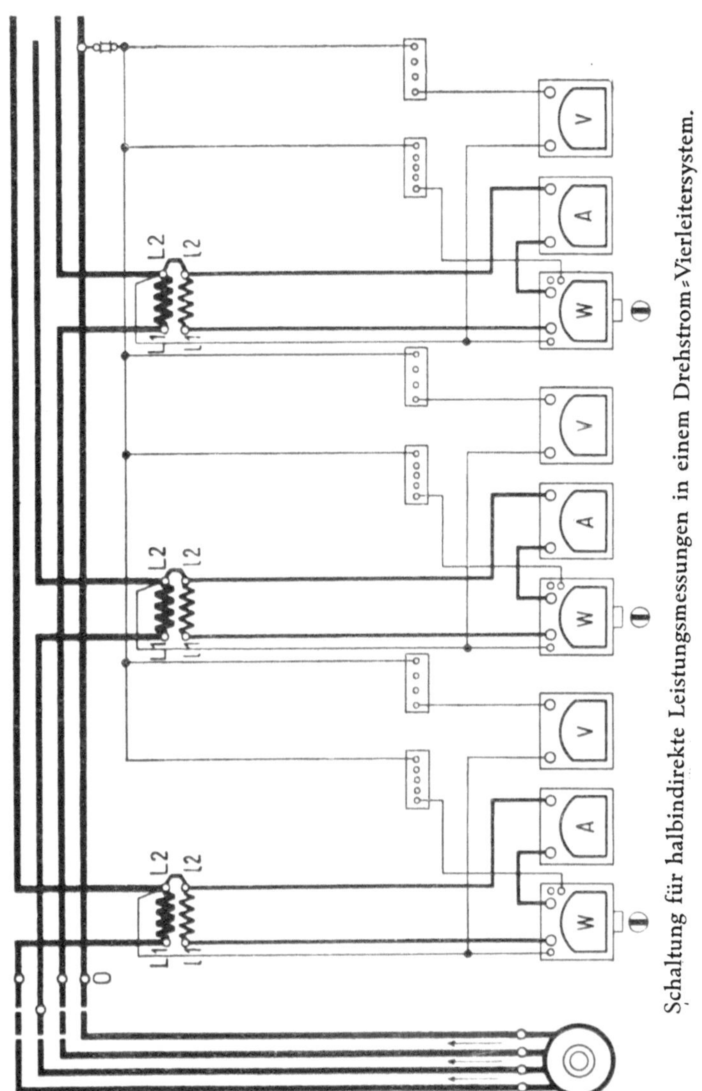

Schaltung für halbindirekte Leistungsmessungen in einem Drehstrom-Vierleitersystem.

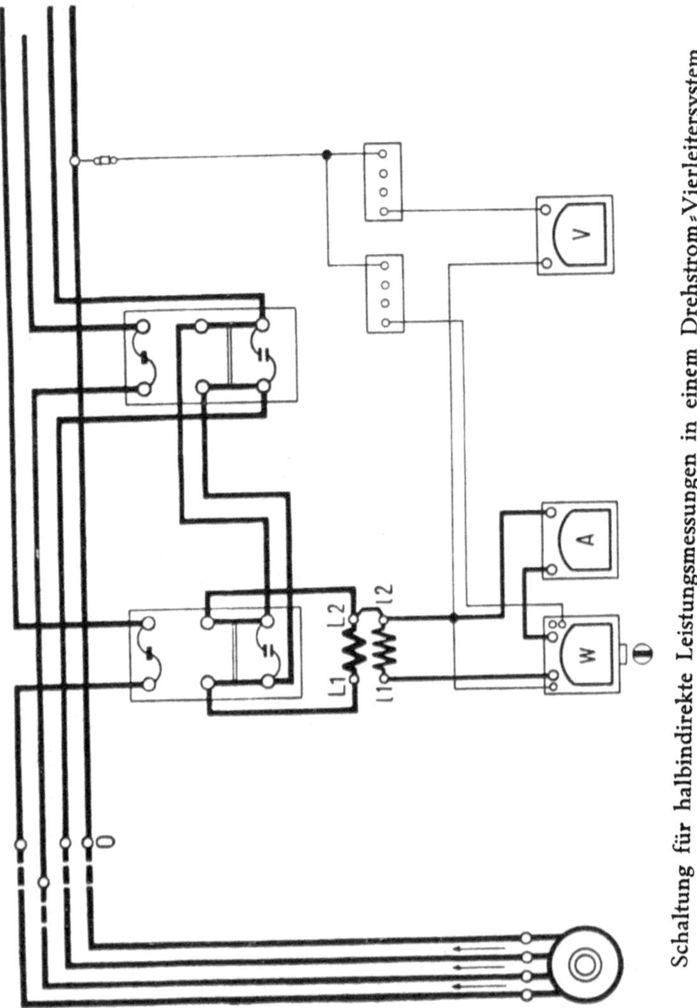

Schaltung für halbindirekte Leistungsmessungen in einem Drehstrom-Vierleitersystem mit zwei Stromumschaltern auf der Primärseite.

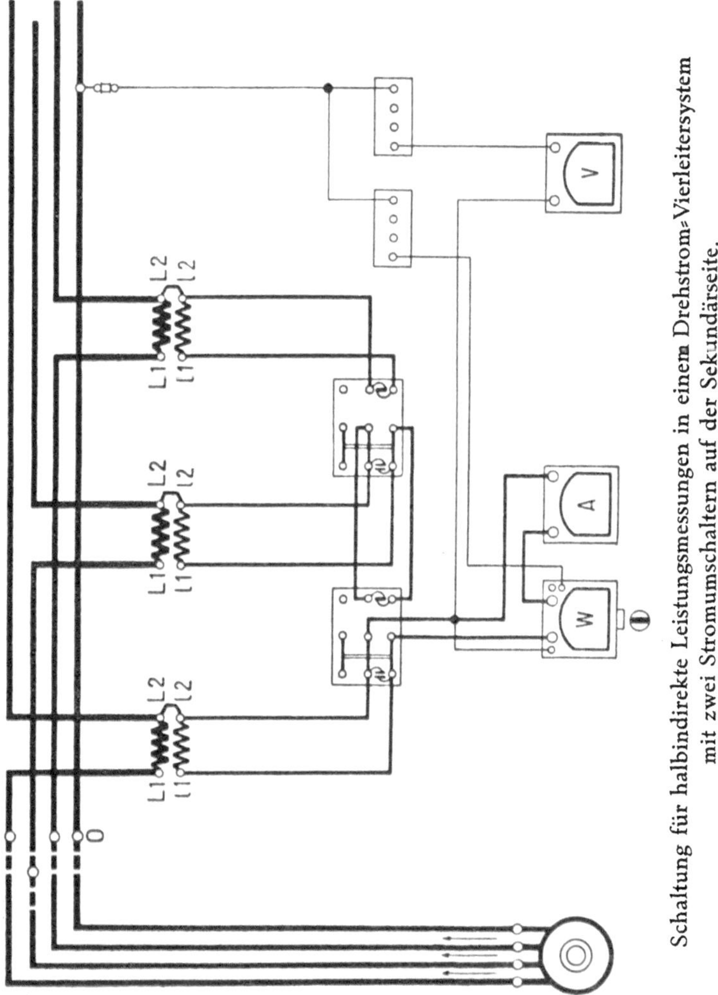

Schaltung für halbindirekte Leistungsmessungen in einem Drehstrom=Vierleitersystem mit zwei Stromumschaltern auf der Sekundärseite.

3. Drehstrom-Leistungsmesser mit zwei Meßsystemen.

a) Entwickelung der Leistungsformel.

Der Drehstrom-Leistungsmesser soll die Messung der Leistung eines beliebig belasteten Drehstrom-Dreileitersystems durch **eine einzige Zeigerablesung** ermöglichen. Dies ist besonders in Betrieben mit stark schwankender Belastung erwünscht, da in diesem Falle die Ablesung zweier Leistungsmesser einige Schwierigkeiten bietet. Nach den vorhergehenden Entwickelungen sind zur Messung der Leistung eines

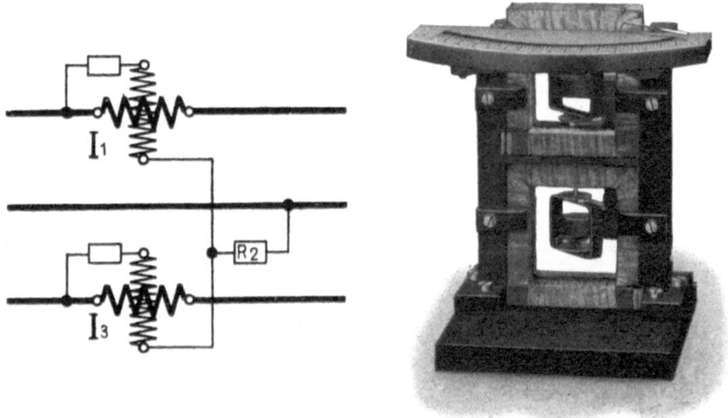

beliebig belasteten Drehstrom-Dreileitersystems mindestens zwei Wattmessungen erforderlich. Der Drehstrom-Leistungsmesser muß daher zwei Meßsysteme enthalten. Diese beiden Systeme sind mechanisch starr gekuppelt, so daß sich die Drehmomente der beiden Systeme selbsttätig addieren bzw. subtrahieren. Der Zeigerausschlag des Instruments gibt daher unmittelbar die Summe bzw. Differenz der beiden gemessenen Teilleistungen an.

Die **innere Schaltung** des Instruments entspricht im wesentlichen der Zwei-Leistungsmesser-Methode. Um die gegenseitigen Beeinflussungen der direkt übereinander aufgebauten Meßsysteme zu kompensieren, ist jedoch die Schaltung des Drehstrom-Leistungsmessers durch Einbau eines dritten Korrektionswiderstandes R_2 in der oben angegebenen Weise abgeändert worden.

Bezeichnen i_1, i_3 = Momentanwerte der Ströme in den feststehenden Stromspulen,

i_{s1}, i_{s3} = Momentanwerte der Ströme in den beweglichen Spannungsspulen,

i_{s2} = Momentanwert des Stromes im Korrektionswiderstand R_2,

M_1, M_1', M_3, M_3' = Momentanwerte der erzeugten Drehmomente,

c_1, c_1', c_3, c_3' = System-Konstanten,

so würden sich folgende Drehmomente ergeben, und zwar durch Zusammenwirken von

oberer Stromspule und oberer Spannungsspule

$$c_1 \cdot i_1 \cdot i_{s1} = \text{const} \cdot M_1$$

oberer Stromspule und unterer Spannungsspule

$$c_1' \cdot i_1 \cdot i_{s3} = \text{const} \cdot M_1'$$

unterer Stromspule und unterer Spannungsspule

$$c_3 \cdot i_3 \cdot i_{s3} = \text{const} \cdot M_3$$

unterer Stromspule und oberer Spannungsspule

$$c_3' \cdot i_3 \cdot i_{s1} = \text{const} \cdot M_3'$$

Der Ausschlag α des Instruments wird durch die Summe der auf das System ausgeübten Drehmomente bestimmt. Setzt man voraus, daß die Empfindlichkeit des Instruments an allen Stellen der Skala gleich groß ist, so wird:

$$\text{const} \cdot (M_1 + M_1' + M_3 + M_3') = \alpha$$

$$c_1 \cdot i_1 \cdot i_{s1} + c_1' \cdot i_1 \cdot i_{s3} + c_3 \cdot i_3 \cdot i_{s3} + c_3' \cdot i_3 \cdot i_{s1} = \alpha$$

Da die Summe der Momentanwerte der Ströme eines Drehstrom-Dreileitersystems gleich 0 ist, gilt die Beziehung

$$i_{s1} = -(i_{s2} + i_{s3})$$

$$i_{s3} = -(i_{s1} + i_{s2})$$

Setzen wir diese Werte oben ein, so folgt

$$i_1 [c_1 \cdot i_{s1} - c_1' \cdot (i_{s1} + i_{s2})] + i_3 [c_3 \cdot i_{s3} - c_3' \cdot (i_{s2} + i_{s3})] = \alpha$$

$$i_1 [(c_1 - c_1') \cdot i_{s1} - c_1' \cdot i_{s2}] + i_3 [(c_3 - c_3') \cdot i_{s3} - c_3' \cdot i_{s2}] = \alpha$$

Sind die induktionsfreien Widerstände der drei Spannungszweige R_1, R_2, R_3, so sind die Momentanwerte der an ihren Enden herrschenden Spannungen e_1, e_2, e_3 und

$$i_{s1} = \frac{e_1}{R_1}; \quad i_{s2} = \frac{e_2}{R_2}; \quad i_{s3} = \frac{e_3}{R_3}$$

Setzen wir dies in die letzte Gleichung auf Seite 217 ein, so folgt:

$$i_1 \left[\frac{c_1 - c_1'}{R_1} \cdot e_1 - \frac{c_1'}{R_2} \cdot e_2\right] + i_3 \left[\frac{c_3 - c_3'}{R_3} \cdot e_3 - \frac{c_3'}{R_2} \cdot e_2\right] = \alpha$$

Wählt man die Widerstände der drei Spannungszweige so, daß

$$\frac{c_1 - c_1'}{R_1} = \frac{c_1'}{R_2} = \frac{c_3 - c_3'}{R_3} = \frac{c_3'}{R_2} = \frac{1}{c}$$

wird, so erhält die Gleichung die einfache Form

$$i_1 (e_1 - e_2) + i_3 (e_3 - e_2) = c \cdot \alpha$$

Dies ist dieselbe Gleichung, die auf Seite 175 für die Zwei-Leistungsmesser-Methode entwickelt wurde. Die Ausdrücke $(e_1 - e_2)$ und $(e_3 - e_2)$ stellen nichts anderes dar als die verketteten Spannungen, die durch Gegeneinanderschalten von zwei Phasenspannungen entstanden sind. Da das bewegliche Meßsystem des Leistungsmessers den einzelnen Impulsen der momentanen Leistungswerte nicht folgen kann, stellt es sich infolge seiner Trägheit auf einen mittleren Wert ein, der der mittleren Leistung entspricht. Die mittlere Leistung des Drehstrom-Systems ergibt sich also aus **einem** Zeigerausschlag

$$\boldsymbol{P = c \cdot \alpha} \qquad \textbf{Watt.}$$

Aus der Bedingungsgleichung für die Widerstände folgt, daß die 3 Größen R_1, R_2 und R_3 durch 4 Gleichungen, also überbestimmt sind. Die Bedingungsgleichungen werden daher nicht über die ganze Ausdehnung der Skala in gleich vollkommener Weise erfüllt. Die Eichung des Instruments erfolgt derart, daß die Angaben in dem wichtigeren Gebrauchsgebiete, also etwa von $20^0/_0$ des Ausschlags an, richtig sind. Für Messungen bei außergewöhnlichen Verhältnissen, also etwa bei $\cos \varphi = 0$, wie das bei der Eichung von Zählern vorkommt, ist daher der Drehstrom-Leistungsmesser nicht geeignet.

b) Instrument-Konstante des Drehstrom-Leistungsmessers.

Der Wert der Instrument-Konstante c des Drehstrom-Leistungsmessers ist bestimmt durch die Beziehung:

$$c = \frac{\mathbf{2 \times max. Stromstärke \times max. Spannung}}{\mathbf{Anzahl\ der\ Skalenteile}}$$

Der volle Zeigerausschlag des Instrumentes wird also erst bei einer Leistung erreicht, die gleich dem doppelten Produkt aus dem jeweiligen Strom- und Spannungsmeßbereich ist. Da jedoch die Drehstromleistung nur das 1,73fache dieses Produktes ist, folgt, daß das Instrument erst bei einer Überlastung von 13,5 $^0/_0$ den vollen Zeigerausschlag geben wird.

Für die listenmäßigen Meßbereiche der Drehstrom-Leistungsmesser ergeben sich folgende Instrument-Konstanten:

Strommeßbereich Amp.	Stöpsel gesteckt bei	Lasche zwischen	Instrument-Kontante c (Wert eines Skalenteiles) für			Anzahl der Skalenteile
			150 Volt	300 Volt	450 Volt	
2,5	2	—	5	10	15	150
5	1 u. 3	—	10	20	30	
5	2	—	10	20	30	150
10	1 u. 3	—	20	40	60	
12,5	2	—	25	50	75	150
25	1 u. 3	—	50	100	150	
25	—	2 u. 3	50	100	150	150
50	—	1 u. 2, 3 u. 4	100	200	300	
50	—	2 u. 3	100	200	300	150
100	—	1 u. 2, 3 u. 4	200	400	600	
100	—	2 u. 3	250	500	750	120
200	—	1 u. 2, 3 u. 4	500	1000	1500	
5	90 Volt für Anschluß an Spannungswandler mit 100 Volt Sekundärspannung; $c = 6$					150

Für Spannungen über 450 Volt muß der Drehstrom=Leistungsmesser in Verbindung mit Spannungswandlern verwendet werden. Die Benutzung äußerer Vorschaltwiderstände für höhere Spannungen ist nicht möglich, da die Betriebsspannung sowohl zwischen den beiden feststehenden Stromspulen, als auch zwischen den Strom= und den zugehörigen beweglichen Spannungsspulen auftritt (vgl. Schaltbild auf Seite 216). Man hat die Potentialdifferenz zwischen Strom= und Spannungsspulen beim Drehstrom=Leistungsmesser zulassen müssen, da es nicht möglich ist, die beiden beweglichen Spulen ohne erhebliche Gewichtsvermehrung hinreichend sicher voneinander zu isolieren. Die durch diese Potentialdifferenz etwa verursachten Störungen durch elektrische Ladungserscheinungen sind für die zugelassenen Spannungen bis höchstens 450 Volt nicht erheblich und können bei dem Drehstrom=Leistungsmesser, der nur für Betriebsmessungen mit einer mittleren Meßgenauigkeit von etwa 1 % des Höchstwertes bestimmt ist, vernachlässigt werden.

c) Meß=Schaltungen des Drehstrom=Leistungsmessers.

Für **direkte Messungen** ist auf Seite 222 ein Schaltbild angegeben. Die auf Seite 35 angeführten Schaltregeln für Präzisions=Leistungsmesser haben für den Drehstrom=Leistungsmesser keine Gültigkeit. Einesteils können Potentialdifferenzen im Drehstrom=Instrument aus konstruktiven Gründen nicht vermieden werden, andernteils aber ist das Instrument symmetrisch aufgebaut, so daß die Richtungsregeln nur unter Beachtung der infolge der Symmetrie des Instruments auftretenden Umkehrungen gelten. Wegen der im Instrument auftretenden Potentialdifferenzen sind alle drei Spannungsleitungen zu sichern. Die Leistung ergibt sich unmittelbar aus dem Zeigerausschlag des Instruments:

$$P = c \cdot \alpha \qquad \text{Watt.}$$

Die durch den Eigenverbrauch des Instruments verursachten Fehler liegen innerhalb der Fehlergrenzen des Instruments. Die Schaltung ist überdies so gezeichnet, daß diese Fehler bei der Untersuchung eines Stromverbrauchers möglichst klein werden.

Für **indirekte Messungen** mit Strom- und Spannungswandlern ist die Schaltung auf Seite 223 angegeben. Beim Aufbau der Schaltung sind die Schaltregeln für Meßwandler (vgl. Seite 119) zu beachten. Die Leistung beträgt:

$$P = \frac{I}{5} \cdot \frac{E}{100} \cdot c \cdot \alpha \qquad \text{Watt.}$$

Die neueren Drehstrom-Leistungsmesser für Anschluß an Meßwandler erhalten an Stelle des früheren Meßbereiches 100 Volt einen **Spannungsmeßbereich 90 Volt,** der so reichlich bemessen ist, daß er dauernd an 110 Volt angeschlossen werden kann. Bei Anschluß dieses Meßbereiches von 90 Volt an die normalen Spannungswandler mit 100 Volt Sekundärspannung wird also der Spannungskreis des Leistungsmessers dauernd um $10\,^0/_0$ überlastet. Die hierdurch verursachte Vergrößerung des Zeigerausschlages hebt die durch die Wahl der Instrument-Konstante (vgl. Seite 219) bedingte Verkleinerung des Ausschlages zum größten Teile wieder auf, so daß der Drehstrom-Leistungsmesser bei voller Primärspannung des Spannungswandlers, bei vollem Strom und bei einem Leistungsfaktor $\cos \varphi = 1$ annähernd den vollen Zeigerausschlag gibt.

Für **halbindirekte Messungen** mit Stromwandlern als Strom-Meßbereichwählern ergibt sich die auf Seite 224 angegebene Schaltung. Bei der Ausführung dieser Schaltung ist besonders auf die durch Schaltregel 6 (vgl. Seite 121) bedingte Potential-Ausgleichleitung zu achten. Durch diese werden die Potentialdifferenzen im Instrument auf den kleinstmöglichen Wert herabgesetzt, so daß diese Schaltung günstiger ist als die direkte Schaltung, bei der notwendigerweise die volle Spannung im Instrument auftritt. Die halbindirekte Meßschaltung könnte daher unter Verwendung besonderer äußerer Vorschaltwiderstände ohne weiteres auch für höhere Spannungen bis 600 Volt benutzt werden. Die gemessene Leistung beträgt:

$$P = \frac{I}{5} \cdot c \cdot \alpha \qquad \text{Watt.}$$

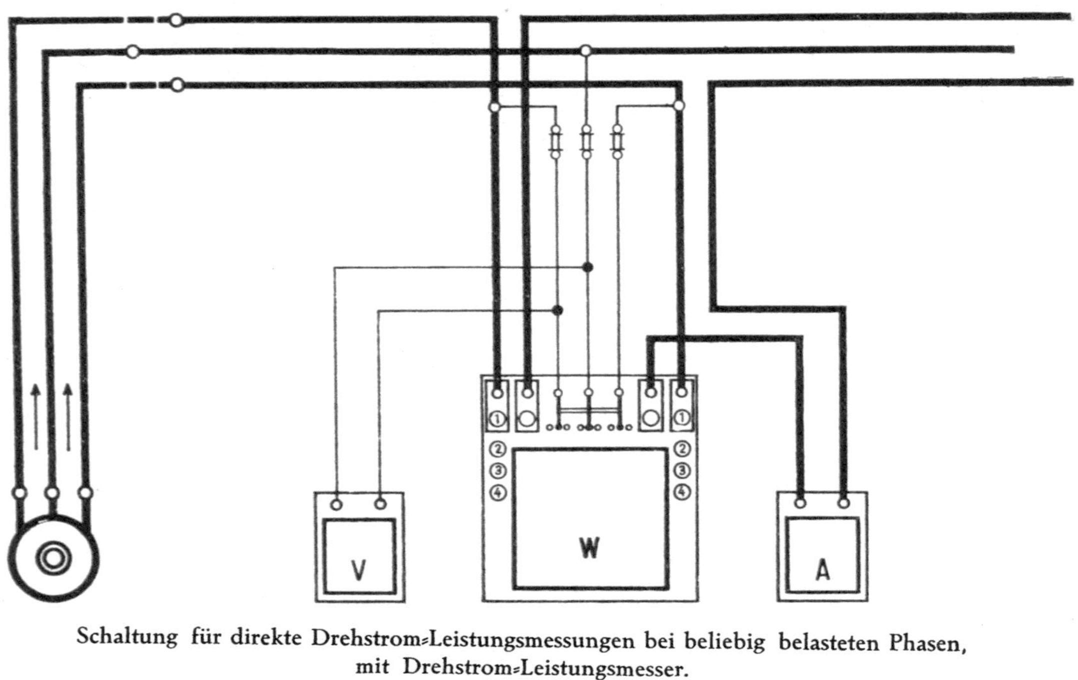

Schaltung für direkte Drehstrom-Leistungsmessungen bei beliebig belasteten Phasen, mit Drehstrom-Leistungsmesser.

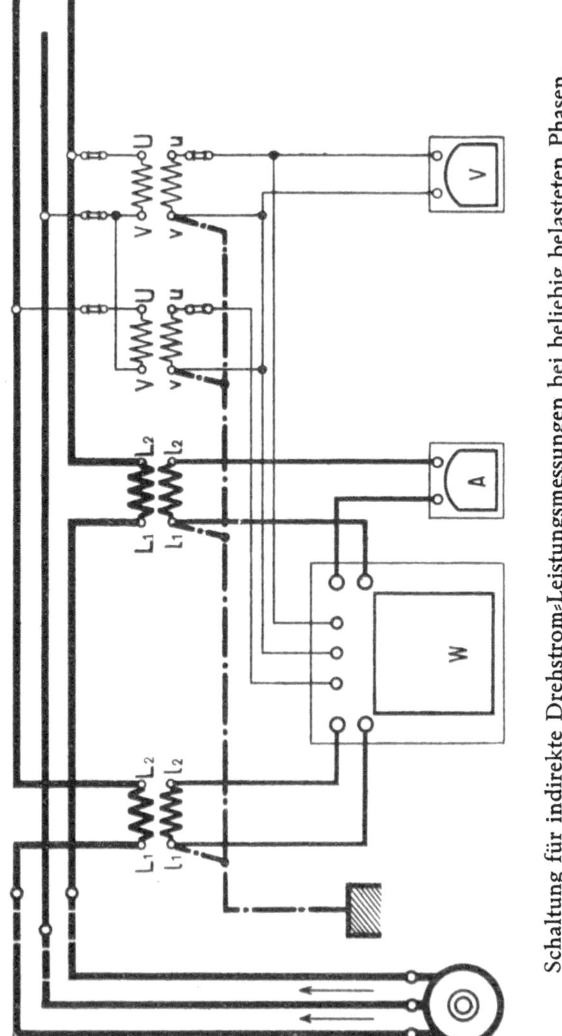

Schaltung für indirekte Drehstrom=Leistungsmessungen bei beliebig belasteten Phasen, mit Drehstrom=Leistungsmesser.

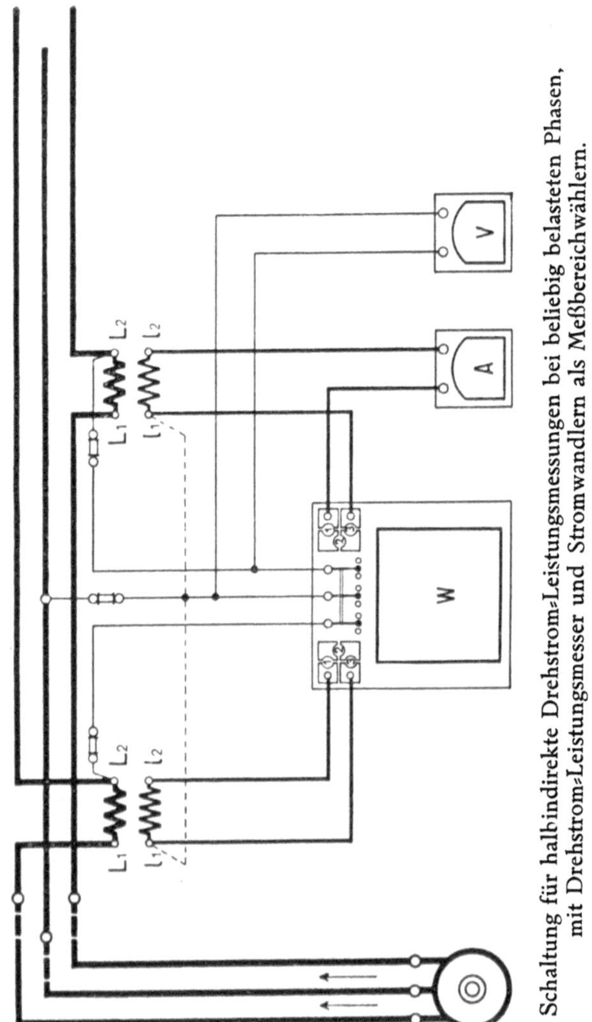

Schaltung für halbindirekte Drehstrom-Leistungsmessungen bei beliebig belasteten Phasen, mit Drehstrom-Leistungsmesser und Stromwandlern als Meßbereichwählern.

4. Ein-Leistungsmesser-Methoden für Drehstrom gleicher Belastung.

a) Entwickelung der Leistungsformel für die Nullpunktmethode.

Die Gesamtleistung eines Drehstrom-Systems ist gleich der Summe der Belastungen der drei Phasen. Sind diese gleichmäßig belastet, wie

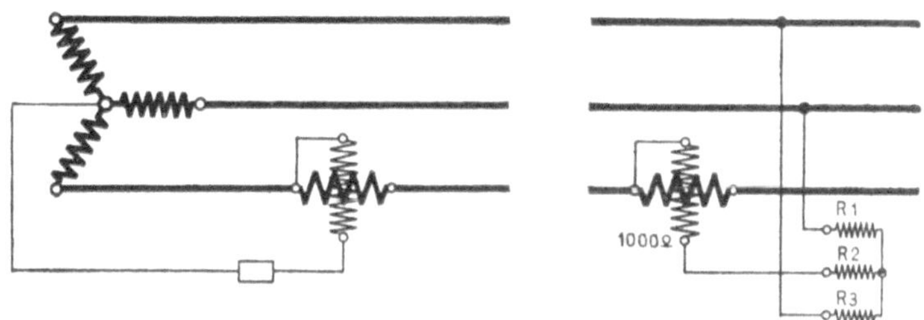

es bei Motoren meist der Fall ist, so genügt es, die Leistung nur einer Phase zu messen und das Ergebnis mit 3 zu multiplizieren. Da die Bedingung genau gleichmäßig verteilter Belastung praktisch nur annähernd erfüllt ist, kann mit dieser Methode nicht die Meßgenauigkeit erzielt werden wie mit der Zwei-Leistungsmesser-Methode. Für technische Messungen wird die Methode jedoch in vielen Fällen recht brauchbar sein, namentlich bei Messungen an Maschinen mit stark schwankender Belastung, da es hierbei vielfach mehr darauf ankommt, die Änderungen der Belastung zu beobachten, als die genaue Größe der Leistung zu bestimmen.

Zur Messung der Leistung einer Phase ist der Nullpunkt des Drehstrom-Systems erforderlich. Da der natürliche Nullpunkt jedoch in den wenigsten Fällen zugänglich ist, muß man sich meist einen **künstlichen Nullpunkt** herstellen. Man schaltet zu diesem Zwecke drei Widerstände in Sternschaltung. Sind die Widerstände so bemessen, daß die Beziehung

$$R_1 = R_3 = R_2 + 1000$$

erfüllt wird, so liegt der Sternpunkt der Widerstände genau symmetrisch, entspricht also dem idealen Nullpunkt des Drehstrom-Systems.

Die zu messende Drehstromleistung ergibt sich bei einer derartigen Nullpunktschaltung durch Multiplikation der Angaben des Leistungs-

Äußere Ausführung der Nullpunktwiderstände für Drehstrom gleicher Belastung.

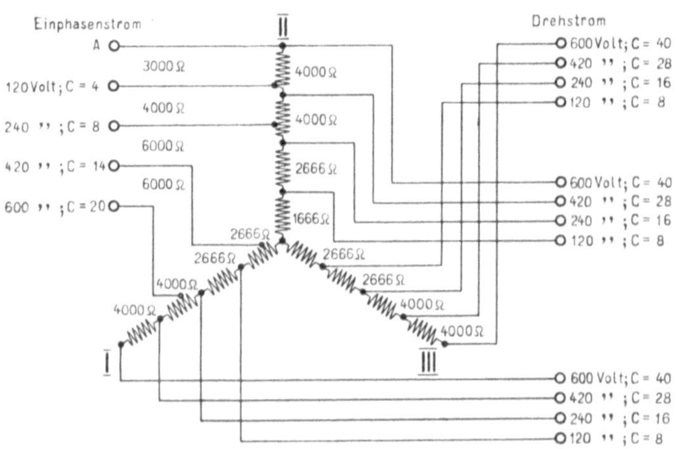

Innenschaltung eines Nullpunktwiderstandes für Drehstrom gleicher Belastung mit besonderen Klemmen für Einphasenstrom.

messers mit der Widerstands-Konstante für Drehstrom. Diese ist bei normaler Strombelastung des Widerstandes bzw. des Leistungsmesser-Spannungskreises mit 0,03 Ampere 1,73 mal so groß wie die Widerstands-Konstante für Einphasenstrom, sofern man die in einem Drehstrom-Dreileitersystem allein meßbare verkettete Spannung in die Rechnung einsetzt. Um an Stelle des für die Rechnung unbequemen Faktors 1,73 den runden Wert 2 zu erhalten, muß man den Strom im Spannungskreis des Leistungsmessers im Verhältnis 2 : 1,73 von 0,030 auf 0,026 Ampere verkleinern. Die drei Zweige des Nullpunktwiderstandes erhalten dann bei Präzisions-Leistungsmessern die im nachstehenden Schaltbild angegebenen Werte:

Bedeutet E die verkettete Spannung, so ergibt sich der Widerstand R eines Zweiges:

$$R_1 = R_3 = \frac{E}{\sqrt{3} \cdot 0{,}026} = \frac{\sqrt{3}}{2{,}6} \cdot 100 \cdot \frac{E}{3} = \frac{2}{3}\left(1000 \cdot \frac{E}{30}\right)$$

$$R_2 = R_1 - 1000$$

Hierbei ist die verkettete Spannung E, also der Spannungsmeßbereich des Nullpunktwiderstandes, stets als ein Vielfaches von 30 Volt anzunehmen. Der Klammerausdruck der obigen Formel stellt nichts anderes dar als den für eine gleichgroße Einphasenspannung erforderlichen Widerstand. Hieraus folgt:

Beträgt der Widerstand eines jeden Zweiges der Nullpunktschaltung zwei Drittel des für eine gleichgroße Einphasenspannung erforderlichen Wertes, so wird die Widerstands-Konstante für Drehstrom doppelt so groß wie die Widerstands-Konstante für eine gleichgroße Einphasenspannung.

Die sich auf diese Weise ergebenden Werte der Widerstands-Konstante C_D sind in das Schaltbild auf Seite 226 eingetragen.

Die **gemessene Drehstrom-Leistung** ergibt sich dann durch Multiplikation der Angaben des Leistungsmessers mit der Widerstands-Konstante für Drehstrom:

$$\boldsymbol{P = C_D \cdot c \cdot \alpha} \qquad \textbf{Watt.}$$

Da der Strom im Spannungskreise des Leistungsmessers bei Verwendung der normalen Nullpunktwiderstände nur 26 anstatt 30 Milliampere beträgt, wird der Zeigerausschlag des Leistungsmessers bei vollem Strom, voller Spannung und cos $\varphi = 1$ nur etwa 86,5% der ganzen Skala betragen. Der volle Ausschlag würde daher erst bei einer Überlastung des Instruments um 13,5% eintreten.

b) Meßschaltungen für die Nullpunkt-Methode.

Aus der im vorhergehenden Abschnitt beschriebenen Innenschaltung der Nullpunktwiderstände folgt für die äußere Schaltung die Schaltregel:

> **Die rot bezeichnete Phase II des Nullpunktwiderstandes ist stets unmittelbar an die 1000-Ohm-Klemme des Leistungsmessers anzuschließen.**

Die in der Phase II des Nullpunktwiderstandes fehlenden 1000 Ohm werden dann durch den Widerstand des Präzisions-Leistungsmessers (vgl. Seite 33 bzw. 57) ersetzt.

Für **direkte Messungen** ist auf Seite 230 eine vollständige Schaltung angegeben. Bei dem Aufbau dieser Schaltung sind außer der obenstehenden Schaltregel noch die allgemeinen Schaltregeln für den Leistungsmesser der Laboratoriumstype auf Seite 35 zu beachten. Die Leistung ergibt sich dann aus dem Zeigerausschlage α des Leistungsmessers durch Multiplikation mit der Instrument-Konstante c für 1000 Ohm (vgl. Seite 34) und der oben bezeichneten Widerstandskonstante C_D für den gewählten Drehstrom-Spannungsmeßbereich

$$P = C_D \cdot c \cdot \alpha \qquad \text{Watt.}$$

Die durch den Eigenverbrauch der Instrumente verursachten Fehler liegen innerhalb der Fehlergrenzen der Meßmethode.

Für **indirekte Messungen** mit Strom- und Spannungswandlern ist die Schaltung auf Seite 231 angegeben. Zum Anschluß an die Spannungswandler ist ein besonderer Nullpunktwiderstand für 90 Volt notwendig, der an die 1000-Ohm-Klemme des Leistungsmessers angeschlossen wird. Man kann diesen Widerstand ebenso wie den 90-Volt-Meßbereich des Leistungsmessers dauernd mit 110 Volt überlasten. Durch die Wahl des Meßbereiches 90 Volt für den Nullpunktwiderstand ergibt sich außer den auf Seite 57 angegebenen noch der weitere Vorteil, daß die Skala des Leistungsmessers, die bei den übrigen Nullpunktwiderständen infolge des verkleinerten Spannungsstromes nur bis etwa 86% ausgenutzt werden kann, bei Anschluß des Widerstandes an 100 Volt fast voll ausgenutzt wird. Der Zeiger des Leistungsmessers bleibt trotz der Überlastung des Spannungskreises auf 100 Volt bei vollem Strom und einem Leistungsfaktor cos $\varphi = 1$ noch innerhalb der Skala. Die Widerstands=Konstante beträgt für diesen Widerstand $C_D = 6$.

Bei dem Aufbau der Schaltung sind außer den auf Seite 59 angeführten Schaltregeln für den Leistungsmesser der Prüffeldtype noch die Schaltregeln für Meßwandler (vgl. Seite 119) zu beachten. Die Leistung ergibt sich aus dem Zeigerausschlage α des Leistungsmessers durch Multiplikation mit der Instrument=Konstante $c = 1$ für 5 Ampere, 1000 Ohm (vgl. Seite 58) und der oben angegebenen Widerstands=Konstante $C_D = 6$. Außerdem ist dieses Produkt noch mit den Übersetzungen der Meßwandler (vgl. Seite 128 und 140) zu multiplizieren. Dann ergibt sich:

$$P = \frac{I}{5} \cdot \frac{E}{100} \cdot C_D \cdot c \cdot \alpha \qquad \text{Watt.}$$

Es sei noch besonders darauf hingewiesen, daß es nicht möglich ist, den zur Messung erforderlichen Nullpunkt durch Sternschaltung dreier Spannungswandler herzustellen. Ein auf diese Weise erzeugter Nullpunkt würde infolge der verschieden großen Leerlaufströme der drei Spannungswandler schon an sich kaum symmetrisch liegen. Durch den Anschluß der Meßinstrumente würden die Spannungswandler auch noch unsymmetrisch belastet werden, so daß sich der Nullpunkt noch weiter verschieben würde. Die Sternschaltung dreier Spannungswandler ist daher nur dann zulässig, wenn der primäre Sternpunkt der Spannungswandler mit dem vorhandenen Nullpunkt des Drehstrom=Systems verbunden wird.

Für **halbindirekte Messungen** mit Stromwandlern als Strom=Meßbereichwählern ergibt sich das Schaltbild auf Seite 232. Bei der Ausführung ist besonders die Schaltregel 6 auf Seite 121 zu beachten. Die Leistung ergibt sich aus dem Zeigerausschlage α des Leistungsmessers durch Multiplikation mit der Instrument=Konstante $c = 1$ für 5 Ampere, 1000 Ohm (vgl. Seite 58) und der für den gewählten Spannungsmeßbereich geltenden Widerstands=Konstante C_D für Drehstrom. Außerdem ist dieses Produkt noch mit der Übersetzung des Stromwandlers (vgl. Seite 128) zu multiplizieren. Die Leistung wird dann:

$$P = \frac{I}{5} \cdot C_D \cdot c \cdot \alpha \qquad \text{Watt.}$$

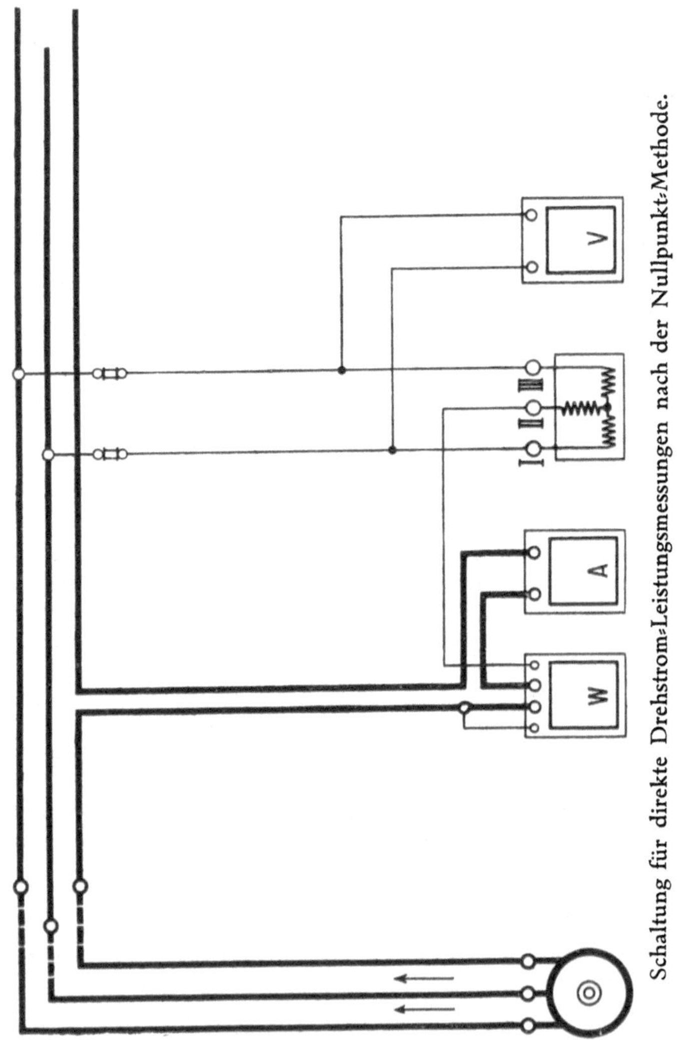

Schaltung für direkte Drehstrom-Leistungsmessungen nach der Nullpunkt-Methode.

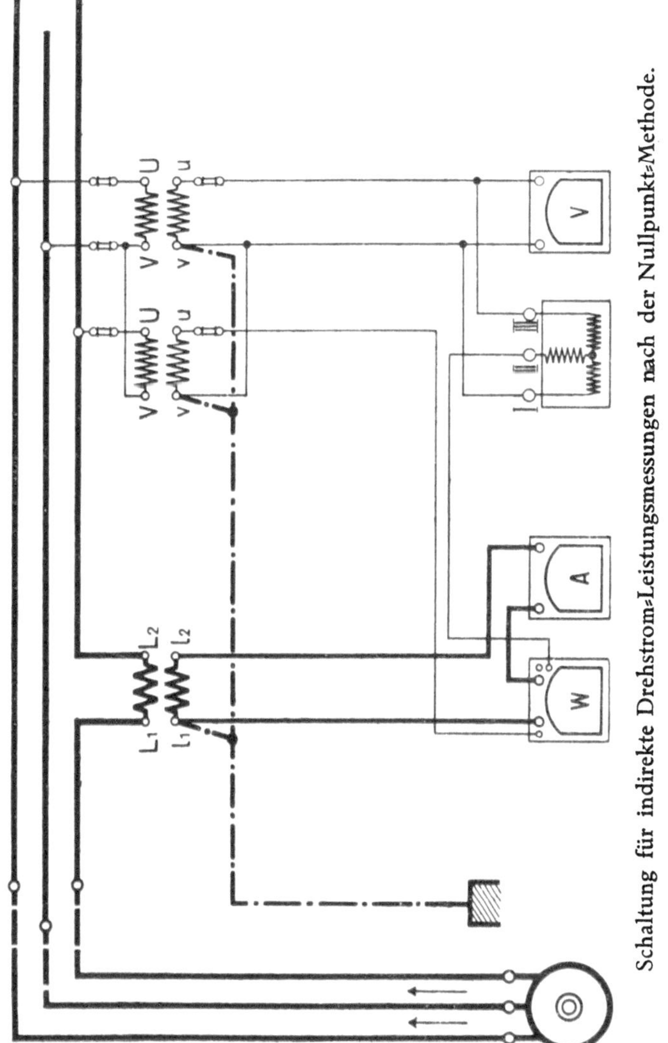

Schaltung für indirekte Drehstrom-Leistungsmessungen nach der Nullpunkt-Methode.

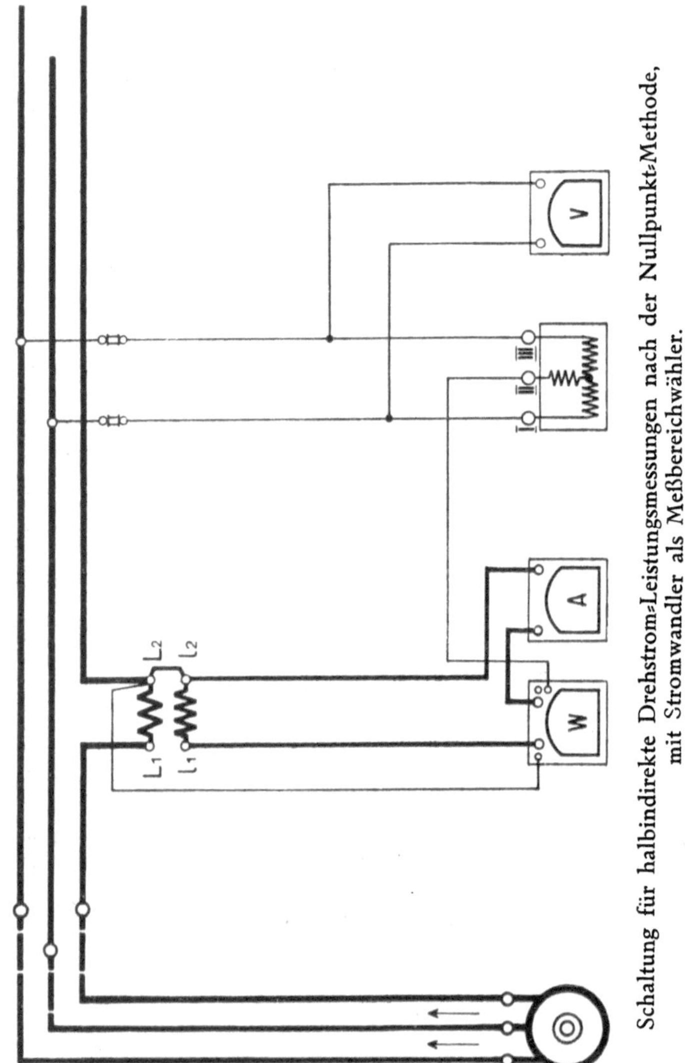

Schaltung für halbindirekte Drehstrom-Leistungsmessungen nach der Nullpunkt-Methode, mit Stromwandler als Meßbereichwähler.

c) Entwickelung der Leistungsformel für die Spannungsumschalter-Methode.

Setzt man eine gleichmäßige Belastung der drei Phasen des Drehstrom-Systems voraus, so kann man die Leistung des Drehstrom-Systems auch mit einem einfachen Leistungsmesser für Einphasenstrom bestimmen, dessen Stromspule man in eine Stromphase und dessen Spannungskreis man nacheinander an zwei verkettete Spannungen anlegt.

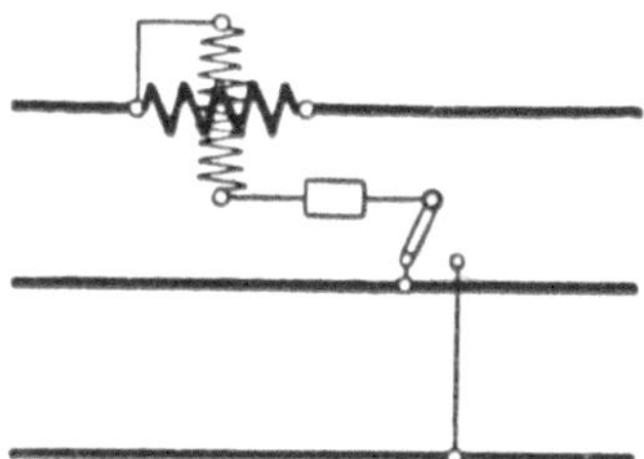

Da die beiden Messungen hierbei nacheinander ausgeführt werden, ist außerdem noch vorauszusetzen, daß sich die Belastung in der Zeit zwischen beiden Messungen nicht erheblich ändert. Diese beiden Voraussetzungen sind jedoch praktisch stets nur annähernd erfüllt, es dürfen daher an die Meßgenauigkeit dieser Schaltung keine hohen Anforderungen gestellt werden. Die Schaltung hat aber den wesentlichen Vorteil, daß sie mit den einfachsten Hilfsmitteln arbeitet, da außer dem Leistungsmesser für Einphasenstrom nur noch ein einfacher, überall leicht zu beschaffender Spannungsumschalter erforderlich ist. Aus diesem Grunde wird diese Schaltung bei gelegentlichen Motoruntersuchungen in vielen Fällen einen willkommenen Ausweg bieten.

Das Verhalten des Leistungsmessers in dieser Schaltung geht aus dem auf Seite 182 angegebenen Vektordiagramm ohne weiteres hervor. Vergleicht man dieses Vektordiagramm mit dem auf Seite 177 angegebenen Diagramm der Zwei-Leistungsmesser-Methode, so sieht man, daß in beiden Schaltungen die Ausschläge α_1 genau die gleichen sind, da sie von dem gleichen Strome und der gleichen Spannung bei derselben Phasenverschiebung erzeugt werden. Bei den Ausschlägen α_2 herrscht in beiden Schaltungen ebenfalls die gleiche Phasenverschiebung, jedoch werden andere Ströme und Spannungen für die Messung benutzt. Setzt man voraus, daß die drei Ströme und die drei Spannungen des Drehstrom-Systems gleich groß sind, so werden auch die in beiden Schaltungen gemessenen Ausschläge α_2 gleich groß. Die Gesamtleistung ergibt sich demnach bei der Spannungsumschalter-Methode in der gleichen Weise wie bei der Zwei-Leistungsmesser-Methode aus den bei den beiden Schalterstellungen auftretenden Zeigerausschlägen α_1 und α_2. Ist der Netzleistungsfaktor größer als $\cos\varphi = 0{,}5$, so ist die Gesamtleistung

$$P = C \cdot c \cdot (\alpha_1 + \alpha_2) \qquad \text{Watt.}$$

Ist dagegen der Netzleistungsfaktor kleiner als $\cos\varphi = 0{,}5$, so kehrt der eine Zeigerausschlag seine Richtung um, d. h. er wird negativ. Die Gesamtleistung ist dann

$$P = C \cdot c \cdot (\alpha_1 - \alpha_2) \qquad \text{Watt.}$$

Die Größe des Netzleistungsfaktors ergibt sich einfach aus dem Verhältnis $\alpha_1 : \alpha_2$, wie auf Seite 181 angegeben ist.

d) Meßschaltungen für die Spannungsumschalter-Methode.

Für **direkte Messungen** ist auf Seite 235 eine vollständige Meßschaltung angegeben. Bei dem Aufbau der Schaltung sind die Schaltregeln auf Seite 35 bzw. 76 zu beachten. Die Leistung ergibt sich aus den beiden Zeigerausschlägen des Leistungsmessers in gleicher Weise wie bei der Zwei-Leistungsmesser-Methode (vgl. Seite 184).

$$P = C \cdot c \cdot (\alpha_1 \pm \alpha_2) \qquad \text{Watt.}$$

Für **indirekte Messungen** ist das Schaltbild auf Seite 236 angegeben. Bei dem Aufbau der Schaltung sind außer den Schaltregeln auf Seite 59 bzw. 76 noch die Schaltregeln für Meßwandler auf Seite 119 zu beachten. Die gemessene Leistung berechnet man in gleicher Weise, wie auf Seite 187 angegeben ist:

$$P = \frac{I}{5} \cdot \frac{E}{100} \cdot c \cdot (\alpha_1 \pm \alpha_2) \qquad \text{Watt.}$$

Für **halbindirekte Messungen** ist endlich auf Seite 237 die Schaltung angegeben. Bei der Schaltung ist besonders die Schaltregel 6 auf Seite 121 zu beachten. Die Leistung ergibt sich wie auf Seite 194:

$$P = \frac{I}{5} \cdot C \cdot c \cdot (\alpha_1 \pm \alpha_2) \qquad \text{Watt.}$$

Die beiden Ausschläge α_1 und α_2 sind zu addieren, wenn man bei den beiden Messungen gleichgerichtete Ausschläge erhält. Muß man dagegen bei einer der beiden Messungen den Spannungskreis mittels des eingebauten Spannungswenders umkehren, so ist der kleinere Ausschlag vom größeren zu subtrahieren.

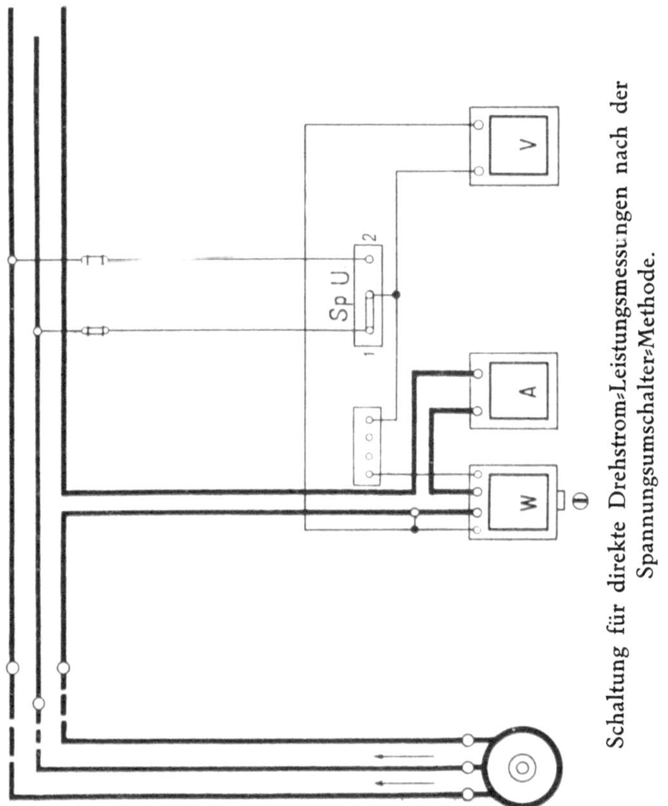

Schaltung für direkte Drehstrom-Leistungsmessungen nach der Spannungsumschalter-Methode.

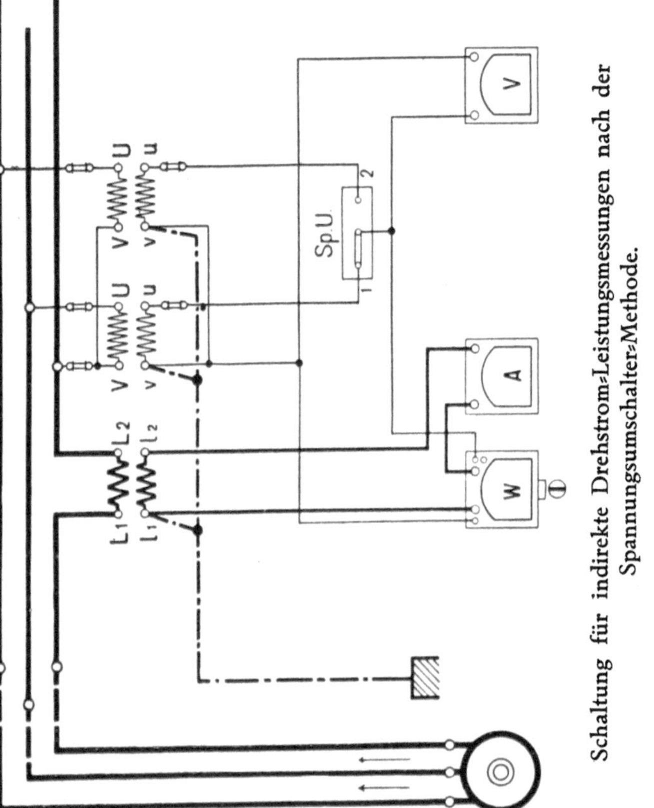

Schaltung für indirekte Drehstrom=Leistungsmessungen nach der Spannungsumschalter=Methode.

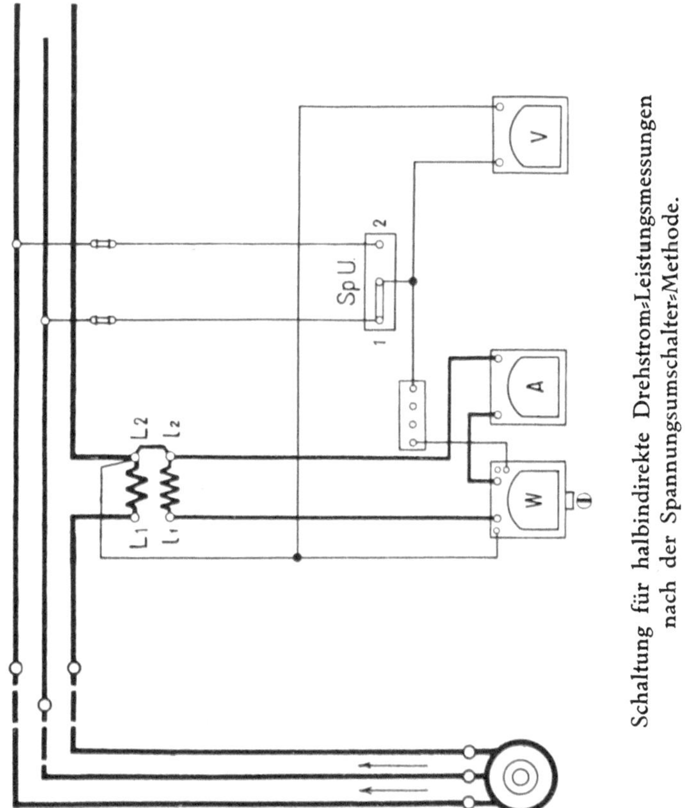

Schaltung für halbindirekte Drehstrom-Leistungsmessungen nach der Spannungsumschalter-Methode.

E. Zweiphasenstrom-Leistungsmessungen.

Die Leistung eines Zweiphasen-Systems ist gleich der Summe der Leistungen der zwei Phasen. Man kann daher die Leistung durch zwei Wattmessungen bestimmen.

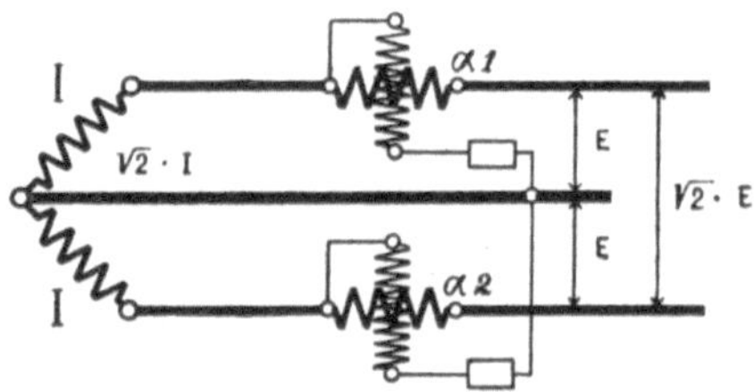

Wie man aus dem Schaltbild ersieht, entspricht äußerlich die Schaltung der auf Seite 176 beschriebenen Zwei-Leistungsmesser-Methode; man muß nur darauf achten, daß die beiden Leistungsmesser in die beiden Außenleiter des Zweiphasen-Systems eingeschaltet werden. Unter dieser Voraussetzung gilt für direkte Messungen das Schaltbild auf Seite 185, für indirekte Messungen das auf Seite 189 und für halbindirekte Messungen das auf Seite 195. Die Gesamtleistung ist in jedem Falle gleich der Summe der beiden Einzelleistungen, also

bei direkten Messungen (vgl. Seite 159):

$$\boldsymbol{P} = \boldsymbol{C} \cdot \boldsymbol{c} \cdot (\alpha_1 + \alpha_2) \qquad \textbf{Watt},$$

bei indirekten Messungen (vgl. Seite 164):

$$\boldsymbol{P} = \frac{\boldsymbol{I}}{5} \cdot \frac{\boldsymbol{E}}{100} \cdot \boldsymbol{c} \cdot (\alpha_1 + \alpha_2) \qquad \textbf{Watt},$$

bei halbindirekten Messungen (vgl. Seite 169):

$$\boldsymbol{P} = \frac{\boldsymbol{I}}{5} \cdot \boldsymbol{C} \cdot \boldsymbol{c} \cdot (\alpha_1 + \alpha_2) \qquad \textbf{Watt}.$$

Ein bestimmtes Verhältnis der Ausschläge $\alpha_1 : \alpha_2$ besteht naturgemäß nicht, da die Belastung der beiden Phasen willkürlich ist.

Sind die beiden Phasen annähernd gleich belastet, so ist der mittlere Leistungsfaktor des Systems

$$\cos \varphi_{\text{mittel}} = \frac{P}{2 \cdot E_{\text{mittel}} \cdot I_{\text{mittel}}}$$

Bei ungleich belasteten Phasen kann man nur die Leistungsfaktoren der beiden einzelnen Phasen bestimmen.

F. Wechselstrom-Eichschaltungen.

Bei Meßschaltungen zum Eichen von Leistungsmessern und Elektrizitätszählern verwendet man zweckmäßig für den Stromkreis und für den Spannungskreis der Meßgeräte zwei getrennte Stromerzeuger. Eine derartige Trennung der Stromkreise bietet zunächst den Vorteil, daß der Energieverbrauch für die Eichung ganz wesentlich herabgesetzt wird, da hierbei die großen Stromstärken nur mit kleiner Spannung und die hohen Spannungen nur mit kleiner Stromstärke geliefert werden. Weiterhin gibt diese Schaltung noch die Möglichkeit, auf einfachste Weise jede beliebige Phasenverschiebung zwischen dem Stromkreis und dem Spannungskreis der Meßinstrumente zu erzeugen.

a) Regelung der Stromstärke.

Die einfachste Art der Stromregelung ist die unter Schaltung a angegebene Regelung mit Vorschaltwiderständen. Diese hat jedoch den Nachteil, daß ein allmähliches Herabgehen bis auf Stromstärke Null nicht möglich ist, weil hierbei der Vorschaltwiderstand unendlich groß

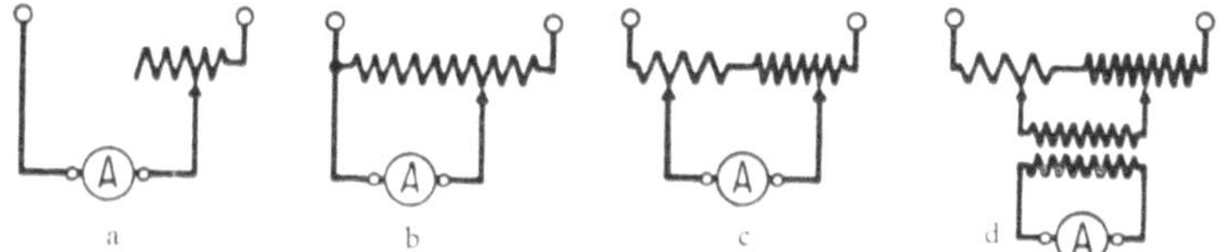

werden müßte. Dieser Nachteil wird vermieden, wenn man an Stelle des Vorschaltwiderstandes einen Spannungsteilerwiderstand nach Schaltung b vorsieht, da man hierbei ohne weiteres die Spannung am zu eichenden Instrument und damit auch den Strom auf Null herabregeln kann. Man führt diesen Spannungsteiler zweckmäßig so aus, daß man einen grob und einen fein geteilten Widerstand für die Grob- und Feinregelung nach Schaltung c in Reihe schaltet. Um mit einem solchen Spannungsteiler eine sichere Einstellung zu erzielen, muß jedoch der gesamte vom Spannungsteiler aufgenommene Strom erheblich größer sein als der abgezweigte Nutzstrom. Es werden daher hierbei stets erhebliche Energiemengen nutzlos vergeudet. Man kann

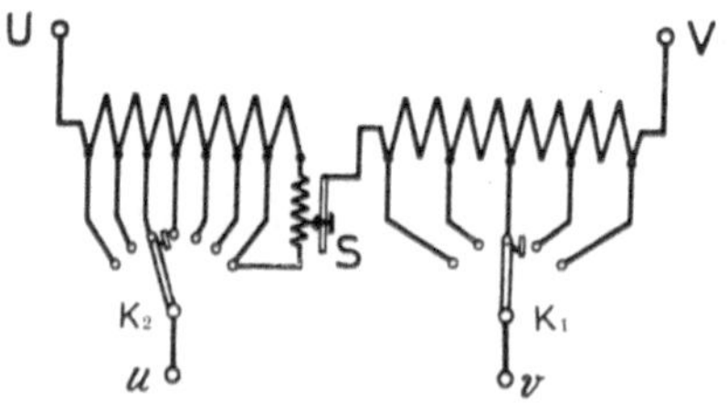

Reguliertransformator
zur Regelung des Eichstromkreises.

UV = Netzanschluß.
K_1 = Kurbel für Grobregelung.
K_2 = Kurbel für mittelfeine Regelung.
S = Schiebewiderstand für Feinregelung.

diesen Übelstand beseitigen, wenn man an Stelle des Spannungsteilerwiderstandes einen Spannungsteilertransformator, einen sog. Reguliertransformator, verwendet. Dieser wird meistens als Spartransformator mit nur einer vielfach unterteilten Wickelung ausgeführt, so daß man beliebig viele Windungen für die sekundäre Abzweigung benutzen kann. Die Grundschaltung bleibt hierbei die gleiche wie bei Schaltung c.

Um den mit der Eichschaltung einstellbaren Höchststrom ohne Energievergeudung beliebig vergrößern zu können, schaltet man zwischen Reguliertransformator und Meßinstrument bzw. zwischen Spannungsteilerwiderstand und Meßinstrument einen sog. Eich-Stromtransformator zum Hinauftransformieren der Stromstärke auf den gewünschten Höchstbetrag. Durch diesen Stromtransformator ergibt sich außer der Energieersparnis noch der weitere Vorteil, daß alle zur Regelung dienenden Schalter nur verhältnismäßig geringe Ströme führen.

b) Regelung der Spannung.

Bei der Regelung der für die Eichung erforderlichen Spannung genügt meistens ein verhältnismäßig kleiner Regelbereich, man kann daher stets mit einfachen Vorschaltwiderständen auskommen. Bei Verwendung einer besonderen Maschine zur Spannungserzeugung läßt sich überdies die Spannung durch Ändern der Erregung der Maschine in sehr weiten Grenzen ändern. Transformatoren zur Erhöhung der Eichspannung werden in den meisten Fällen nicht erforderlich sein.

c) Regelung der Phasenverschiebung.

Die einfachste Art der Herstellung einer bestimmten Phasenverschiebung, also die Belastung des Stromkreises mit einem entsprechenden induktiven Widerstand, ist wegen der Schwierigkeit der Einstellung und der Abhängigkeit der eingestellten Phasenverschiebung von der jeweiligen Stromstärke der Eicheinrichtungen nicht anwendbar. Man geht daher zweckmäßig vom entgegengesetzten Gesichtspunkt aus. Man verschiebt nicht den Strom gegen die ihn erzeugende Spannung, sondern benutzt für den Strom- und Spannungskreis der Eichschaltung zwei getrennte elektromotorische Kräfte und verschiebt diese gegeneinander. Man erreicht dies durch Verwendung zweier auf derselben Achse sitzenden Generatoren, einer sog. Strommaschine und einer Spannungsmaschine. Hierbei ordnet man das Ständergehäuse einer dieser beiden Maschinen drehbar an. Die räumliche Verschiebung des drehbaren Ständergehäuses gegen das feststehende

Stehende Eichmaschine.

Die Eichmaschine besteht aus drei übereinander angeordneten Maschinen, einem Gleichstrom-Nebenschlußmotor, einer ein- oder dreiphasigen Strommaschine und einer dreiphasigen Spannungsmaschine. Der Ständer der Spannungsmaschine kann gegen den der Strommaschine um 90° verdreht werden.

ist dann der elektrischen Phasenverschiebung der von beiden Maschinen erzeugten elektromotorischen Kräfte direkt proportional. Die Frequenzgleichheit der beiden Spannungen ist hierbei durch die direkte Kuppelung der beiden Maschinen gewährleistet.

Phasenregler mit Hand-Antrieb.

Ist Drehstrom vorhanden, so ergibt sich eine weitere Möglichkeit der Regelung der Phasenverschiebung durch den sog. Phasenregler. Dies ist ein nach Art des Drehstrommotors gebauter Drehfeld-Transformator. Der Primärstrom wird hierbei aus konstruktiven Rücksichten meistens dem mechanisch festgehaltenen Läufer des Motors zugeführt, während der Sekundärstrom der Ständerwickelung entnommen wird. Da bei dem Drehfeld-Transformator eine räumliche Verdrehung des Läufers gegen den Ständer einer zeitlich-räumlichen Verschiebung des induzierenden Drehfeldes gegen die induzierte Ständerwickelung entspricht, kann man durch einfaches Verdrehen des Läufers das induzierende Feld und damit die im Ständer induzierte elektromotorische Kraft in der Phase beliebig verschieben, d. h. man kann dem Phasenregler eine beliebig gegen die Netzspannung verschobene elektromotorische Kraft entnehmen.

Die sich hieraus ergebenden Speisungs-Möglichkeiten für Eichschaltungen sind auf Seite 245 angegeben. Die Schaltbilder sind so dargestellt, daß sie ohne weiteres an die Drehstrom-Eichschaltungen auf Seite 251 bis 254 angesetzt werden können.

Liegender Eichumformer
(Modell der Physikalisch-Technischen Reichsanstalt).

Die links liegende Doppelmaschine besteht aus einer Strommaschine und einer Spannungsmaschine mit drehbarem Ständer. Die beiden Maschinen werden durch den rechts liegenden Motor angetrieben.

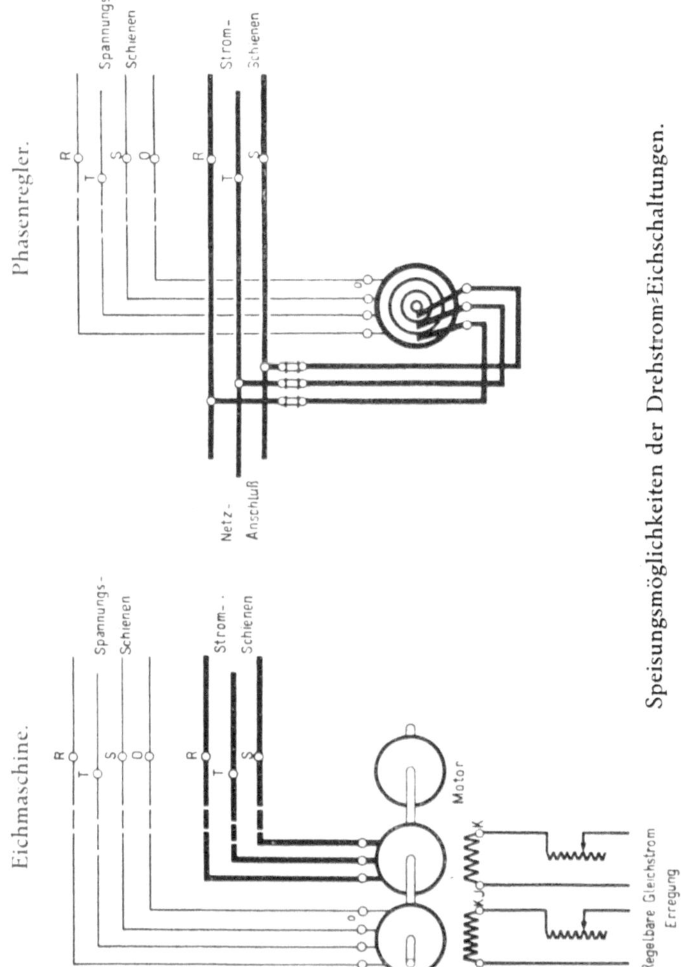

Speisungsmöglichkeiten der Drehstrom=Eichschaltungen.

d) Eichschaltung für Einphasenstrom.

Bei Einphasenstrom ist für die Speisung der Eicheinrichtung stets ein Doppelgenerator erforderlich (vgl. Abschnitt c). Die Regelung des Stromes erfolgt hierbei zweckmäßig durch einen Reguliertransformator (vgl. Seite 241). Bei kleinen Stromstärken speist man den Eichstromkreis unmittelbar mit diesem Reguliertransformator, während man bei größeren Stromstärken zur Erhöhung des verfügbaren Eichstromes noch einen Eich-Stromtransformator, wie im Schaltbild angegeben, zwischenschaltet.

Die Ausführung eines solchen Stromtransformators geht aus der vorstehenden Abbildung hervor. Für die Spannungsregelung reicht ein einfacher Vorschaltwiderstand aus. Die Regelung der Phasenverschiebung endlich erfolgt durch gegenseitiges Verdrehen der Ständer der Strommaschine und der Spannungsmaschine.

Für die Messung der Leistung ist im Schaltbild ein Präzisions-Leistungsmesser vorgesehen. Für die Strom- und Spannungsmessungen dagegen genügen in den meisten Fällen einfache Schalttafel-Instrumente, da diese Größen nur Nebenumstände der eigentlichen Leistungsmessung darstellen. Bei der Ausführung der Schaltung ist besonders auf die Einhaltung der Schaltregel 1 (vgl. Seite 35) zu achten, da diese für das richtige Anzeigen des Präzisions-Leistungsmessers Grundbedingung ist. Diese Schaltregel wird in einfacher Weise durch die Potential-Ausgleichverbindung PA am Leistungsmesser erfüllt, durch die der Stromkreis mit dem Spannungskreis einpolig verbunden wird.

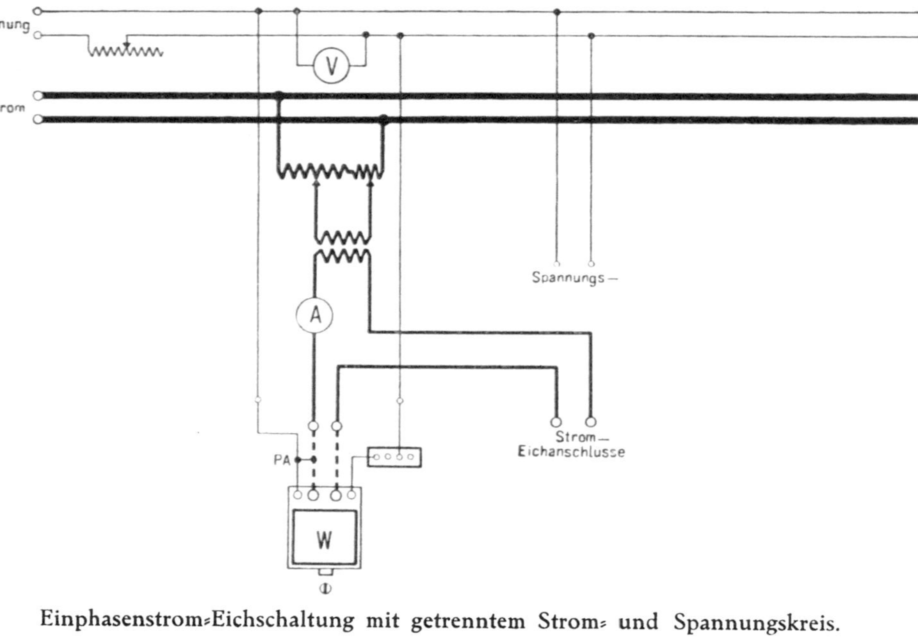

Einphasenstrom-Eichschaltung mit getrenntem Strom- und Spannungskreis.

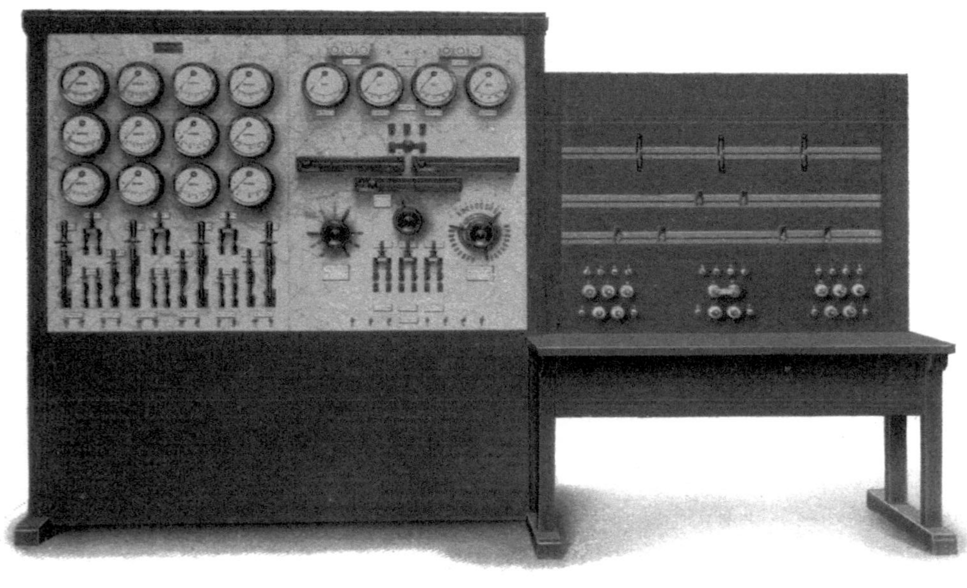

Zählerprüfeinrichtung für Einphasenstrom und Drehstrom
mit 3 Eichplätzen. Der Eichstromkreis und der Eichspannungskreis sind dreiphasig mit Nullleiter ausgeführt. Die für den Stromkreis erforderlichen Apparate sind auf dem linken Felde, die für den Spannungskreis auf dem rechten Felde der Bedienungsschalttafel angebracht.

c) Eichschaltung für Drehstrom.

Bei Drehstrom kann die Speisung der Eichschaltung sowohl mit einem Doppelgenerator als auch mit einem Phasenregler vorgenommen werden. Wegen der beliebigen Regelmöglichkeit ist indessen in den meisten Fällen der allerdings auch kostspieligere Doppelgenerator vorzuziehen. Die Eichschaltung wird zweckmäßig gleich für Dreileiter- und Vierleiter-Drehstrom vorgesehen, d. h. sie wird symmetrisch für alle drei Phasen durchgeführt. Für die Regelung der Stromstärke sind demgemäß in den folgenden Schaltbildern stets drei Reguliertransformatoren mit Eich-Stromtransformatoren vorgesehen. Die Reguliertransformatoren liegen an den verketteten Spannungen der Strommaschine, während die Stromtransformatoren in Sternschaltung miteinander verbunden sind. Durch den auf der rechten Seite des Schaltbildes eingezeichneten Schalter kann der Sternpunkt der Stromtransformatoren mit dem Sternpunkt der ebenfalls in Sternschaltung liegenden Meßinstrumente verbunden werden. Ist der Schalter offen, so stellt der Eich-Stromkreis ein Drehstrom-Dreileitersystem dar; ist der Schalter geschlossen, so hat man ein Drehstrom-Vierleitersystem mit Null-Leiter. Das Spannungs-System ist von vornherein als Drehstrom-Vierleitersystem ausgeführt. Die Regelung erfolgt hierbei durch einfache Vorschaltwiderstände in den drei Phasen. Um sowohl die verketteten Spannungen als auch die Phasenspannungen messen zu können, liegen die Spannungsmesser an Umschaltern. Die Spannungsmesser selbst sind ebenso wie die Strommesser einfache Schalttafel-Instrumente, während die Leistungsmesser Präzisions-Instrumente sind.

Das Schaltbild auf Seite 251 zeigt die Verwendung dieser Schaltung für Dreileiter-Drehstrom, während auf Seite 252 dieselbe Grundschaltung für Vierleiter-Drehstrom benutzt wird. Das Einhalten der Schaltregel 1 für Präzisions-Leistungsmesser (vgl. Seite 35) macht bei Drehstrom zunächst einige Schwierigkeiten. Würde man bei der Eichschaltung in der gleichen Weise wie bei den auf Seite 185 und 206 angegebenen Meßschaltungnn an allen Leistungsmessern die linke Spannungsklemme mit der linken Stromklemme verbinden, so würde dies einen Kurzschluß des ganzen Spannungs-Systems zur Folge haben, da bei der Eichschaltung alle Stromspulen der Leistungsmesser auf annähernd dem gleichen Potential liegen. Man muß daher bei der Eichschaltung in anderer Weise vorgehen. Nach der Schaltregel 1 müssen die Spannungsspulen der Leistungsmesser stets das gleiche Potential erhalten wie die zugehörigen Stromspulen. Da die Stromspulen aber bei der Eichschaltung alle auf annähernd gleichem Potential liegen, kann diese Bedingung nur dadurch erfüllt werden, daß man auch sämtliche Spannungsspulen auf ebendasselbe gleiche Potential bringt. Dies ist ohne weiteres möglich, wenn man entgegen der bisherigen Gepflogenheit die Vorschaltwiderstände an die **linke** Klemme der Leistungsmesser anschließt. Dann liegen alle Spannungsspulen unmittelbar an der für alle Spannungskreise gemeinsamen Leitung T bzw. O. Man braucht diese gemeinsame Leitung dann nur noch mit **einem** Punkte des Stromsystems zu verbinden, wie es durch die Verbindung PA in den Schaltbildern auf Seite 251 und 252 geschehen ist. Naturgemäß darf diese Verbindung nur an **einem** Leistungsmesser ausgeführt werden. Die Ausführung der Potential-Ausgleichverbindung PA setzt voraus, daß man, wie es bei Zählereichungen stets üblich ist, an dem zu eichenden Zähler alle betriebsmäßig bestehenden Verbindungen zwischen **Strom-** und Spannungsspulen beseitigt. Bei direkter Benutzung der Reguliertransformatoren ohne Eich-Stromtransformatoren kann die gleiche Potential-Ausgleichverbindung angewendet werden. In diesem Falle ist die Potentialdifferenz nur in einem Leistungsmesser gleich Null, in den anderen Leistungsmessern dagegen höchstens gleich der Spannung des Eich-Stromkreises, also etwa 100 Volt, was ohne weiteres zulässig ist.

Auf Seite 253 ist die Verwendung der gleichen Eichschaltung für eine Messung nach der Nullpunkt-Methode gezeigt. Da der Nullpunkt des hierzu erforderlichen Nullpunktwiderstandes nicht zugänglich ist, kann man bei der vorhandenen Polarisierung der Leistungsmesser (vgl. Schaltregel 2 auf Seite 35) den Nullpunktwiderstand nur an die rechte Spannungsklemme des Leistungsmessers anschließen. Die Potential-Ausgleichverbindung PA muß daher hierbei wie im Schaltbild an der linken Spannungsklemme des Leistungsmessers angebracht werden.

Endlich ist auf Seite 254 die Verwendung der Drehstrom-Eichschaltung für Einphasenstrom-Leistungsmessungen dargestellt. Die Lage des Vorschaltwiderstandes ist hierbei an sich beliebig, jedoch wird man bei einer Drehstrom-Eichschaltung zweckmäßig den Vorschaltwiderstand ebenso wie bei den Schaltbildern auf Seite 251 und 252 an die linke Spannungsklemme des Leistungsmessers anschließen und die Potential-Ausgleichverbindung auf der rechten Seite anbringen.

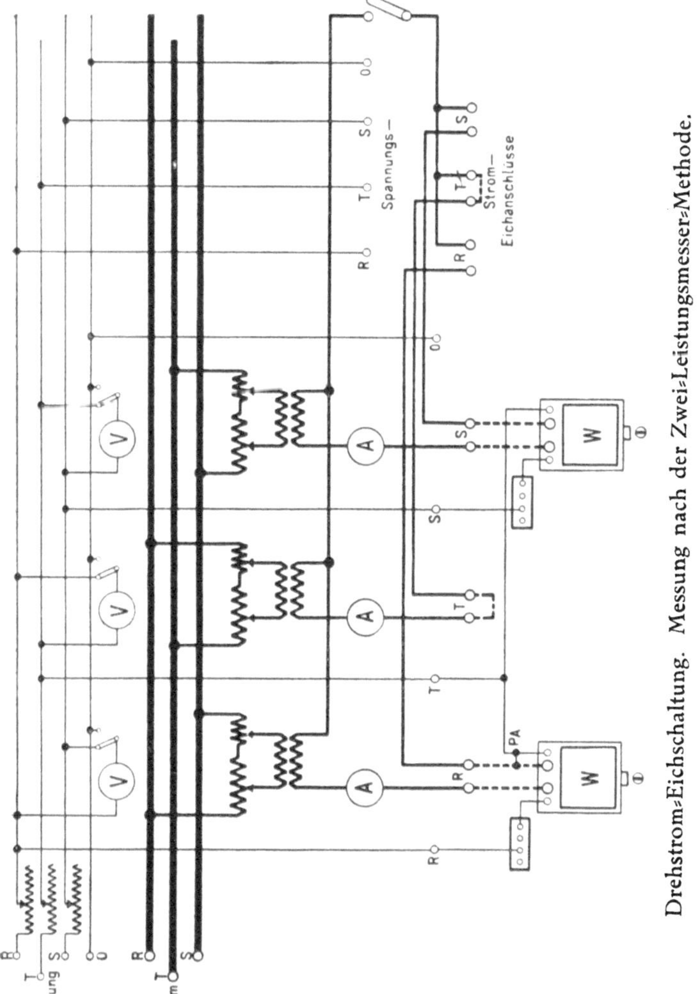

Drehstrom=Eichschaltung. Messung nach der Zwei=Leistungsmesser=Methode.

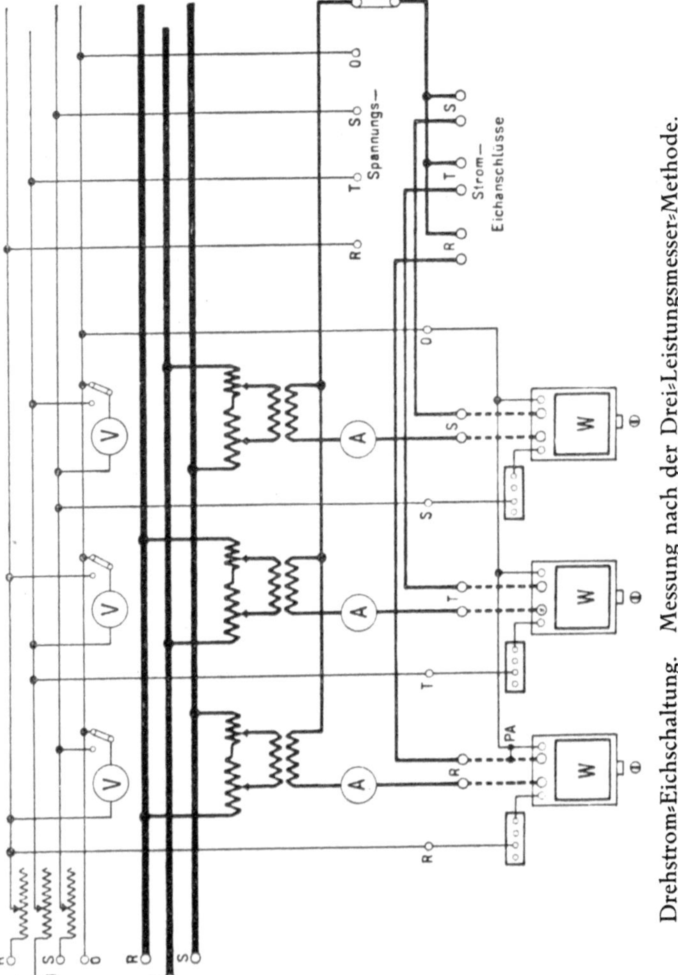

Drehstrom=Eichschaltung. Messung nach der Drei=Leistungsmesser=Methode.

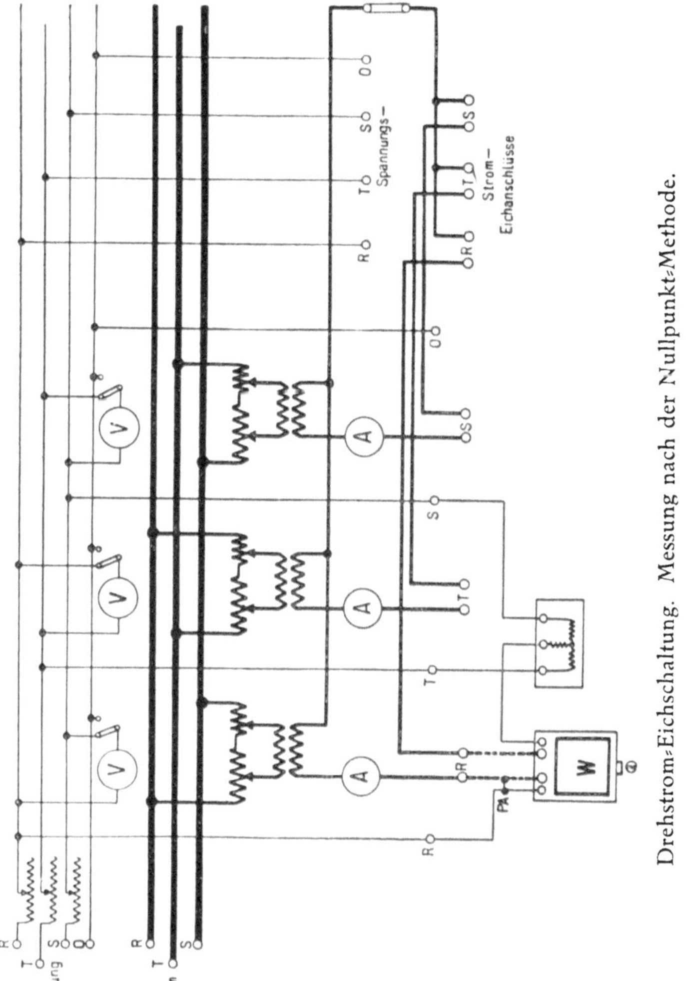

Drehstrom-Eichschaltung. Messung nach der Nullpunkt-Methode.

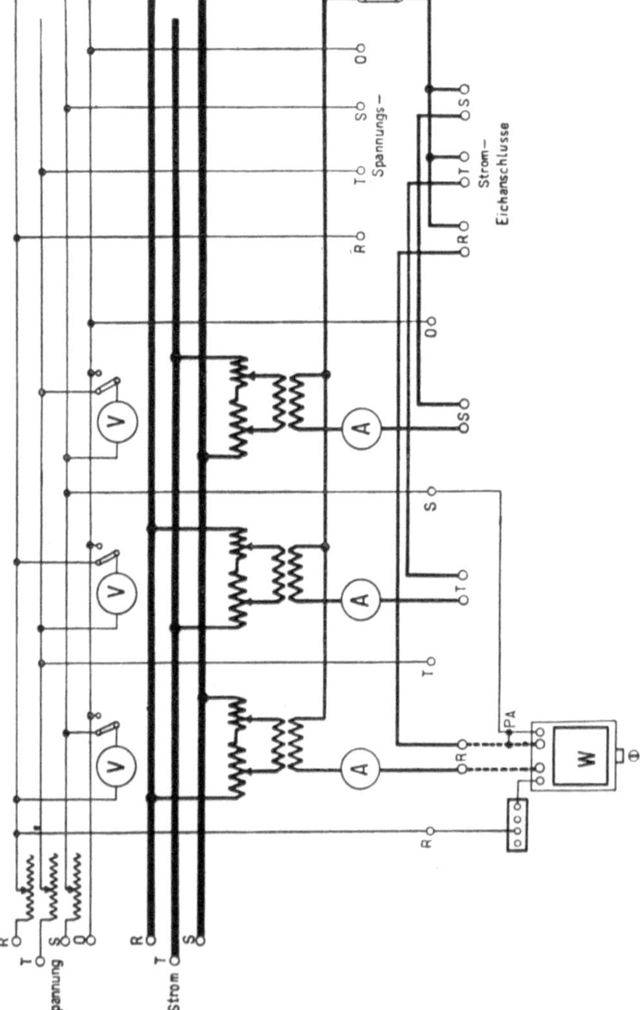

Drehstrom-Eichschaltung. Verwendung der Eichschaltung für Einphasen-Leistungsmessungen.

Anhang.

Präzisions-Drehspul-Instrumente für Gleichstrom.

1. Allgemeines.

a) Prinzip des Drehspul-Systems.

Die Präzisions-Drehspul-Instrumente sind nach dem Prinzip von Deprez-d'Arsonval gebaut. Das Meßsystem ist eine Drehspule, die im homogenen Felde eines Dauermagneten drehbar angeordnet ist. Der zu messende Strom wird dieser Drehspule durch zwei Systemfedern zugeführt, die gleichzeitig die mechanische Gegenkraft für das System liefern. Da das Drehmoment dem Strom in der Drehspule proportional ist, wird der Zeigerausschlag direkt proportional den zu messenden Größen, d. h. die Instrumente erhalten eine von Null an vollkommen gleichmäßig unterteilte Skala. Infolge der festliegenden Polung des Stahlmagneten ist durch eine bestimmte Stromrichtung in der Drehspule auch eine bestimmte Drehrichtung des beweglichen Systems gegeben. Die Instrumente können daher nur für Gleichstrom benutzt werden.

b) Ausführung der Skala.

Die Skala der Präzisions-Gleichstrom-Instrumente ist zur Erhöhung der Ablesegenauigkeit mit einem Spiegel unterlegt. Der Zeiger ist als Schneidenzeiger ausgeführt. Die Unterteilung der Skala ist vollkommen gleichmäßig, jede Skala ist in 150 etwa 1 mm breite Skalenteile geteilt.

Die Skalenteile sind, unabhängig von dem jeweiligen Meßbereich, stets von 0 bis 150 beziffert. Die am Instrument erhaltenen Ablesungen können bei besonders genauen Messungen noch durch Anbringen der auf den Korrektionstabellen (vgl. Seite 17) angegebenen Korrekturen verbessert werden. Der gemessene Strom oder die gemessene Spannung ergibt sich durch Multiplikation der Ablesung mit der durch den Meßbereich gegebenen Instrument-Konstante.

c) Aufstellung der Instrumente.

Bei der Messung soll das Instrument auf einem annähernd wagerechten Tische liegen. In geneigter Lage sollen die Instrumente tunlichst nicht verwendet werden, da hierdurch die Lagerreibung des Systems vergrößert und seine Auswägung durch einseitigen Durchhang der Systemfedern gestört wird. Auch werden sich etwaige kleine Auswägungsfehler, die bei wagerechter Lage belanglos sind, bei der Neigung störend bemerkbar machen. Die Transportkasten sind so eingerichtet, daß die Instrumente während der Messung im Kasten verbleiben können.

Das Putzen der Glasscheibe des Instruments unmittelbar vor der Messung ist zu vermeiden, da durch das Reiben mit einem trockenen Tuch leicht elektrostatische Ladungen hervorgerufen werden, die den Zeigerausschlag beeinflussen. Man beseitigt diese Ladungen, indem man die Glasscheibe leicht anhaucht.

Um die gegenseitige Beeinflussung mehrerer nebeneinander aufgestellten Instrumente zu vermeiden, empfiehlt es sich, die Präzisions-Drehspul-Instrumente in Abständen von mindestens 50 cm von Mitte zu Mitte der Instrumente aufzustellen. (Bei Doppelinstrumenten mit zwei dicht nebeneinander eingebauten Meßsystemen ist die gegenseitige Beeinflussung bei der Eichung berücksichtigt.)

Eine bei größeren Stromstärken mögliche Beeinflussung durch die Starkstromleitungen vermeidet man durch genügend lange Zuleitungen zwischen Nebenschluß-Widerstand und Instrument.

Ein Ausrichten des Instruments nach dem Meridian ist meist unnötig, da der durch erdmagnetischen Einfluß verursachte Fehler höchstens 0,1 % beträgt. Bei der Aufnahme der Korrektionstabelle wird das Instrument so aufgestellt, daß der auf Teilstrich 75 stehende Zeiger des Instruments im magnetischen Meridian liegt.

Bei Hochspannung ist jedes Berühren der metallischen Kappe zu vermeiden.

---

2. Spannungsmesser.

Die Präzisions-Spannungsmesser für Gleichstrom werden für 1 bis 6 Meßbereiche und für Spannungen bis 750 Volt mit eingebauten Widerständen ausgeführt. Der Widerstand beträgt bei allen Spannungsmessern dieser Type **etwa 200 Ohm für jedes Volt**; die Instrumente sind nicht auf einen bestimmten Stromverbrauch abgeglichen. Damit bei falscher oder während der Messung wechselnder Polung die Anschlußdrähte nicht vertauscht zu werden brauchen, werden die Instrumente vielfach mit einem eingebauten Stromwender versehen.

a) Innere Schaltung.

Da diese Spannungsmesser nicht auf einen bestimmten Stromverbrauch abgeglichen werden, ergibt sich eine sehr einfache Innenschaltung. Die Drehspule liegt in Reihenschaltung mit dem Vorschaltwiderstande, der je nach der Anzahl der gewünschten Meßbereiche mehrfach unterteilt ist. Die Schaltung geht ohne weiteres aus dem Schaltbild auf der folgenden Seite hervor.

Der Temperaturkoeffizient des Instruments ist im wesentlichen durch das Verhältnis des Kupferwiderstandes der Drehspule zum Manganin-Vorschaltwiderstand gegeben. Damit der Spannungsmesser eine hohe Stromempfindlichkeit, d. h. einen kleinen Stromverbrauch erhält, ist die Drehspule dieser Spannungsmesser aus sehr vielen Windungen dünnen Drahtes hergestellt. Hieraus ergibt sich der verhältnismäßig hohe Widerstand der Drehspule von etwa 50 Ohm. Der Temperaturkoeffizient dieses im Drehspul-System enthaltenen Kupferwiderstandes (0,4 % für 1° C) wird durch Vorschaltwiderstände aus einem Material ohne Temperaturkoeffizienten, z. B. Manganin, unwirksam gemacht. Beispielsweise beträgt für den kleinsten Meßbereich 3 Volt der Gesamtwiderstand des Instruments etwa 600 Ohm. Das Verhältnis des Kupferwiderstandes zum Gesamtwiderstand ist hierbei etwa 1:12; der Temperaturkoeffizient des Spannungsmessers für den Meßbereich 3 Volt ist daher der zwölfte Teil desjenigen des Kupfers, also etwa 0,03 % für 1° C. Je größer die Meßbereiche werden, um so günstiger werden die Verhältnisse. Bei dem Meßbereich 150 Volt beträgt der Gesamtwiderstand 30000 Ohm, also etwa 600 mal soviel wie der Systemwiderstand. Der Temperaturkoeffizient des Instruments wird hierbei schon praktisch gleich Null.

Präzisions-Spannungsmesser für Gleichstrom.

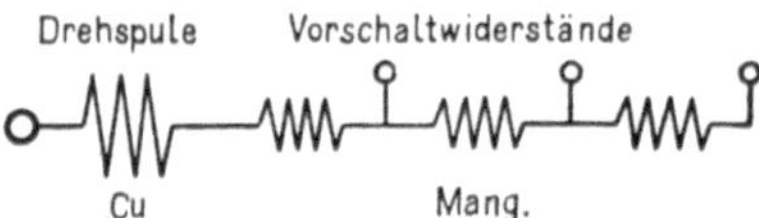

Innenschaltung eines Gleichstrom-Spannungsmessers mit mehreren Meßbereichen.

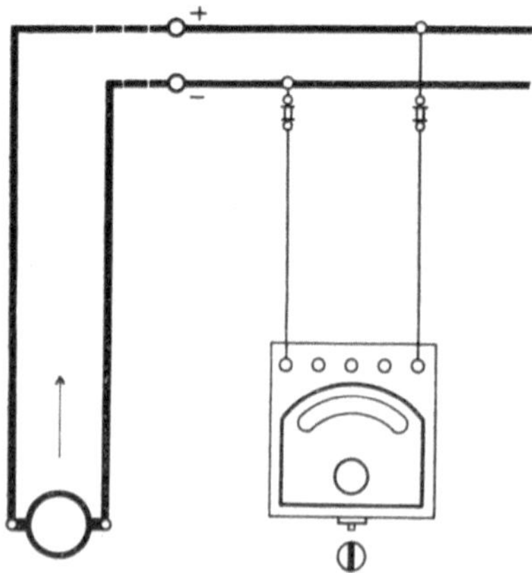

Äußere Schaltung eines Gleichstrom-Spannungsmessers mit eingebautem Spannungswender.

b) Äußere Schaltung.

Der Spannungsmesser wird an die Punkte angelegt, deren Spannungsunterschied gemessen werden soll. Hierbei ist sowohl die Größe wie die Polung der zu messenden Spannung zu beachten.

Die linke Klemme des Instruments ist die gemeinsame Klemme für alle Meßbereiche. Die übrigen Klemmen entsprechen den verschiedenen Meßbereichen und sind mit den Höchstwerten für die einzelnen Meßbereiche bezeichnet. Ist die Größe der zu messenden Spannung nicht bekannt, so wählt man zweckmäßig zunächst den größten Meßbereich und geht erst bei entsprechend kleinem Zeigerausschlag durch Umlegen des rechten Anschlußdrahtes zu den kleineren Meßbereichen über. Das Umlegen des spannungführenden Anschlußdrahtes muß naturgemäß mit der entsprechenden Vorsicht erfolgen. Bei Hochspannung muß die Umschaltung in spannungslosem Zustande geschehen.

Das Instrument gibt einen richtigen Zeigerausschlag in die Skala hinein, wenn die an der linken Klemme angegebene Polung des Instruments mit der Polung des Netzes übereinstimmt. Bei unbekannter Polung des Netzes kann man aus der Ausschlagrichtung des Zeigers die Pole des Netzes bestimmen. Bei richtigem Ausschlag in die Skala hinein ist der an die linke Instrumentklemme angeschlossene Netzleiter stets ein Minuspol. Bei Instrumenten mit eingebautem Stromwender gilt die an der linken Klemme angegebene Polung nur für die senkrechte Normalstellung des Stromwendergriffes.

Die Spannungsmesser werden mit eingebauten Meßbereichen bis 750 Volt ausgeführt. Bei höheren Spannungen sind äußere Vorschaltwiderstände zu verwenden. Da der in das Instrument eingebaute Stromwender ohne Stromunterbrechung arbeitet, kann er auch bei diesen höheren Spannungen benutzt werden. Man wird allerdings hierbei eine unmittelbare Berührung des Schaltergriffes gern vermeiden und zum Betätigen des Schalters einen besonderen, hochisolierten Handgriff verwenden.

---

3. Einohm-Instrument.

Das Einohm-Instrument ist das klassische Präzisions-Instrument für Gleichstrom. Da der Widerstand 1 Ohm beträgt, sind Strom und Spannung zahlenmäßig gleich groß und betragen für den Endausschlag 150 Milliampere bzw. Millivolt. Der Temperaturkoeffizient des Instruments kann für die meisten praktischen Fälle vernachlässigt werden.

Wird das Instrument in Verbindung mit äußeren Nebenschlußwiderständen zu Strommessungen benutzt, so beträgt der Temperaturkoeffizient etwa 0,02 % für 1 ° C. Bei Verwendung des Instruments als Strommesser für 150 Milliampere und als Spannungsmesser mit äußeren Vorschaltwiderständen beträgt er dagegen nur etwa 0,006 % für 1° C.

a) Innere Schaltung.

Die innere Schaltung des Einohm-Instruments ist auf Seite 263 abgebildet. Die Drehspule liegt in Reihenschaltung mit einem Vorschaltwiderstande aus Manganin. Parallel zu dieser Reihenschaltung liegt ein Justierwiderstand, der ebenfalls aus Manganin hergestellt ist.

Der Temperaturkoeffizient des Instruments ist im wesentlichen durch das Verhältnis Kupfer zu Manganin in den Widerständen R_1 und R_2 gegeben. Die Summe der Widerstände $R_1 + R_2$ ist durch die Bedingung festgelegt, daß der Spannungsabfall im Instrument möglichst klein sein muß. Eine Vergrößerung des Manganinwiderstandes läßt sich daher nur auf Kosten des Widerstandes des Drehspul-Systems erreichen. Die Drehspule ist deswegen nur aus wenigen Windungen stärkeren Drahtes hergestellt, wobei allerdings der Systemstrom entsprechend groß gewählt werden mußte. Immerhin wird bei dem verfügbaren kleinen Spannungsabfall das Verhältnis Kupfer zu Manganin nicht so klein, daß die Änderungen des Gesamtwiderstandes vernachlässigt werden könnten. Es bleibt noch ein kleiner positiver Temperaturkoeffizient bestehen. Die Einwirkung dieses Temperaturkoeffizienten ist in der Weise beseitigt, daß man den Systemfedern durch passende Wahl des Materials einen annähernd gleichgroßen, negativen mechanischen Temperaturkoeffizienten gegeben hat. Dann wird die durch Änderung des Widerstandes verursachte Änderung des Systemstromes durch eine entgegengesetzt wirkende Änderung der Federkraft kompensiert. Auf diese Weise ist für den Spannungsmeßbereich 150 Millivolt der niedrige Temperaturkoeffizient von 0,02% für 1° C erreicht worden.

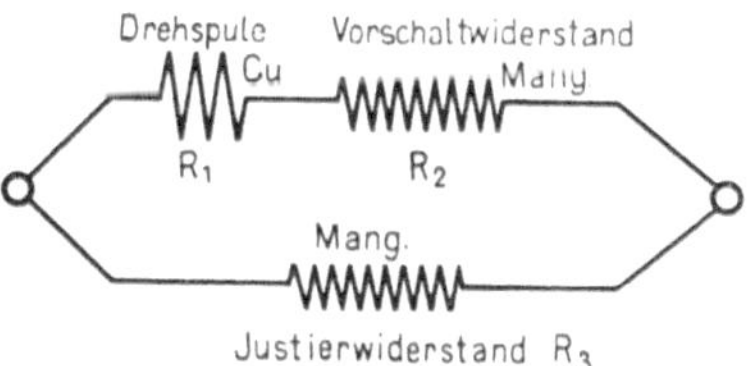

Der Justierwiderstand R_3, der zur Justierung des Instruments auf einen bestimmten Strom (150 MA) dient, hat auf den Temperaturkoeffizienten des Spannungsmeßbereichs 150 Millivolt keinen Einfluß. Denkt man sich das Instrument an einer konstanten Spannung, z. B. an den Klemmen eines Nebenschlußwiderstandes liegen, so wird es ohne weiteres klar, daß der Zeigerausschlag und somit seine Änderung lediglich durch das Verhalten des Drehspulzweiges $R_1 + R_2$ bestimmt ist. Der im Nebenschluß R_3 fließende Strom hat mit der zu messenden Spannung nichts zu tun. Ganz anders liegen jedoch die Verhältnisse, wenn der vom Instrument aufgenommene Strom gemessen werden soll, d. h. wenn das gleiche Instrument als Strommesser für 150 Milliampere verwendet wird. In diesem Falle kommt es lediglich auf die Stromverteilung in den beiden parallelen Zweigen $R_1 + R_2$ und R_3 an. Bei steigender Temperatur wird der Widerstand des Drehspulzweiges $R_1 + R_2$ wachsen, während der Widerstand R_3 konstant bleibt. Der Strom wird also gewissermaßen in den Widerstand R_3 hinübergedrängt. Der Gesamtstrom in den beiden parallelen Zweigen $R_1 + R_2$ und R_3 muß hierbei unverändert bleiben, da es sich jetzt um einen Strommesser handelt, der einen bestimmten Strom messen soll.

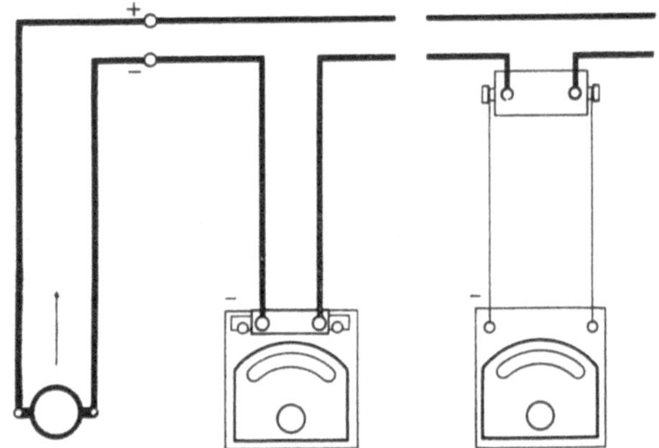

Äußere Schaltung des Einohm-Instruments als Strommesser,
links mit ansteckbarem Nebenschlußwiderstand,
rechts mit besonderen Zuleitungen.

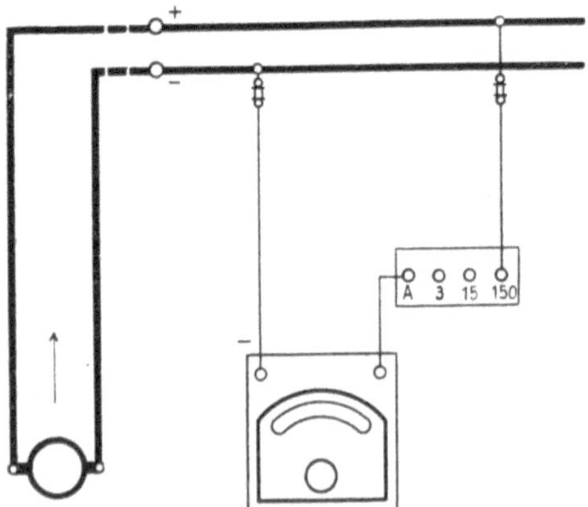

Äußere Schaltung des Einohm-Instruments als Spannungsmesser mit Vorschaltwiderstand.

Mit dem Anwachsen des Stromes im Widerstand R_3 wächst auch der Spannungsabfall in diesem Widerstand, also die Spannung an den Enden des Drehspulzweiges $R_1 + R_2$. Infolge dieser anwachsenden Spannung wird der Strom im Drehspulzweig bei ansteigender Temperatur nicht im gleichen Maße abfallen wie bei der Benutzung des Instruments als Spannungsmesser für 150 Millivolt, da hierbei der Drehspulzweig an einer konstanten Spannung liegt. Die Größe der Stromänderung in $R_1 + R_2$ hängt von der Größe des Widerstandes R_3 ab; je größer dieser ist, um so kleiner sind die Stromänderungen im Drehspulzweig $R_1 + R_2$. Wird R_3 unendlich groß, so wird die Stromänderung im Zweige $R_1 + R_2$ gleich Null. Die Instrumentangaben würden in diesem Falle nur noch von dem negativen mechanischen Temperaturkoeffizienten der Systemfedern abhängen. Beim Einohm-Instrument liegen die Widerstandsverhältnisse so, daß der positive elektrische Temperaturkoeffizient der Parallelschaltung nur sehr wenig größer ist als der negative mechanische Temperaturkoeffizient der Systemfedern. Der Temperaturkoeffizient beträgt daher für den Strommeßbereich 150 Milliampere nur etwa 0,006 % für 1° C.

Dieser Temperaturkoeffizient gilt auch, wenn das Instrument in Verbindung mit äußeren Manganin-Vorschaltwiderständen als Spannungsmesser benutzt wird. Die Größe der verwendeten Vorschaltwiderstände hat hierbei auf den Temperaturkoeffizienten keinen wesentlichen Einfluß. Da der Manganin-Vorschaltwiderstand im Verhältnis zum Kupferwiderstand des Systems bei allen praktisch vorkommenden Meßbereichen sehr groß ist, kann der Gesamtwiderstand für alle Spannungsmeßbereiche als unveränderlich angesehen werden. Es ist daher lediglich die Stromverteilung im Instrument, also das Verhalten des Instruments als Strommesser für den Temperaturkoeffizienten maßgebend.

b) Äußere Schaltung für Strommessungen.

Bei Strommessungen bis 150 Milliampere wird das Instrument unmittelbar in den Stromkreis eingeschaltet. Beim Messen größerer Ströme wird das Instrument in Verbindung mit äußeren Nebenschlußwiderständen benutzt. Der Nebenschlußwiderstand wird hierbei in den Hauptstromkreis eingeschaltet, während das Meßinstrument als Spannungsmesser an den Klemmen des Nebenschlußwiderstandes liegt. Da der Spannungsmeßbereich des Instruments 150 Millivolt beträgt, müssen auch die Nebenschlußwiderstände für 150 Millivolt Spannungsabfall gewählt werden.

Für Stromstärken bis 30 Ampere sind die Nebenschlußwiderstände mit Laschen versehen, so daß sie an das Instrument angesteckt werden können. Die Nebenschlußwiderstände für höhere Stromstärken werden durch besondere Zuleitungen mit dem Instrument verbunden. Der Spannungsabfall in den normalen Zuleitungen zum Instrument wird in die Nebenschlußwiderstände eingeeicht. Die Zuleitungen können daher nicht durch beliebige andere Leitungen ersetzt werden, sondern sind stets unverändert zu benutzen. Der Widerstand der normalen Zuleitungen beträgt etwa 0,0015 Ohm. Da der Instrumentwiderstand nur 1 Ohm beträgt, ist zur Vermeidung von Fehlern durch Übergangswiderstände auf eine sorgfältige Verbindung zwischen Nebenschluß und Instrument zu achten. Alle Nebenschlußwiderstände sind beliebig vertauschbar, da die Instrumente auf einen Widerstand von genau 1 Ohm abgeglichen werden.

Für die verschiedenen Strommeßbereiche ergeben sich die folgenden Werte der Nebenschlußwiderstände:

$^1/_4$ Ohm	für	0,75	Amp.	$^1/_{499}$ Ohm	für	75	Amp.
$^1/_9$ „	„	1,5	„	$^1/_{999}$ „	„	150	„
$^1/_{19}$ „	„	3	„	$^1/_{1999}$ „	„	300	„
$^1/_{49}$ „	„	7,5	„	$^1/_{4999}$ „	„	750	„
$^1/_{99}$ „	„	15	„	$^1/_{9999}$ „	„	1500	„
$^1/_{199}$ „	„	30	„				

c) Äußere Schaltung für Spannungsmessungen.

Bei Spannungsmessungen bis 150 Millivolt wird das Instrument unmittelbar an die Punkte angelegt, deren Spannungsunterschied gemessen werden soll. Für höhere Spannungen sind äußere Vorschaltwiderstände erforderlich.

Bei Verwendung des Einohm-Instruments als Spannungsmesser ist zu beachten, daß der Stromverbrauch des Instruments 150 Milliampere beträgt, also für einen Spannungsmesser recht groß ist. Man wird daher das Einohm-Instrument nur zum Messen kleinerer Spannungen verwenden. Der Widerstand des Einohm-Instruments nebst Vorschaltwiderstand beträgt für **je 3 Volt 20 Ohm.** Da das Instrument auf einen bestimmten Stromverbrauch abgeglichen ist, sind die Vorschaltwiderstände beliebig vertauschbar.

---

4. Zehnohm-Instrument.

Das Zehnohm-Instrument ist das moderne Präzisions-Instrument für Gleichstrom. Es wird als Strommesser mit 45 Millivolt Spannungsabfall zum Anschluß an außenliegende Nebenschlußwiderstände und mit besonderer Spannungsklemme als Spannungsmesser für 3 bzw. 150 Volt

zum Anschluß an äußere Vorschaltwiderstände ausgeführt. Das Instrument zeichnet sich besonders durch seinen außerordentlich niedrigen Eigenverbrauch und durch seine Temperaturkompensation aus. Durch die Temperaturkompensation ist erreicht worden, daß die Angaben des Instruments in allen Schaltungen vollständig unabhängig von der Temperatur sind.

a) Innere Schaltung und Temperaturkompensation

Die Kompensation des Temperatureinflusses ist durch eine eigenartige Kunstschaltung erreicht worden. Das Wesentliche dieser Schaltung ist, daß der Kupfer- bzw. Aluminiumwickelung der Drehspule zunächst ein Manganinwiderstand vorgeschaltet wird, so daß diese Reihenschaltung einen Temperaturkoeffizienten besitzt, der kleiner ist als der des Kupfers. Parallel zu dieser Reihenschaltung liegt ein Kupferwiderstand, und vor der ganzen Kombination ein Manganinwiderstand ohne Temperaturkoeffizienten. Die Wirkungsweise dieser nachstehend abgebildeten Schaltung ist folgende:

Bei ansteigender Temperatur wird der Kupferwiderstand R_3 infolge seines größeren Temperaturkoeffizienten schneller wachsen als der Widerstand des Drehspulzweiges $R_1 + R_2$. Infolgedessen wird der Strom bei steigender Temperatur gewissermaßen in den Drehspulzweig hinübergedrängt, so daß dann ein größerer Teil des Gesamtstromes in der Drehspule fließt als vorher. Bei konstanter Spannung an den Punkten AB würde daher der Strom in der Drehspule bei weitem nicht so stark abfallen wie der Strom im Widerstande R_3.

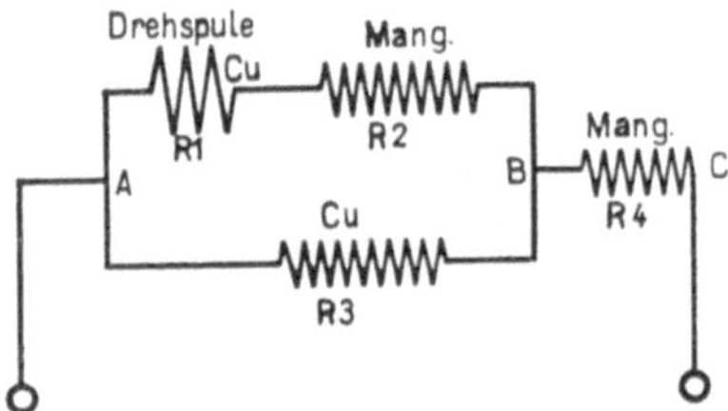

Um es zu erreichen, daß der Strom in der Drehspule bei steigender Temperatur überhaupt nicht abfällt, sondern konstant bleibt, ist es erforderlich, daß die Spannung an den Punkten AB anwächst. Das Anwachsen der Spannung AB bei konstanter Gesamtspannung AC wird in einfacher Weise durch Vorschalten eines Manganinwiderstandes R_4 erreicht. Da der Gesamtwiderstand der Schaltung infolge des Anwachsens der Widerstände R_1 und R_3 mit der Temperatur steigt, wird der Gesamtstrom, also der Strom im Widerstand R_4, bei ansteigender Temperatur fallen. Der Spannungsabfall in R_4 wird also kleiner, somit wird die Teilspannung AB bei konstanter Gesamtspannung größer werden.

Die Widerstände werden nun so berechnet, daß die Teilspannung AB bei steigender Temperatur im gleichen Maße anwächst wie der Widerstand des Drehspulzweiges $R_1 + R_2$. Dann wird der Strom in der Drehspule bei allen Temperaturen der gleiche sein, d. h. das Instrument gibt bei allen Temperaturen den gleichen Zeigerausschlag.

Der zum Drehspulzweig parallel liegende Kupferwiderstand R_3 ändert sich infolge seines höheren Temperaturkoeffizienten rascher als der Widerstand des Drehspulzweiges $R_1 + R_2$ bzw. als die Teilspannung AB;

der Strom im Widerstand R_3 wird daher bei steigender Temperatur trotz der anwachsenden Teilspannung *AB* abfallen. Der Betrag dieser Strom=änderung muß nach dem Vorhergehenden gleich der Änderung des Gesamtstromes im Instrument sein.

Es ist recht wohl zu beachten, daß der Gesamtstrom bzw. der Gesamtwiderstand eines derart geschalteten Instruments nicht kon=stant sein kann, sondern sich in geringem Maße ändern muß. Die Widerstandsänderung beträgt bei dem Meßbereich 45 Millivolt etwa 0,15% für 1° Celsius. Es können daher für ein solches Millivoltmeter nicht ohne weiteres Vorschaltwiderstände verwendet werden, es sei denn, daß diese denselben Temperaturkoeffizienten und dieselben Erwärmungs=verhältnisse besitzen wie die ganze Kunstschaltung.

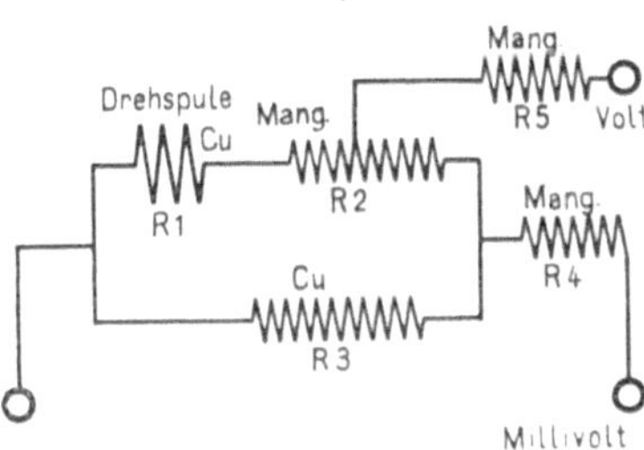

Um für **Spannungsmessungen** die Verwendung der gebräuchlichen temperaturfehlerfreien Vorschaltwiderstände aus Manganin zu ermög=lichen, wird die Innenschaltung des Instruments derart abgeändert, daß der Zeigerausschlag bei konstantem Gesamtstrom von der Temperatur unabhängig wird. Dies läßt sich durch die bei Spannungsmessungen mögliche größere Manganinvorschaltung mit einer kleinen Abänderung der obigen Schaltung erreichen. Man zweigt eine besondere Spannungs=klemme im Manganinwiderstand R_2 derart ab, daß der Temperatur=koeffizient der beiden so entstehenden parallelen Zweige gleich groß wird. Dann bleibt auch die Stromverteilung auf die beiden parallelen Stromzweige des Instruments bei allen Temperaturen die gleiche, und der Temperaturkoeffizient des Instruments wird lediglich durch das Verhältnis Kupfer zu Manganin bestimmt. Man kann daher jetzt durch einfaches Vorschalten von Manganin (R_5) den Temperaturkoeffizienten des Instruments praktisch zum Verschwinden bringen.

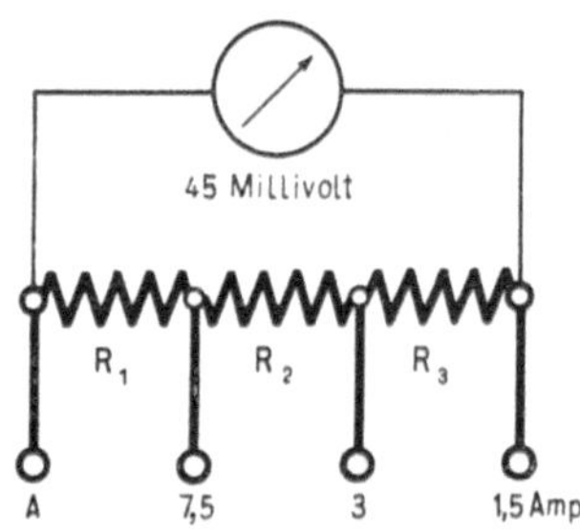

Nebenschlußwiderstände zum Anstecken an das Zehnohm=Instrument,

rechts die innere Schaltung. Die verschiedenen Stromanschlüsse ent= sprechen den Klemmen des Nebenschlusses.

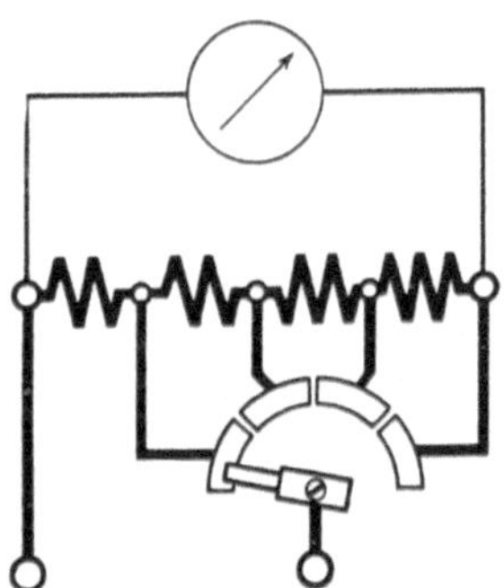

Kurbelnebenschluß mit besonderen Zuleitungen für das Zehnohm=Instrument.

Der Übergang von einem Meßbereich zum anderen erfolgt lediglich durch Drehen der Kurbel.

b) Äußere Schaltung für Strommessungen.

Bei Strommessungen wird das Instrument in Verbindung mit äußeren Nebenschlußwiderständen benutzt. Der Nebenschlußwiderstand wird in den Hauptstromkreis eingeschaltet; das Meßinstrument liegt als Spannungsmesser für 45 Millivolt an den Klemmen des Nebenschlußwiderstandes. Der Widerstand des Instruments beträgt für den Meßbereich **45 Millivolt 10 Ohm,** bei vollem Zeigerausschlag nimmt das Instrument einen Strom von 4,5 Milliampere auf. Der hohe Widerstand des Instruments bietet den Vorteil, daß sich einerseits beim Anschluß an Nebenschlußwiderstände durch Übergangswiderstände nicht so leicht Fehler ergeben, andererseits aber werden die Nebenschlußwiderstände infolge des geringen Spannungsabfalles von 45 Millivolt klein, leicht und entsprechend billig.

Die Nebenschlußwiderstände für Stromstärken von 0,15 bis 150 Ampere werden zum Anstecken an das Instrument ausgeführt. Für Ströme bis 30 Amp. erhalten sie 2 bzw. 3 Meßbereiche, für höhere Stromstärken dagegen nur 1 Meßbereich.

Die Innenschaltung der Nebenschlüsse mit mehreren Meßbereichen ist nebenstehend abgebildet. Bei dieser Schaltung liegen die Nebenschlußwiderstände für alle Strommeßbereiche in Reihenschaltung. Die Enden der Reihenschaltung sind als Anschlußlaschen ausgebildet und werden stets an die Klemmen des Meßinstrumentes angeschlossen. Die Anschlüsse für den Hauptstromkreis sind als Klemmen ausgebildet. Die Klemme A ist für alle Meßbereiche gemeinsam, während die anderen Klemmen je nach dem gewünschten Meßbereich gewählt werden. Die Wirkungsweise dieser Anordnung läßt sich an Hand des obenstehenden Schaltbildes leicht übersehen. Beim kleinsten Meßbereich, z. B. 1,5 Ampere, schließt man den Hauptstromkreis an die Klemmen A und 1,5 A an. Es liegen demnach bei diesem Meßbereich alle Nebenschlußwiderstände in Reihe im Hauptstromkreis. Der für das Meßinstrument benötigte Spannungsabfall von 45 Millivolt tritt an den Enden der Reihenschaltung $R_1 + R_2 + R_3$, also zwischen den Klemmen A und 1,5 A auf. Bei dem mittleren Meßbereich 3 Ampere wird der Hauptstromkreis an die Klemmen A und 3 A angeschlossen. Es liegen demnach hierbei nur noch die Nebenschlußwiderstände $R_1 + R_2$ im Hauptstromkreis, während der Widerstand R_3 als Vorschaltwiderstand vor das Instrument geschaltet ist. Damit das Meßinstrument jetzt wieder die erforderlichen 45 Millivolt erhält, müssen die Widerstände $R_1 + R_2$ so bemessen sein,

Zehnohm-Instrument nebst Zubehör für Strommessungen.

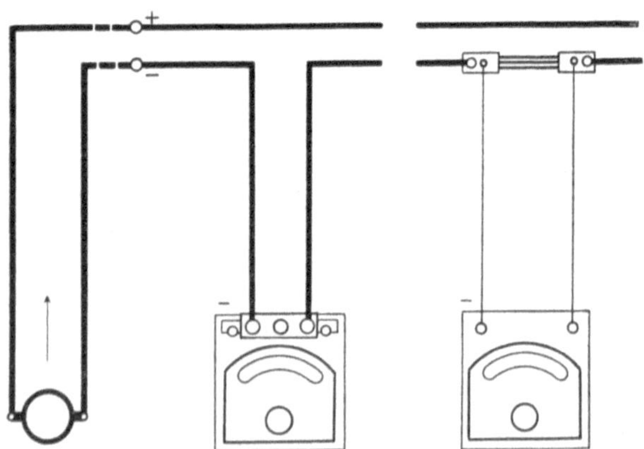

Äußere Schaltung des Zehnohm-Instruments als Strommesser,
links mit angestecktem Nebenschluß,
rechts mit besonderen Zuleitungen.

daß ihr Spannungsabfall um den Spannungsabfall in R_3 größer ist als 45 Millivolt. Da aber jetzt der Widerstand R_3 nur von dem außerordentlich kleinen Instrumentstrom durchflossen wird, ist auch der in R_3 auftretende Spannungsabfall sehr klein. Der bei der Strommessung zwischen den Klemmen A und 3 A auftretende Gesamtspannungsabfall ist daher nur unwesentlich größer als 45 Millivolt. Bei dem höchsten Meßbereich 7,5 Ampere schließt man den Hauptstromkreis an die Klemmen A und 7,5 A an. Dann liegt nur noch der Widerstand R_1 im Hauptstromkreis, während die Widerstände $R_2 + R_3$ als Vorschaltwiderstände vor das Instrument geschaltet sind. Der Spannungsabfall in R_1 muß daher um so viel größer als 45 Millivolt gewählt werden, daß der Spannungsabfall in den jetzt nur von dem kleinen Instrumentstrom durchflossenen Widerständen $R_2 + R_3$ gerade ausgeglichen wird. Aber auch hierbei ist der bei der Strommessung zwischen den Klemmen A und 7,5 A auftretende Gesamtspannungsabfall nur unwesentlich größer als 45 Millivolt. Die Mehrfach-Nebenschlußwiderstände brauchen daher auch nur unwesentlich größer bemessen zu werden als die Einzelwiderstände für die gleichen Meßbereiche.

Um das Umlegen der Hauptstromleitungen beim Übergang auf einen anderen Meßbereich zu vermeiden, wird noch ein **Nebenschlußwiderstand mit Kurbelumschalter** nach Feußner ausgeführt, der für Stromstärken von 1,5 bis 150 Amp. bestimmt ist. Dieser gestattet, ohne Stromunterbrechung von einem Meßbereich auf einen beliebigen anderen überzugehen. Die jeweilige Meßkonstante erscheint hierbei in großen Ziffern hinter einem Gehäuseausschnitt, während ein Zeiger die zugehörige Höchststromstärke angibt.

Zum Messen von Stromstärken von 300 bis 3000 Ampere dienen einfache Nebenschlußwiderstände auf Holzsockel. Beim Anschließen der Starkstromleitungen an diese ist besonders darauf zu achten, daß der Strom allen Starkstromklemmen des Nebenschlußwiderstandes gleichmäßig zugeführt wird. Es ist keinesfalls zulässig, etwa bei Verwendung stärkerer Kabel nur einen Teil der Anschlußklemmen zu verwenden, da dann die Genauigkeit der Messung durch die geänderte Stromverteilung im Nebenschluß verringert werden würde.

Die normalen **Zuleitungen** vom Nebenschlußwiderstand zum Instrument besitzen einen Widerstand von etwa 0,015 Ohm. Bei dem verhältnismäßig hohen Widerstand des Instruments (10 Ohm) sind

Zehnohm-Instrument nebst Zubehör für Spannungsmessungen.

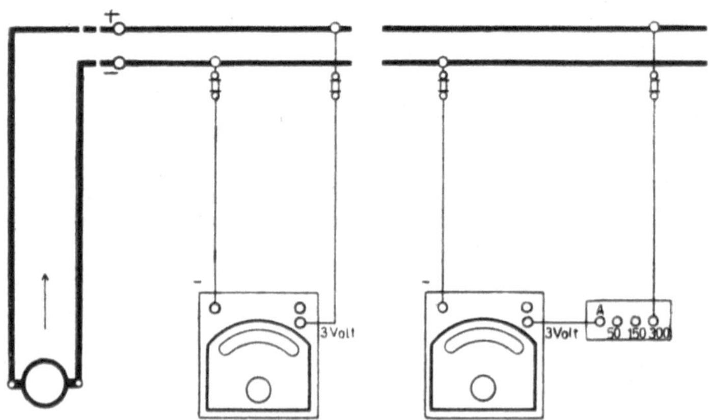

Äußere Schaltung des Zehnohm-Instruments als Spannungsmesser; links für Spannungen bis 3 Volt, rechts mit Vorschaltwiderstand für höhere Spannungen.

jedoch kleine Abweichungen von dem oben angegebenen Zuleitungswiderstand ohne wesentliche Bedeutung. Es können daher bei größerer Entfernung des Instruments vom Nebenschlußwiderstand ohne merklichen Fehler auch andere Zuleitungen von annähernd gleichem Widerstande benutzt werden. Sämtliche Nebenschlüsse sind beliebig vertauschbar, d. h. sie können ohne weiteres zu jedem Zehnohm-Instrument verwendet werden.

c) Äußere Schaltung für Spannungsmessungen.

Bei Spannungsmessungen wird das Instrument an die Punkte angelegt, deren Spannungsunterschied gemessen werden soll. Für Spannungen über 45 Millivolt wird das Instrument mit einer abgeänderten Innenschaltung benutzt, die eine **besondere Anschlußklemme** erforderlich macht (vgl. Seite 269). Diese Spannungsklemme entspricht zumeist einem Meßbereich von 3 Volt. Der Endausschlag des Zeigers wird hierbei schon bei 3 Milliampere erreicht. Der Widerstand des Spannungsmessers beträgt also **für 3 Volt genau 1000 Ohm.**

Für höhere Spannungen als 3 Volt wird das Instrument in Verbindung mit äußeren Vorschaltwiderständen benutzt. Da der Widerstand für je 3 Volt genau 1000 Ohm beträgt, sind die Vorschaltwiderstände beliebig vertauschbar.

d) Äußere Schaltung für Isolationsmessungen.

Da das Zehnohm-Instrument als Spannungsmesser einen sehr hohen Widerstand hat, ist es auch für Isolationsmessungen gut geeignet.

Bei der **Isolationsmessung eines Leiters gegen Erde** ist zu beachten, daß der Isolationsstrom stets aus der Erde nach dem zu prüfenden Leiter hinfließen muß. Es ist daher der +-Pol des Stromerzeugers an Erde zu legen (vgl. Verbandsvorschriften). Es ergibt sich dann das obere Schaltbild auf Seite 276.

Steht der Umschalter auf Stellung 1, so zeigt das Instrument die Spannung E_1 an. Bringt man den Umschalter auf Stellung 2, so liegt der Isolationswiderstand R_x in Reihenschaltung mit dem Spannungsmesser. Der Spannungsmesser zeigt hierbei einen kleineren Ausschlag E_2. Aus den beiden gemessenen Werten E_1 und E_2 läßt sich der Isolationswiderstand R_x berechnen, wenn der Widerstand R des Spannungsmessers bekannt ist. Der Isolationswiderstand beträgt:

$$\boldsymbol{R_x = \frac{R}{1000} \cdot \left(\frac{E_1}{E_2} - 1\right)} \qquad \textbf{Kilo-Ohm.}$$

18*

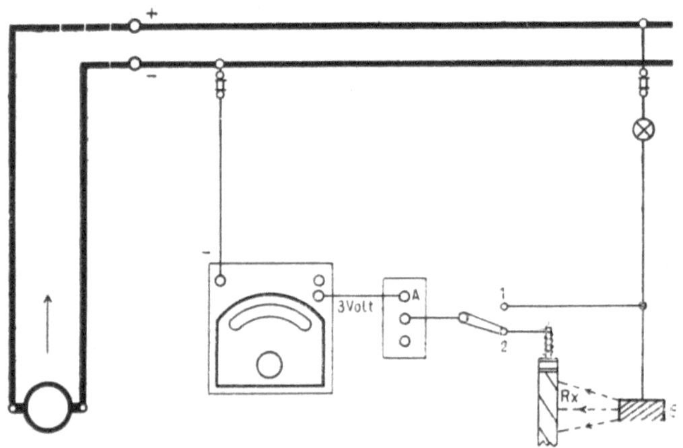

Äußere Schaltung des Zehnohm-Instruments als Isolationsmesser.
Isolationsmessung eines Leiters gegen Erde.

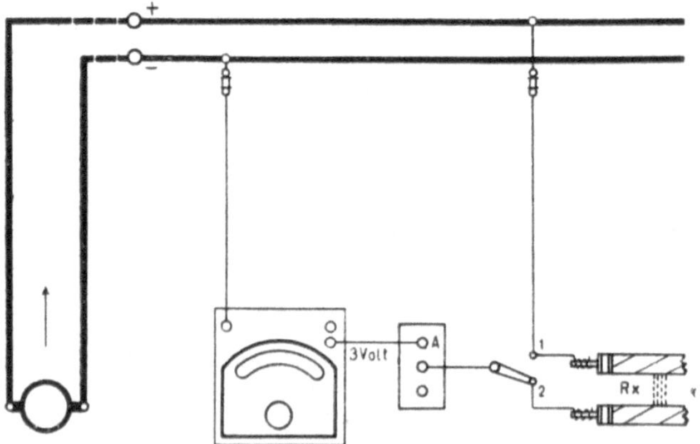

Äußere Schaltung des Zehnohm-Instruments als Isolationsmesser.
Isolationsmessung zweier Leiter gegeneinander.

Ausschlag E_2 Skalenteile	Isolationswiderstand R_x bei	
	$E_1 = 110$ Volt Kilo-Ohm	$E_1 = 220$ Volt Kilo-Ohm
0,55	10000	20000
1,1	5000	10000
1,8	3000	6000
2,7	2000	4000
5,2	1000	2000
10	500	1000
12	400	800
16	300	600
18	250	500
22	200	400
28	150	300
34	**110**	**220**
37	100	200
39	90	180
42	80	160
46	70	140
50	60	120
55	50	100
58	45	90
61	40	80
65	35	70
69	30	60
73	25	50
79	20	40
85	15	30
92	10	20
100	5	10
110	0	0

Bei dem Zehnohm-Instrument beträgt der Widerstand R für den Meßbereich 150 Volt 50000 Ohm, für den Meßbereich 300 Volt 100000 Ohm. Nach der obigen Formel ergeben sich hieraus für die Normalspannungen $E_1 = 110$ bzw. 220 Volt die in der vorstehenden Tabelle angegebenen Werte.

Wird die **Netzspannung** zu der Messung verwendet, so ist eine Erdung nicht ohne weiteres möglich, da bei schlechter Isolation des Netzes so erhebliche Ströme durch die künstliche Erdleitung fließen könnten, daß hierdurch das Netz gefährdet werden würde. Man schaltet daher bei Verwendung der Netzspannung stets eine für die Netzspannung bemessene Glühlampe in die Erdleitung, um den Strom in der Erdleitung zu begrenzen. Bei schlechtem Isolationszustand des Netzes wird die Glühlampe in der Erdleitung leuchten, sie wird daher einen beträchtlichen Teil der Netzspannung verbrauchen. Die gemessene Spannung E_1 wird in diesem Falle erheblich niedriger sein als die Netzspannung.

Bei der **Isolationsmessung zweier Leiter gegeneinander** wird die Schaltung nach dem unteren Schaltbild auf Seite 276 ausgeführt.

Bedeutet wieder E_1 die bei Schalterstellung 1 und E_2 die bei Schalterstellung 2 gemessene Spannung, so ergibt sich der Isolationswiderstand ohne weiteres nach den Angaben auf Seite 275.

Die Benutzung der **Netzspannung** ist für die Isolationsmessung zweier Leiter gegeneinander nur dann zulässig, wenn sich durch die vorhergehende Messung gegen Erde ergeben hat, daß keiner der beiden untersuchten Leiter Erdschluß hat, da sonst die Messung durch den fast stets vorhandenen Erdschluß des Netzes gestört werden würde. Bei genaueren Messungen wird man immer einen besonderen Stromerzeuger verwenden, dessen beide Pole gut isoliert sind.